U0094040

魔法講盟

Magic 突破 │ 整合 │ 聚贏

台灣最大、最專業的
開放式培訓機構

魔法講盟致力於提供知識服務，
所有課程均講求「結果」，
不惜重金引進全球最佳國際級、
專業級成人培訓課程，
打造人人樂用的智慧學習服務平台

教您塑造價值‧
替您傳遞價值‧
更助您實現價值！

是您
成功人生
的**最佳跳板**
！

開課日期及詳細授課資訊，請掃描 QR Code 或撥打真人客服專
線 02-8245-8318，可上 silkbook○com　www.silkbook.com 查詢

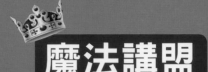

魔法講盟

INSPIRE MAGIC

兩岸知識服務領航家
開啟智慧變現的斜槓志業

"

別人有方法，我們有您無法想像的魔法，

別人談如果，我們可以保證讓您有結果，

別人有大樓，我們有替您建構 IP 的大師！

助您將知識變現，創造獨特價值，

知識的落差就是財富的落差，魔法講盟將趨勢和新知融合相乘，

結合培訓界三大顯學：激勵 · 能力 · 人脈

只為幫助每個人享有財務自由、時間自由和富足的心靈！

Business & You · 區塊鏈 · WWDB642 · 密室逃脫 · 創業 / 阿米巴經營

公眾演說 · 講師培訓 · 出書出版 · 自動賺錢機器 · 八大名師 · 無敵談判

網路 / 社群營銷 · 真永是真讀書會 · 大咖聚 · MSIR · 春翫 · 秋研 · 冬塾

創造高倍數斜槓槓桿，讓財富自動流進來！

魔法講盟 專業賦能，
賦予您 5 大超強利基！
助您將知識變現，
生命就此翻轉！

Beloning
Becoming

1 輔導弟子與學員們與大咖對接，斜槓創業以被動收入財務自由，打造屬於自己的自動賺錢機器。

2 培育弟子與學員們成為國際級講師，在大、中、小型舞台上公眾演說，實現理想或開課銷講。

3 協助弟子與學員們成為兩岸的暢銷書作家，用自己的書建構專業形象與權威地位。

4 助您找到人生新方向，建構屬於您自己的 π 型人生，實現指數型躍遷，「真永是真」是也。

5 台灣最強區塊鏈培訓體系：國際級證照＋賦能應用＋創新商業模式。

魔法講盟是您成功人生的最佳跳板！邀您共享智慧饗宴
只要做對決定，您的人生從此不一樣！

唯有第一名與第一名合作，才可以發揮更大的影響力，
如果您擁有世界第一‧華人第一‧亞洲第一‧台灣第一的課程，
歡迎您與行銷第一的我們合作。

學會將賺錢系統化，
過著有錢又有閒的自由人

打造自動
賺錢機器
斜槓創業
ES → BI

保證賺大錢！跳晉複業人生！
數位實體雙贏，改寫你的財富未來式！

您的賺錢機器可以是……

讓一切流程自動化、系統化，

在本薪與兼差之餘，還能有其他現金自動流進來！

您的賺錢機器更可以是……

投資大腦，善用費曼式、晴天式學習法，

把知識變現，產生智能型收入，讓您的人生開外掛！

魔法講盟

開啟多重收入模式，成就財富自由！

最好的投資就是──投資自己的腦袋！！
越有錢的人，越不靠薪水賺錢。
你領薪賺錢的速度，
絕對比不上通貨膨脹的速度！

只要懂得善用資源、
借力使力，
創業成功將不是夢，
儘管身處微利時代，
也能替自己加薪、賺大錢！

教您洞察別人無法看見的賺錢商機，打造自動賺錢機器系統，在網路上把產品、服務變爆品狂銷！神人級財富教練教你如何運用「趨勢」與「系統建立」，輔導學員與大咖對接，直接跟大師們取經借鏡，站在巨人的肩膀上，您會看見超凡營銷的終極奧義！

獨家販售，購書即可免費上課
購書即贈課程
《打造自動賺錢機器》

原價：12000 元
特價：3900 元
優惠價：2400 元

打造自動賺錢機器
Building your Automatic Money Machine.

台灣地區 》 請上新絲路網路書店訂購
海外朋友 》 請上 Amazon 網路書店訂購

打造自動賺錢機器

全方位課程，滿足您的多元需求！

開啟多重收入模式，打造自動賺錢金流。

教您如何打造系統、為您解鎖創富之秘，推銷是加法、行銷是乘法、贏利模式是次方！讓您花跟別人相同的時間，賺進十倍速的收入！

$ 五日行銷戰鬥營

～三種行銷必勝絕學＋接建初追轉完銷系統

▶ **2021** 期 **11/13** 六、**11/14** 日 ▶▶ 上課地點：新店矽谷
　　　　11/20 六、**11/21** 日、**11/27** 六 ▶▶ 上課地點：中和魔法教室

▶ **2022** 期 **5/14** 六、**5/15** 日 ▶▶ 上課地點：新店矽谷
　　　　5/21 六、**5/22** 日、**5/28** 六 ▶▶ 上課地點：中和魔法教室

$ MSIR 多元收入培訓

▶ 每年 **12** 月的每個星期二 **14:30 ～ 20:30**

$ 營銷魔法學

▶ 每月的第一個星期二 **14:00 ～ 17:30**

$ 十倍速自動賺錢系統

▶ 每年 **2**、**5**、**8**、**11** 月的第一個星期二 **14:00 ～ 17:30**

24 小時全自動幫您贏利，啟動複業人生，創造水庫型收入流！

報名或了解更多、2023 年日程請掃碼查詢或撥打真人客服專線
（02）8245-8318 或上官網　silkbook●com　www.silkbook.com
新·絲·路·網·路·書·店

保證大幅提升您創業成功的機率增大數十倍以上！

密室逃脫
創業育成

「創業 Seminar」，透過學員分組 Case Study，在教中學、學中做；「創業弟子密訓及接班見習」，學到公司營運的實戰經驗；「我們一起創業吧」，共享平台、人脈、資源、商機，經由創業導師的協助與指引，能充分了解新創公司營運模式，不只教你創業，而是一起創業以保證成功！

★ 經驗與新知相乘　★ 西方與東方相輔　★ 資源與人脈互搭

 體驗創業 ➜  沙盤推演 ➜  成功見習

一年Seminar研究 ➜ 二年Startup個別指導 ➜ 三年保證創業成功賺大錢！

🕐 時間：★為期三年★

每月第三週
— 星期二 15:00 起 ▶ 創業 Seminar
— 星期四 15:00 起 ▶ 創業弟子密訓及企業接班見習
— 星期五晚 ▶〈我們一起創業吧〉

💲 費用：★非會員價★ 280,000　　★魔法弟子★免費

魔法講盟

公眾演說
A⁺ to A⁺⁺
國際級講師培訓
收人 / 收錢 / 收心 / 收魂

培育弟子與學員們成為國際級講師，
在大、中、小型舞台上公眾演說，
一對多銷講實現理想！

面對瞬時萬變的未來，
您的競爭力在哪裡？
你想展現專業力、擴大影響力，
成為能影響別人生命的講師嗎？
學會以課導客，讓您的影響力、收入翻倍！

我們將透過完整的「公眾演說
班」與「國際級講師培訓班」培訓您，
教您怎麼開口講，更教您如何上台不怯
場，讓您在短時間抓住公眾演說的撇步，好
的演說有公式可以套用，就算你是素人，也能站在
群眾面前自信滿滿地侃侃而談。透過完整的講師訓練系統
培養開課、授課、招生等管理能力，系統化課程與實務演練，把
您當成世界級講師來培訓，讓您完全脫胎換骨成為一名超級演說
家，晉級 A 咖中的 A 咖！

為您揭開成為紅牌講師的終極之秘！
不用再羨慕別人多金又受歡迎了！

從現在開始，替人生創造更多的斜槓，擁有不一樣的精彩！

國際級講師　Speaker

兩岸授課　Teaching

提供舞台　Stage

實戰指導　Coach

演說技巧　Technique

雙重保證，讓你花同樣的時間卻產生數倍以上的效果！

保證 成為專業級講師

「公眾演說班」培訓您鍛鍊出自在表達的「演說力」，把客戶的人、心、魂，錢都收進來。「講師培訓班」教您成為講師必備的開課、招生絕學，與以「課」導「客」的成交撇步！一邊分享知識、經驗、技巧，助您有效提升業績；另一方面讓個人、公司、品牌、產品快速打開知名度，以擴大影響半徑並創造更多合作機會！

★ 公眾演說班	2021 年 9/4 六、9/5 日、9/25 六、9/26 日 2022 年 9/17 六、9/18 日、9/24 六、9/25 日
★ 講師培訓班	2021 年 12/11 六、12/12 日、12/18 六 2022 年 12/10 六、12/11 日、12/17 六

保證 有舞台

在「公眾演說班」與「講師培訓班」的雙重培訓下，獲得系統化專業指導後，一定不能錯過「八大名師暨華人百強講師評選 PK 大賽」，成績及格進入決賽且績優者，將獲頒「亞洲百強講師」尊榮；參加總決賽的選手，可與魔法講盟合作，將安排至兩岸授課，賺取講師超高收入，擁有舞台發揮和教學收入的實際結果，是您成為授證講師最佳的跳板！決賽前三名更可登上亞洲八大名師＆世界華人八大明師的國際舞台，一躍成為國際級大師！

★ 八大名師暨華人百強 講師評選 PK 大賽	2021 場 3/23 二 2022 場 3/8 二
★ 亞洲八大名師大會	2021 場 6/19 六、6/20 日 2022 場 6/18 六、6/19 日
★ 世界八大明師大會	2021 場 7/24 六、7/25 日 上課地點：新店矽谷

報名或了解更多、2022、2023 年日程請掃碼查詢或
撥打真人客服專線 (02) 8245-8318 或上官網 *silkbook* ○ com www.silkbook.com

史上最強 寫書＆出版實務班

全國最強4天培訓班，
見證人人出書的奇蹟。

素人崛起，從出書開始！
讓您借書揚名，建立個人品牌，
晉升專業人士，
帶來源源不絕的財富。

　　由出版界傳奇締造者、超級暢銷書作家王晴天及多位知名出版社社長聯合主持，親自傳授您寫書、出書、打造暢銷書佈局人生的不敗秘辛！教您如何企劃一本書、如何撰寫一本書、如何出版一本書、如何行銷一本書。

- 理論知識
- 實戰教學
- 個別指導諮詢
- 保證出書

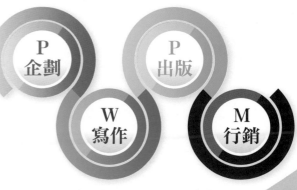

- **P 企劃**
- **P 出版**
- **W 寫作**
- **M 行銷**

當名片式微，
出書取代名片才是王道！！

《改變人生的首要方
法～出一本書》▶▶▶

新絲路視頻5
改變人生的
10個方法
5-1寫一本書

想成為某領域的權威或名人？出書就是正解！

　　透過「出書」，能迅速提升影響力，建立「專家形象」。在競爭激烈的現代，「出書」是建立「專家形象」的最快捷徑。

　　國內首創出版一條龍式的統包課程：從發想一本書的內容到發行行銷，不談理論，直接從實務經驗累積專業能力！鑽石級的專業講師，傳授寫書、出版的相關課題，還有陣容堅強的輔導團隊，以及坊間絕無僅有的出書保證，上完四天的課程，絕對讓您對出書有全新的體悟，並保證您能順利出書！

書的面子與裡子，全部教給你！

★出版社不說的暢銷作家方程式★

- **P** 說服出版社的神企劃
- **W** 加速寫作的方程式
- **P** 增加優勢的出版眉角
- **M** 衝上排行榜的行銷術

暢銷書都是這麼煉成的！

保證出書！您還在等什麼？

寫書&出版實務班

2021 場 8/14 六、8/15 日、8/21 六、10/23 六
2022 場 8/13 六、8/14 日、8/20 六、10/29 六

報名或了解更多、2023 年日程請掃碼查詢 或撥打真人客服專線
(02) 8245-8318 或上官網 silkbook●com www.silkbook.com

全球華人圈最偉大的高端演講
Knowledge Feast Lecture
真理指引の知識服務

真

真永是真

真‧真讀書會

~真讀書會來了!!解你的知識焦慮症!

　　原來你參加的讀書會都是假的!?在這個訊息爆炸，人們的吸收能力遠不及知識產生速度的年代，你是否苦於書海浩瀚如煙，常常不知從哪裡入手？王晴天大師以其三十年的人生體驗與感悟，帶您一次讀通、讀透上千本書籍，透過「真永是真‧真讀書會」解決您「沒時間讀書」、「讀完就忘」、「抓不到重點」的困擾。在大師的引導下，上千本書的知識點全都融入到每一場演講裡，讓您不僅能「獲取知識」，更「引發思考」，進而「做出改變」；如果您想體驗有別於導讀會形式的讀書會，歡迎來參加**「真永是真‧真讀書會」**，真智慧也！

真永是真，讓您獲得不斷前進的原動力，
找到人生的方向並建構π型人生！

華人圈最高端的講演式讀書會

真永是真・真讀書會

助你破除思維盲點、讓知識成為力量，提升自我軟實力！

邀您一同追求真理 ・ 分享智慧 ・ 慧聚財富！

🕐 時間 ▶ **2021** 亞洲八大場 **06/19**（六）**13:00 ～ 16:00**
2021 專場 **11/06**（六）**13:30 ～ 21:00**
2022 專場 **11/05**（六）**13:30 ～ 21:00**
2023 專場 **11/04**（六）**13:30 ～ 21:00**

📍 地點 ▶ 新店台北矽谷國際會議中心
（新北市新店區北新路三段 223 號捷運 🚇 大坪林站）

報名或了解更多、2024 年以後日程請掃碼查詢或撥打真人客服專線
(02) 8245-8318 或上官網 silkbook●com 新・絲・路・網・路・書・店 www.silkbook.com

> 一次取得永久參與「真永是真」頂級知識饗宴貴賓級禮遇，為您開啟終身學習之旅，明智開悟，更能活用知識、活出見識！

★持有「**真永是真 VVIP 無限卡**」者可永久參加真永是真高端演講相關活動，享受尊榮級禮遇並入座 **VIP 貴賓席。**

掃碼購買
立即擁有 ▶

國際級證照 + 賦能應用 + 創新商業模式

2020年「斜槓」一詞非常火紅，邁入2021年之後您是否有想過要斜槓哪個項目呢？區塊鏈絕對是首選，在 2021 年比特幣頻頻創歷史新高，各個國家發展的趨勢、企業應用都是朝向區塊鏈，LinkedIn 研究 2021 年最搶手技術人才排行，「區塊鏈」空降榜首，區塊鏈人才更是在人力市場中稀缺的資源。

魔法講盟 為因應市場需求早在 2017 年即開辦區塊鏈國際證照班，培養區塊鏈人才已達數千位，對接的資源也已觸及台灣、大陸、馬來西亞、新加坡、香港等國家。是唯一在台灣上課就可以取得中國大陸與東盟官方認證的機構，取得證照後就可以至中國大陸及亞洲各地授課 & 接案，並可大幅增強自己的競爭力與大半徑的人脈圈！

由國際級專家教練主持，即學・即賺・即領證！

區塊鏈國際證照班　　2021年 4/17（六）、4/18（日）▶ 9:00 起

📍 地點：中和魔法教室

01 我們一起創業吧！ 🏠

為什麼有的人創業成功賺大錢，有的人創業賠掉畢生積蓄還負債累累？你知道創業是有步驟、有方法、有公式、可借力嗎？創業絕對不是有錢、有技術、有市場等就可以成功的，「我們一起創業吧」課程將深度剖析創業的秘密，結合區塊鏈改變產業的趨勢，為各行業賦能，提前布局與準備，帶領你朝向創業成功之路邁進，實地體驗區塊鏈相關操作及落地應用面，創造無限商機！

★每月第三、四週星期五晚 ▶ 18:00~20:30 　📍 地點：中和魔法教室

區塊鏈為史上最新興的產業，對於講師的需求量目前是很大的，加上區塊鏈賦能傳統企業的案例隨著新冠肺炎疫情而爆增，對於區塊鏈培訓相關的講師需求大增。魔法講盟擁有兩岸培訓市場，對於大陸區塊鏈的市場更是無法想像的大，只要你擁有區塊鏈相關證照及專業，魔法講盟將提供你國際講師舞台，讓你區塊鏈講師的專業發光發熱，更有實質可觀的收入。

03　區塊鏈技術班

　　目前擁有區塊鏈開發技術的專業人員，平均年薪都破百萬，在中國許多企業更高達兩三百萬台幣的年薪，目前全世界發展區塊鏈最火的就是中國大陸了，區塊鏈專利最多的國家也是中國，魔法講盟與中國火鏈科技合作，特聘中國前騰訊的技術人員來授課，將打造您成為區塊鏈程式開發的專業人才，讓你在市場上擁有絕對超強的競爭力。

04　區塊鏈顧問班

　　區塊鏈賦能傳統企業目前已經有許多成功的案例，目前最缺乏的就是導入區塊鏈前後時的顧問！顧問是一個職稱，對某些範疇知識有專業程度的認識，他們可以提供顧問服務，例如法律顧問、政治顧問、投資顧問、國策顧問、地產顧問等。魔法講盟即可培養您成為區塊鏈顧問。

05　數字資產規畫班

　　世界目前因應老年化的到來，資產配置規劃尤為重要，傳統的規劃都必須有沉重的稅賦問題，工欲善其事，必先利其器，由於數字貨幣世代的到來，透過數字貨幣規劃將資產安全、免稅（目前）、便利的將資產轉移至下一代或他處將是未來趨勢。

以上開課日程請掃碼查詢或撥打真人客服專線 (02) 8245-8318

或上官網　新·絲·路·網·路·書·店 *silkbook* ◎ com　www.silkbook.com

自媒體營銷術

——魔法影音行銷班

讓您用影片吸引全球注目，
一支手機，創造百萬收入！

**不容錯過的
超級影片行銷**

一支手機製作
吸睛影片的魔法

將訊息轉化成立體的故事，手把手教您影片製作，一步一步在旁指導。

學費特價 $ **1680**

魔法抖音班

抖音平台經營、腳本企劃、影片拍攝與製作。15秒說故事，快速分享。

學費特價 $ **6980**

自媒體流量變現
魔法二日完整班

YouTube& 抖音雙平台經營、腳本企劃、影片拍攝與製作與數據分析。結合講師培訓經營線上課程立馬可成！

學費特價 $ **13800**

贈 講師培訓三日
完整班 +PK

➔ 自營線上課程

近年，社交網絡已徹底融入我們的日常之中，相信沒有人不知道 Facebook、YouTube、Instagram……等社交網絡。

社群媒體的崛起，無疑加速了影音行銷的發展，不只是其互動頻率遠遠超過文字與圖像的傳播，更縮短了人與人之間的距離。全球瘋「影音」，精彩的影片正是快速打造個人舞台最好的方式。

- ☑ 動態的東西比靜態的更容易吸引目標受眾的眼球。
- ☑ 比起自己閱讀，聆聽更方便理解內容。
- ☑ 使用畫面上或聲音上的變化和配合，影片更能抓住目標受眾的心情。

行動流量強勢崛起，影片行銷當道，
現在就拿起手機拍影片，打造個人 IP，
跟上影音浪潮，從被動觀看到積極行動，
用影片行銷讓您更上層樓！超乎預期！

一支手機，就讓全世界看到您！

開課日期及詳細授課資訊，請掃描 QR Code，或上 silkbook.com 查詢，亦可撥打客服專線 (02)8245-8318。

新·絲·路·網·路·書·店
silkbook●com https://www.

亞洲八大名師首席
王晴天 著

5 改變人生的個方法

一本兼顧理論與實務的最佳人生指引

TOP FIVE METHODS
TO CHANGE
YOUR LIFE

★推薦序★

改變人生，緣於此書

　　你的內心是否曾浮現過這樣的想法，覺得自己的人生應該可以更好？賺取比現在更多的收入，獲得比現在更高的成就，擁有比現在更好的生活品質。

　　但不知道為什麼這個想法始終無法如願，你也知道自己必須做出改變，可是具體要從哪些地方改變？又要如何改變？無論怎麼想破頭也得不出一個結論，成為每個人心中相同的大哉問。

　　而正在閱讀本書的你何其有幸呀！王博士體認到大多數人的問題，因而決定出版這本曠世巨作，為那些有心讓自己更好的人，提供一個明確的方向座標，猶如一座燈塔，在人生這片茫茫大海中，為那些迷航者指引出得以順利啟程、揚帆的航道。

　　書中，作者提到出書、成為講師、拍攝影片、找到導師與團隊以及打造自動賺錢機器等五個方法，提供給讀者的不僅是戰略、更是戰術，甚至於實際應用的戰技，威廉可以毫不誇張地說，你雖然花了幾百元買這本書，但你卻能一次獲得五個方法的智慧與經驗，如此高的投資報酬率，就別再猶豫了！趕緊拿著書去櫃台結帳，或是點選「加入購物車」下單，好好拜讀一番吧！

▲網銷兩大經典專書。

　　威廉自己多年前也在一個機緣下，參加王博士所開設的出書出版課程，順利出版了自己的著作，更獲得暢銷師作家的榮譽頭銜；同時，我也跟王博士合作，在國際級講師的課程中擔任講師。人生有幸結識王博士這位貴人，因而衍生出後續這麼多奇妙、讓人興奮且美好的事情，重點是人生也確實改變，發展得越來越好！

　　因此，威廉也誠摯地希望你能像我一樣成為受惠者。

若水學院 創辦人

威廉 導師 *William*

讓改變人生變得水到渠成

在人生的道路上，你是否常努力錯方向？或是想脫離現有的狀態卻發現越來越糟，成功有方法，失敗有原因，一生中有太多選項可以選擇，有句話說：「選擇比努力重要。」這句話固然是正確的，但其中卻有重大的變異數，也就是這些選項中，是否有最正確的答案供你選擇，如果沒有，那一樣是白搭。

此書《改變人生的五個方法》，並非每個方法都必須做到，才能改變人生，只要能做到其中一種，就相當難能可貴了，人生從 0 到 1 最難，只要能從 0 到 1，那接下從 10 到 100，你根本毋須害怕，自然水到渠成。

如果你下定決心要改變人生，務必仔細閱讀本書，找出最適合自己的方法，並開始著手進行，邊執行邊修正，直到成功為止。然後在心有餘力的狀態下，進行第二、第三個方法，相信一年後你在審視自己時，會發現自己已截然不同，因為在你決定開始執行改變人生的第一個方法時，你的人生就已經改變了。

魔法講盟 CEO

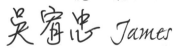

▲其著作皆入選各大書店新書排行榜。

想成功，得先學會與眾不同！

　　「成功」這兩個字，是每個人從小到大都被教育並引導為人生的終極目標，成功當然很棒、很美好，但你可以觀察身邊的人、甚至自己，有幾個確實在事業、財富上成功了呢？我想應該是少之又少，那些真正的成功者，都是只能出現在電視或新聞媒體上的人，對吧？

　　每個人都想成功，獲得財務自由，但絕大多數的人都欠缺「改變」的勇氣，畢竟走出舒適圈，對你我來說是一件極為痛苦的事，使得成功淪為口號，而改變則成了目標，年復一年，無止盡的循環。

　　就算有些人勇敢地踏出了第一步，成功走出舒適圈，努力工作、經營自己的事業，最終卻還是碰一鼻子灰，屢戰屢敗，消耗不少的能量與時間，卻獲取了無盡的挫敗感！最後只能給自己貼上一個標籤：「我努力過了，但成功與我無緣。」然後就此止步。

　　這種人不在少數，但他都擁有改變的勇氣了，為什麼仍無法成功呢？因為他缺少改變人生的正確方法！但也有可能並非方法不正確，而是他改變的方法，無法順應現今這快速變遷的時代，引起最大的效應來有效推進成功的腳步！

　　想想看，如果你做的事跟競爭者都一樣，除非你有很大的聲望與名氣，不然如何在該產業立足並異軍突起呢？

　　回想自己創業近二十年的過程，從年輕時負債數百萬，到現在事業有所成就，而我之所以能有這樣的改變，就跟王博士在這本書所提到的五種方法不謀而合，成為我事業快速發展的重要關鍵因素！

當初如果可以早點看到這本書，並吸取其中精華，絕對可以讓我少奮鬥十幾年都不為過！如王博士所提到的「出一本書，成為暢銷書作家」、「站上舞台，成為國際講師」，這兩件事對一般人來說，可能就會認為自己無法辦到，甚至連想都不敢想。

但在本書中，王博士會告訴你為什麼要做這些事？做這些事的重要性為何？並用他幾十年的創業經驗，告訴你如何有效率地達成並做好這些事！將一切變得簡單、有步驟，而且非常完備地提出其方法（How），讓你不再畏懼！

如果你是剛開始要經營你的事業，這本書將可以幫助你快速推進、成長！如果你已經發展一段時間了，這本書更可以幫助你有效地擴張你的事業版圖、進入更高的層級與檔次，甚至可以打趴同業，他們無法做到的事，你卻可以輕鬆做到，那你的競爭力將大幅度提升，難以被複製或超越，成功自然手到擒來！

這本書集結了王博士數十年成功經驗的精華，你可以把它當成一本教科書，也可以把它當成一本寶典，如果你想知道真正有用且能夠有效改變人生與事業的方法，請繼續往下看！這本書絕不會讓你失望！

▲ 該著作上市前推行預購，未出版即登上新書排行榜，相當轟動！

網銷魔術師

傅靖晏 Terry Fu

不僅改變人生，更要創造人生！

　　如果問生活周遭的人：「你對現況滿意嗎？」你覺得他們的答案會是什麼？相信絕大多數的人給你的答案，都會是否定的。一個人要想獲得成功就必須付出相對的努力，但很多時候卻無法得到心中所期望的結果，這是為什麼呢？

　　因為你努力錯了方向。一個人如果方向不正確，越努力只會離結果越遠，因此，要想成就人生、走在正確的中道上，最好的方法莫過於不斷的學習、改變自己，而不是像隻無頭蒼蠅四處飛，徒然浪費時間外，目標也沒有達成。

　　有人說，這世界的美好都來自於堅持，持續一天容易，持續一週也不難，難得的是持續一年。人畢竟是有慣性的，持續個十幾天，自然就養成了習慣，所以剩下的交給時間吧！那為什麼聽這麼多道理，卻還是過不好這一生呢？因為你始終在聽，成功者卻是在做，而且已開始持續進行了。

　　成功並非偶然，假如有位成功人士說：「我的成功全歸功於運氣。」那他不是搞不懂自己是如何成功的，要不就是為人謙虛，不願宣揚自己所付出的努力與堅持。羨慕他人的成就並不全然是壞事，你會羨慕，代表心裡也有個自己想成為的樣子，你可以試著去想為什麼羨慕這個人，他吸引你的地方在哪，要怎麼做才能讓自己成為你羨慕的樣子。

　　這感覺就好比你喜歡唱歌，總羨慕歌手可以站上舞台盡情歌唱，自己卻只能在洗澡時享受唱歌，這懸殊的差距不免讓人感到自卑，但只要敢走出去，增進自己的歌唱技巧，或是參加歌唱比賽，甚至將自己的作品發表

到網路上，即使步調緩慢，努力還是可以拉近我們與夢想的距離，把羨慕化為進步的動力，「因為嚮往就還有希望，只要相信自己能做到，人生就沒有不可能，定能成就更美好的未來。」

因此，改變人生是有跡可循的，而一般不外乎三點：習慣、知識、方法。「知識就是力量」早已是老生常談，知識所能產生的力量無庸置疑，它能讓你在面臨一項棘手的任務時，知道自己可以如何解決，它能有效助你獨立思考，思辨出對錯，用正確的方式去完成。

而培養知識的方法就是廣泛地閱讀，也許你並不是每個領域都很有興趣，那就先從你感興趣的領域開始，將該領域權威人士所出的書全部買來看，你會發現自己能獲得不少收穫。知識需要散播，知識只有分享才會有力量，知名投資家彼得・林區曾說：「假如我有一塊錢，把它給了你，那一塊錢就變成你的，但假如我給你的是一種觀念，那我們兩人便同時擁有它了。」因為分享的同時，你也在學習。

但只知道要獲取知識還不夠，做事有方法、養成好的習慣有方法、吸收智慧也有方法，有了方法你才能用更有效率的方式做事，方法能讓你以更短的時間達成目的，畢竟時間有限，最短的時間才能做最多的事。

成功者和未成功者就差一點點：成功者無數次修改方法，但絕不輕易放棄目標；未成功者總習慣改目標，就是不改方法，亦或是不願意學習，因而不曉得有什麼方法。

本書列舉出五種改變人生的方法，讓那些無頭蒼蠅們有個方向可以依循，試著從這五個方法深入，進而成就自己，甚至是從這五個方法中再加以延伸，將見識變得又深又廣，不僅改變人生，更創造出自己想要的人生，試著放手一搏，再為自己努力一次吧！

5-1 出一本書，成為暢銷書作家

5-2 站上舞台，成為國際級講師

Contents 【目錄】

5-5 打造自動賺錢機器，建構被動收入流

5〜改變人生的10個方法

《改變人生的5個方法》搭配新絲路視頻5系列，無論您想用聽的、用看的都可以，讓您在知識爆炸的21世紀，以最有效的方式吸收知識，快速習得大師的智慧！

趕緊掃描QR Code訂閱「**新絲路視頻**」，開啟小鈴鐺，聽聽王博士怎麼說！

 新絲路視頻官方頻道

1,000,000 views

出一本書，
成為暢銷書作家

- 作為想出書的人，你需要……
- 投稿準備工作：企劃
- 該如何投企劃給出版社
- 寫稿、校對到成書
- 要暢銷就得做對行銷

1 作為想出書的人，你需要…

你可曾想過為何寫作？為何出書？是一時的衝動，還是想證明自己有寫作能力？是為了傳揚理念給大眾，還只是為了追求夢想？是為了出名賺錢，還是想挑戰當代界線？做任何事之前，一定

要先確認動機，因為出書要經歷的辛苦，絕不僅僅是坐在電腦前打字那麼簡單，它可是一件讓你忙翻的人生大事。

🔍 強烈的出書動機

筆者不諱言很多人出書是為了獲取名聲和賺錢，然而這並非一切，還要有其他更深一層的動機，才有辦法驅使你將熱情燃盡。強烈的動機能成為你寫作路上的推進器，遇到瓶頸時，這股初衷能成為你克服困難的最佳解藥。

寫作的原因五花八門，詢問十位作家，每個人的答案搞不好都不一樣，無法盡數列舉，但大致可分為四大類。

1 替人生留念，記錄美好時刻

這類型的寫作目的，在於替自己或他人留下紀念。歲月如河，當你的形貌漸趨衰老、權力讓位、甚至連名氣都漸趨平淡時，你的書卻能為你留住人生最美好的黃金年代，時時回味。市場上有不少紀念、緬懷類的書

籍，一開始的初衷正是為了留念。

2 分享理念與圓夢的熱情

熱情往往是驅動一個人最強的動力，不管是基於分享專業，抑或是想讓更多人理解自己熱愛的領域而寫書，這股熱情都能驅使作者們將自身的知識與經驗彙整起來與他人分享。另一種則是替自己圓夢，書，向來被視為特別的存在，許多人心中都懷抱著一個作家夢，一旦出了書，便會覺得自己完成了一項莫大的成就。

3 取代名片，塑造專業形象

在名片氾濫的年代，誰可以保證你遞出的名片，能讓對方產生深刻的印象呢？想要讓自己脫穎而出，就要顯示出自己與他人的不同之處──贈送一本自己的著作。遞出這本書的同時，除了讓人對你刮目相看，更信任你的專業度外，也會更容易記住你。

4 拓展事業版圖與人脈的媒介

一本書在市面上發行後，會有許多讀者注意到你，在閱讀的過程中，進而對你產生信任感，在無形中將人脈往外擴及至其他圈子。且和其他商品相比，書的價格一般人都負擔得起，初次成交的機率很大，也因此成為許多人收集名單的最佳利器。

擁有寫作動機與那些不具備動機的人，最大的差別在於做事情的態度。具強烈動機的人，知道自己為何而做、為誰而寫，就算遇到挫折，只要想到自己的初衷，便能迅速恢復積極的態度，動力還可能比以往更強！

相反地，缺乏動機的人，其寫作態度就會有很大的差別，最基本的積極度就無法跟那些極欲出書的人相比，若遇到寫作關卡，很容易替自己找藉口放棄，出書之路自然遙遙無期。

除了上述幾項明確的目標，寫作也可以是一個單純的動機，像香港流行小說作家喬靖夫一樣，他曾經說過：「觸動我寫小說的，只是非常單純的動機，就是一股與別人溝通的強烈欲望。明明是一個人躲著默默做的事情，卻能夠透過故事跟許多無分地域的讀者說話，這是寫作的一大滿足。」藉由這簡單的想法，喬靖夫從中獲得無比的快樂與滿足，可見「寫作動機」有多麼重要！

🔍 一個明確的主題

寫一本書，並不像在網路上 PO 文那麼簡單，即便你每天在網路上發表近千字的心情抒發，將三百六十五天的文字量集結起來，文字數足以撐起「一本書」，但這樣還不夠，因為你是「漫無目的」地發表，若你想要出一本書，就必須聚焦才行，得訂出足以深入描寫的主題。

那如何確定自己寫什麼書最適合呢？以下提供新手作家們最容易發揮的三個方向。

1 工作與專業 Profession

因為每天都在做，所以夠熟悉，是作者最容易侃侃而談，並訴諸文字的主題。另一個好處是，因為具備足夠的專業，所以能針對主題寫得更深入，切入讀者平常無法得知的內容，這樣的書才有吸引讀者購買的價值。

舉例來說，筆者自創立出版社，建立規模數一數二的華文出版平台以來，深耕出版界三十餘年，將所知的出版知識、精華全編進《暢銷書出版

黃金公式》一書，這本書對有志寫作的朋友們來說相當受用，就算你對出版一竅不通，看完你也能領略一本書從無到有的製作過程。

新手作家常有的一個盲點是，選了一個看似厲害的主題，卻非自己的專業，往往寫了寥寥數語就卡住，不知該如何產出一本書的文字量，才一開頭就只能停筆，大受打擊，哀嘆自己沒有寫作天分。

這時候若能轉個念，選擇自己熟知的領域，反而變得容易執行，由於寫作內容就是每日接觸的工作，除了具備理論知識，實例與經驗更是多不勝數，越寫越文思泉湧，這也是將工作專業作為寫作主題的好處。

② 興趣與熱情 Interests

筆者推薦給新手作家的第二類主題，是「熱情之所在」。想想工作之餘，你最喜愛做什麼、熱衷研究什麼，它可能就是最適合你的寫書主題。

既是喜愛的領域，平日肯定有所鑽研，因此累積的相關知識必定不少，雖就熟悉度而言，尚不及工作領域那麼深入，但這類主題具備一個強力後盾——作者高漲的熱情。

高漲的正能量能成為最強的推手，即便寫作過程中需要查證、蒐羅

資料，作者也甘之如飴。《超譯易經》這本書，便是筆者基於對易經的好奇，一頭栽入研究，正所謂「十年磨一劍」，最後寫出了一本大部頭的著作，許多人看到這本書的頁數都相當吃驚，但只要心中懷抱著熱情，寫起來就會樂此不疲，就算因此犧牲睡眠時間，也絲毫不會感到厭煩。

3 切合市場性的主題

在考慮自己的專業與熱情之餘，可以再進一步分析該主題是否具備市場性。最簡單的做法即是上網查詢各大書店的暢銷排行榜，找出市場上的熱門主題，比如《斜槓創業》就是抓住市場吹起的斜槓風潮，甫出版就吸引大量讀者購買。

不過，對於剛萌生寫作念頭的新手來說，筆者建議你還是以專業、熱情兩大角度為主要切入點，符合市場趨勢為輔，來找出寫作主題。因為越了解或喜愛你的寫作範疇，寫起來愈容易。文字的產出，是寫作必不可少的一環，在擬主題時，自然要考量寫作的難易度。

🔍 搞清楚讀者群是誰

講到寫書，大家應該會普遍認為「寫」是最重要的，但其實有一項經常被忽略的元素，是在寫作初期就必須確立的，那就是——鎖定目標讀者群。明確的讀者形象不管在寫作還是行銷定位上，都有很大的幫助。

新手作家們必須了解一件事：越想要不分男女、老少通吃，就越容易模糊寫作焦點，一心想包山包海，結果章節內容探討的深度不足，以致不受讀者青睞。相反地，如果你知道這本書是寫給誰看，就會針對具體讀者的問題加以描述、解析，並提出相關的解決之道，如此才有可能讓自己憑藉一本書樹立專業形象、打動讀者。

在行銷領域中，有一項很重要的概念，稱之為目標行銷（Target Marketing），執行的關鍵就是確立目標客群（Target Customer）。所謂目標客群，簡單來說就是 STP 理論，以下就書籍市場來舉例。

- ✈ Segmentation：區隔市場，將市場上的書依類型劃分，例如商業理財書籍就有管理學、投資學、職場關係等。
- ✈ Targeting：目標市場，選擇一個你想投入的類型領域。
- ✈ Positioning：按選擇的市場，做好書籍定位，使其符合目標讀者的需求。

憑藉著《蔡康永的說話之道》成為暢銷書作家的蔡康永，他也認為雖然可以花十年寫一本感動自己的曠世巨作，但符合讀者需求的書，更能讓讀者覺得這本書與自己有關。人們藉由閱讀解決自己生活中遇到的難題，是天經地義的事，這種以讀者為出發點的寫作方式，正是蔡康永的書能讓讀者覺得受用，進而成為暢銷書的原因。

尋找目標讀者：打造明確的讀者形象

想要找出目標讀者群，就必須先拋開作者的「本位主義」，實地觀察自己的主題有哪些客群，並深入思考他們的生活背景，思考面向包括：

- ✈ 閱讀這類書籍的讀者是誰？（明確地設想讀者的職業、年齡、性別、經濟狀況、興趣等）
- ✈ 這類讀者為什麼想買或需要這本書？
- ✈ 這類讀者可能面臨什麼樣的難題？
- ✈ 這類讀者喜歡哪一種寫作風格、美感元素？
- ✈ 對於這類讀者來說，哪些是陳腔濫調、哪些是新意？

❷ 尋找目標讀者：走訪書店，從類型找端倪

若實在很難想像你的讀者群形象，可以走訪實體書店或瀏覽網路書店，往往能從與你主題類似的書中，找到此類書籍的讀者特徵與市場。

比方說，美容瘦身類的讀者群，大多數為二十五歲以上之女性，所以在編寫時，會以符合此年齡層的需求為主；若是心理勵志類書籍，就會隨著主題不同，而偏重於不同的架構與文風。大家可依自己的主題，去參考不同類型的書，找出自己的潛在市場與讀者群。

🔍 訂立具體的出書日

相信很多人看到標題，會感到納悶，書都還沒寫，就要先訂好出書時間？其實，訂定一個具體的出書日，能帶來兩項好處。

- ✈ **規範寫作進度：**因為有出書日為目標，因此作者能規劃寫作日程表，逐步完成整本書的內文。
- ✈ **事前準備宣傳活動的基準：**若已經與出版社簽約，確定出書日後，出版社就會以這個日期與媒體、通路敲定宣傳通告，比如廣播節目或新書發表會。

筆者要針對第一點加以說明，因為絕大多數的人都有一拖再拖的壞習慣，導致遲遲看不見出書的曙光。拖延症是一種通病，在寫作方面尤其如此，明明下定決心每天要寫一千字，卻因為工作、家庭、人際等突發事件而耽誤進度，這時候我們總會安慰自己：「這也不是我願意的。」將目標放到明日，如此連續拖延四、五天之後，大腦就會跟自己說「算了，一千字太困難了，根本沒有時間寫。」許多寫書的人，就是在目標與拖延中徘

徊，最終又開始懷疑自己「是不是根本就不適合出書？」

其實，要擊潰這種症狀，最好的方式，就是訂下一個明確的出書日期，並訂下誓言：「我 ××× 在此訂下於 × 年 × 月 × 日出版第一本個人著作的目標，每日安排 ×× 時間寫作……」，然後以那個日期為目標，以終為始，開始確立每個月、甚至每天的小目標。這種做法必須搭配以下四種元素，才能發揮其效用。

1 目標明確、可量化

舉例來說，在「三個月內寫完一本書」的想法不夠具體，你要想的應該是三個月內要完成「十萬字的初稿」，將字數量化，好安排進度。

2 符合現實、有一定的達成率

就算是要鞭策自己在時限內完成，設立目標時也必須考量現實狀況，如果你每天上班時間就占去了大半，就不能訂下「三天寫完十萬字」這種目標。過於樂觀的結果，只會替自己帶來挫折感，進而逃避、拖延。

3 具備時效性

不要用三個月這種區間為目標，要訂出明確的日期（× 年 × 月 × 日），然後以這個日期為目標，成為督促自己寫作的動力。若是已和出版社簽約的作者，這個時效性就來自於與出版社談好的交稿日。

4 有具體的執行計畫

光想著要寫完十萬字是不夠的，要將這十萬字切割成可達成的小目標才行。一本十萬字的書，若要在三個月完成，每個月就必須完成三萬多

字；再將這個字數均攤下去，每天要寫大約一千字，這才是能執行的具體計畫。甚至於，可以限定自己每天的行程，例如：吃完晚餐後，休息半小時，然後進入書房寫作一小時。

計畫越具體，越能養成寫作習慣，能持續規律寫出作品的專業作家，通常都具備規律的寫作習慣。例如美國驚悚小說大師史蒂芬·金，他無論有沒有靈感，每天都堅持創作二千字；以規律生活出名的日本小說家村上春樹來說，他每天固定寫作五至六個小時，每天平均撰寫量約四千字左右。千里之行始於足下，現在就把書籍字數量化，設立一個可行的寫作計畫，朝目標走去吧！別讓寫作停留在夢想階段！

需要明確指導與借助他力的寫作者，筆者推薦魔法講盟的出書出版班。課堂上除了有各大出版社社長教授知識理論，還會實際帶領學員寫作、企劃。該課程以「保證出書」為目標，助你完成人生中的第一本著作！

	魔法講盟 出書出版班		普通寫作出書班
① 課程完整度	完整囊括 PWPM	勝	只談一小部分
② 講師專業度	各大出版社社長	勝	不一定是業界人士
③ 課堂互動	理論教學＋分組實作	勝	只講完理論就結束
④ 課後成果	有實際的 SOP 與材料	勝	聽完之後還是無從下手
⑤ 學員指導程度	多位社長分別輔導	勝	一位講師難以照顧學生
⑥ 上完課是否能 直接出書	●是出版社，直接談出書 ●出版模式最多元，保證出書	勝	上課歸上課，要出書還是必須自己找出版社

投稿準備工作：企劃

　　提到出書，一般人最先想到的不外乎是寫稿，然後把書稿寄給出版社，但這樣的投稿方式，往往只會得到一個結果——石沉大海。

　　你可能是這樣設想的，收到書稿後，編輯會安排時間，按順序看完每位作者的心血，註記書稿的優缺點，再回信給那些等待回音的投稿者；但現實中，編輯們收到的稿量遠超過你的想像，加上手邊還有正在執行的書，根本不可能細看每一本「曠世巨作」。因此，出版社在評估時，絕非從稿件，而是從出版企劃進行初選，只有企劃引起編輯的注意後，書稿才有被閱讀的可能。

🔍 投稿前，一定要寫企劃

　　在進一步介紹企劃涵蓋的內容前，我們必須理解企劃是「為了什麼而寫」、「為了寫給誰看」，概念越清楚，寫出來的企劃就越有可能抓住出版社的心。

1 說服出版社

　　寫企劃的重點在於讓編輯看見「這本書的市場潛力」，進而說服出版社與你簽約。所以文筆並非企劃的重點，也不能僅是自我滿足而已。能夠達成簽約目標的企劃才是成功的企劃，若沒能說服出版社，就要回過頭檢視企劃是否有將出版社看重的「銷售潛力」呈現出來。

② 推銷作品

出版企劃與找工作時投遞的履歷性質相似。必須強調作品的強項，解釋「讀者為何需要這本書」、「這本書與同類書籍相比，有何獨特之處」等，盡量展現賣點，讓出版社相信你的書會有讀者買單，確信感越強，行銷的成效越好，出版社也越有意願出版你的書了！

③ 呈現精華

談到精華二字，投稿者通常都會著重在「書的內容」，提供故事大綱。書籍內容固然重要，但「作者本身的亮點精華」也同等重要，也就是你的特殊之處，比如你是某領域的權威專家，或是有行銷書籍的管道，這些有時比內文簡介來得更加分。如果投稿時已擬好具體的行銷計畫，甚至已經付諸執行（比如已開始預購或談好書籍的贈品等），請務必寫進企劃當中，當出版社感覺到你自己已經先鋪好了銷售之路，與你簽約的意願當然也就更高。

了解企劃存在的原因後，筆者接著想介紹「企劃的寫法」，教所有準作者們打造一份具說服力的企劃，大略分為四個元素，一一介紹如下。

✈ **書名：**點出主題市場性的關鍵。

✈ **文案：**書籍的重點、賣點及亮點。

✈ **目錄大綱：**出版社評估內文的具體憑據。

✈ **作者介紹：**在同類作者中，為何選擇你。

🔍 替主題想一個好書名

書名是讀者看到的第一個資訊，若第一眼就打動讀者，暢銷潛力會比其他書籍高出許多。因此，「書名」自然得多花一些時間琢磨。沒有出版社能給你 100％暢銷的書名，但那些吸睛書名的取法，往往都具備共通的元素，筆者將常見的幾種整理如下：

1 簡潔有力／明確關鍵詞

既然是讀者第一眼看到的內容，書名就必須準確地傳達給目標市場，讓讀者知道這本書是為他們而寫，能解決他們的問題。所以一般工具書最強調的就是明確性，一看就知道這本書的主軸為何，例如《不動氣溝通》的主書名就直搗核心——「輕鬆溝通、不起爭執的溝通法」。

而要達到明確性，最簡單的做法就是寫出主題關鍵字，像針對現代文明病出版的《三高救星！減糖、消脂、降壓の全對策》，書名就告訴大眾這是一本教人降三高的保養書籍。

2 訴諸感性／引發共鳴

此取法大多用在較感性、軟性的書籍，心理勵志類書籍最常見。建議從出版初衷來發想，思考如何觸動讀者內心的本質，再投射於文字上。常見的對話式取法如《盡力就好，天塌下來又怎樣！》、《情緒化也沒關係》，讓人感受到窩心的鼓勵與安慰，一句話打進讀者的心坎裡。

　　文學小說類的取法雖然比較不受限，但也常利用此方法，來引發讀者共鳴，好比《解憂雜貨店》的「解憂」一詞，就能讓讀者感受到本書的療癒調性。

3 丟出疑問／引起好奇心

　　如果書名能引起讀者想一探究竟的好奇心，這本書就更有機會被市場注意到。若想要朝激起好奇心這方面操作，修辭上有兩種做法。

　　第一種為常見的「疑問句」，例如《我需要你的愛。這是真的嗎？》以疑問句反思，進而吸引人閱讀。

　　第二種修辭法則為排比，利用兩個概念相反的元素塑造衝突感，因為難以想像，讀者就會感到好奇。例如《生命美在事與願違》，事與願違是一般人感到不如意的原因，但書名卻點出這才是生命美好之處，這種反差造成的懸念，有時比疑問句更有餘韻。

4 成功見證／立即有效果

　　以實用度為主，標榜「看完就用得上」、「照著做就立即有效果」的書籍，是工具書常見的取法，這類型的書名經常會用「數字」來發揮，以打造速度感，強調有效果。

　　例如《3 分鐘自診自療穴位圖解全書》、《1,000 萬人都說有效的輕鬆戒菸法》這兩本書，前者用三分鐘塑造「輕鬆容易、不麻煩」的印象；後者則利用千萬人這樣的見證式寫法，讓這本書能取信於人。

5 市場取經／趨勢與流行

如果你真的毫無想法，筆者建議你可以瀏覽一下網路書店，或實際走訪書店。除了看看暢銷書排行榜之外，也可以多觀察各種類別書名的組成方式；甚至於雜誌、報紙專欄、網路媒體的下標也很有可看性。

若發現有標題吸引你，就趕緊將關鍵字記錄下來，之後再重新排列組合，構思如何與你的書名結合。像《嘟嘟好！一人份不開火料理食堂》這本書，就是抓住自炊族的心理，以「不開火」和「食堂」，讓讀者建構不麻煩的美食印象。

取得時下流行語也是一種方式，例如因為 COVID-19 而流行的「超前布署」，就因此成為各種書名的熱門元素，甚至連語言學習書也以這個熱門詞彙來命名，拉近與讀者的距離，更跟上趨勢搶佔市場。

用文案介紹本書看點

企劃（尚未進入正式寫作）中的文案，並不需要作者在文章還沒寫出來的情況下，就雕琢出完美、吸睛的文字，向出版社介紹這本書「要寫什麼」及「搶眼的特色」，才是企劃文案的重點。

一本書的文案，扮演著吸引消費者目光的重要任務。試問：如果對文案都毫無興趣，還會有多少人願意往下看目錄呢？換位思考一下，你對市面上新書的耐性，就是編輯與消費者對你這份創作的耐性。

文案的性質與內文不同，它是吸引注意的鉤子（hook），必須圍繞著書名做文章（聚焦），同時還得引起閱讀者往下探究的好奇心（吸睛度）。乍看之下，好文案似乎不容易寫，但只要找對方法，就能鍛鍊出

「寫文案」的文筆。筆者提供以下四種方法，只要按此要領發揮，就算你是新手，相信也能寫出觸動人心的文字。

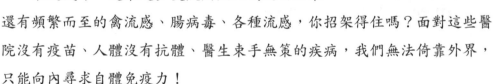 與熱門時事結合

時下最夯的話題，顯然是最熱門的新聞或時事。透過媒體不斷傳播，人們對於新聞標題肯定會有一定的關注。例如《超食用！抗病免疫力救命帖》的文案。

最強蔬果根莖葉求生飲食，抗流感、祛病毒、增強抵抗力！

2002 年 SARS、2009 年新型流感 H1N1、2012 年 MERS、2020 新型冠狀病毒 COVID-19（武漢肺炎）。

最近幾年，越來越多隻疾病黑天鵝迎面而來，還有頻繁而至的禽流感、腸病毒、各種流感，你招架得住嗎？面對這些醫院沒有疫苗、人體沒有抗體、醫生束手無策的疾病，我們無法倚靠外界，只能向內尋求自體免疫力！

在書名點出「免疫力」這個主題後，利用文案連結病毒疾病的話題，先讓讀者心中萌生危機感，再給予一個解決方法，使文案兼具流行元素和必需性，可見出版的議題如能與時事連結，往往可以抓住讀者的眼球。

但要特別注意時事的時效性，出書時間不宜與時事曝光的時間相隔太久，否則即使寫進文案，也可能因為事件過去太久，已非大眾關注的議題，無法達到吸睛的效果。另外，撰寫時，也必須注意新聞關鍵字與文案

間的連結應自然合宜，避免牽強附會。

拋出疑問並解決問題

　　拋出正確的問題，能抓住目標讀者群的眼球，藉此說服他們讀完這本書後，問題便能解決。這種寫法有兩種操作方式。

　　一是在文案中提出一些人們未曾思考過，但作者認為應該反思的問題。用問題幫助人們找出心中忽略，但確實存在的問題，讓讀者透過文案的提醒深入思考。

　　二是藉文案點出「目標讀者心中可能產生的疑問」，這樣便能在視覺上抓住人們的目光，先讓他們意識到「我也有這個問題」，再進一步提供解決方案，例如《不開火搞定一日三餐》的文案。

　　身為社畜的你，因為工作忙碌，所以三餐總是在外嗎？
　　身為北漂青年的你，因為租屋，所以無法隨意開伙嗎？
　　身為廚房殺手的你，就算害怕食安問題，還是無法進出廚房嗎？
　　——悶燒杯、美食鍋，超萬能的二合一料理神器，讓你輕鬆煮出健康美味的平價三餐！

　　此文案以解決問題為核心，明白告知這本書能解決什麼問題，讓人覺得言之有物。這類型的文案通常會從人們苦思不得其解的問題切入，引起共鳴，進而對症下藥；亦能因為作品以「幫助讀者解決問題」為主要訴求，讓作者建立起專業形象。

3 顛覆常識或想法

這類文案點出我們從不認為是問題的問題，給予讀者新觀念，藉由「顛覆常識」讓讀者感到吃驚，進而被你的論點吸引。

以《Drink Right！聰明喝水治百病》這本書而言，簡單的兩行文案，就翻轉了大眾對喝水的認知。

你每天喝十杯水，感覺自己 super 健康？
事實上，你的身體可能連一杯水都沒喝到！

多喝水是我們一直以來遵從的健康觀念，但文案卻點出「多喝 ≠ 喝進身體」這個盲點，引發人們的好奇心。此外，因為「十杯水 vs. 一杯水」造成的數量反差，更能讓讀者感受到正確喝水的必要性。

另一種顛覆常識的寫法，常出現在替「人性」找出路的書籍，例如《愛，不需要忠誠？！》的文案。

不偷吃，關係就會圓滿嗎？統計數字顯示，沒這回事！

人們或多或少都會被灌輸一些「聽起來有道理，實際上卻毫無邏輯」的理論，卻不自知。其實許多理論所追求的目標、道德標準，根本是針對「完人」設計的，不見得受用於多數人，絕大多數的人甚至會因為無法達成而衍生更多挫敗感。

此時，替「人性」找出路的文案，反而能引起讀者興趣，進一步將書帶回家。

移花接木的借用寫法

如果實在想不出讓作品更出色的有力語句怎麼辦？你可以運用各類型的廣告文案來進行融合，這是一個很好的做法。

如果你的書籍以專業為訴求，那就去參考相關議題的專業統計數據或實驗報告，濃縮其結論作為文案開頭；若你希望提升書籍的情緒感染力，可以尋找耳熟能詳的廣告詞作為文案的關鍵字。以專業度而言，《原子習慣》一書就引用了專業數據。

> 每天都進步 1%，一年後，你會進步 37 倍；
> 每天都退步 1%，一年後，你會弱化到趨近於 0！
> 你的一點小改變、一個好習慣，將會產生複利效應，如滾雪球般，為你帶來豐碩的人生成果！

具體的實驗數據能帶來說服力，耳熟能詳的廣告詞能加深讀者的印象，除了這兩項外，還可以借用名人金句，有力的引言會產生畫龍點睛之妙，例如《拒看新聞的生活藝術》這本書的文案開頭，就引用了電影明星丹佐‧華盛頓的發言，引發讀者的好奇心。

> 「如果你不看新聞，你會與世界脫節；但如果你看新聞，你會與事實脫節。」
>
> ——丹佐‧華盛頓

擁有一個開頭後，絕對會比無中生有寫文案更容易，而且還可以順利將讀者對這些專業數據、廣告詞的印象，藉由文案編寫轉嫁到這本書上。

🔍 把目錄整理出來

目錄就好比是人體的骨架，文章則是血與肉，整理好書籍架構，能幫助你加速寫作，因為每章的標題你心知肚明，明白要往哪方面深入思考；若是寫文學小說，藉由「起承轉合」此四字訣來完善故事大綱，建立明確的情節走向，寫作時就更容易鋪陳。

簡單來說，擬目錄即確定書籍的「章名」與「篇名」，概念圖如下。

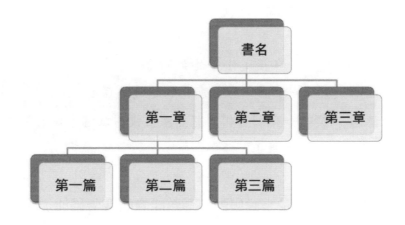

企劃的書名與文案成功吸引注意後，必須仰賴目錄，編輯與讀者才能理解這本書究竟在講述些什麼。利用文案抓住閱讀者的胃口，再藉由目錄呈現具體內容，企劃的說服力自然會上升。

簡單來說，目錄就是主題層層延伸的架構，如果你還是毫無頭緒，可以遵循以下步驟來完成最基本的目錄。

📨 從明確的主題出發：抓出你的核心思想。

📨 從不同面向探討主題：換位思考，確立各章標題。

📨 找出相關問題及方法：深入探討各章的不同角度。

主題明確的重要性

許多人會把抽象的概念與聚焦後的主題混為一談，因此筆者想花點時間說明。所有目錄都應該要有一個明確（乍看之下甚至狹隘）的主題，請參考下方表格，左欄的概念都很模糊，右欄才是聚焦後的主題：

抽象的概念	明確的主題／書名
如何教出好小孩	教養 NG 口頭禪！這些話爸媽不該說
自炊族必備食譜	一按上菜！80 道零失敗懶人電鍋料理
抗老化之法	抗老化，你需要大重量訓練
新多益單字	高勝率填空術：新多益 660 破分攻略
養身之道	為什麼要睡覺？：睡出健康與學習力、夢出創意的新科學

以上列第一本書為例，一般人都知道教養可分為身教與言教，從書名

《教養 NG 口頭禪！這些話爸媽不該說》就看得出來，這本書的重點在言教，且並非包山包海的說話法，而是從父母的 NG 話語切入，再進一步解釋如何改善。

因此，若深入看這本書的目錄，可以發現每篇都由一句 NG 口頭禪作為開頭，這本書的特色之所以明顯，正是因為作者有具體的切入點。

 延伸目錄：由大量資料分類

主題確立後，便能層層向下分類，撰寫章節目錄。但有些人在面對這種「由上而下」的結構時，腦中容易一片空白，不知從何下手。這時你不

妨反其道而行，「由下而上」，先寫關鍵詞，再歸納成目錄。

　　首先，針對主題列出所有你認為重要的概念。在這個階段，不需要過濾想法，在腦中閃過的隻字片語都盡量寫出來，待關鍵詞累積到一定數量後，再將這些素材進行分類，把同質性高的內容放在一起，最後審視自己歸納出哪幾類內容，這就是書能分成幾章的初步方式。

　　粗略分完後，依序檢查各章節間的關係是否緊密，刪除重複性太高的內容，如此一來才能形成完整的目錄結構。

　　有的時候，你可能會發現某一章篇幅較少，必須延伸多一點內容，你可以參考市面上的同類書籍，看其他書還討論了什麼，補足自己沒有寫到、但很必要的概念。

　　此種做法的重點是先把你腦中的知識掏出來，再細細整理，有了素材後，不管是要刪減還是新增，都比無中生有容易得多。

🔍 作者的自我介紹

　　企劃中最常被輕忽的就是作者簡介。大部份人會覺得，既然企劃的主體是書，書名與內容當然最關鍵，自我介紹草草帶過即可。這觀念大錯特錯，正所謂「人要衣裝，佛要金裝」，作者更需要包裝，舉例來說，同樣要出探討情緒的書籍，以下兩位作者，你更傾向於信任誰呢？

作者 A	已退休人士，平日喜愛研究心理類書籍。
作者 B	法國巴黎第七大學精神分析研究學院 碩士／國立政治大學心理系畢業。曾任精神專科醫院的臨床心理師，與社區心理衛生中心的心理諮商師長達十餘年。

　　相信大多數人都會覺得作者 B 在此領域更具專業性吧？這也是筆者

說作者簡介相當重要的原因。一本市場性中等的書，若有作者簡歷替它加分，比如與書相關的專業或特殊經歷，就能更吸引目光，但撰寫時務必簡明扼要，切勿寫成長篇大論的自傳型介紹。

　　一般而言，作者簡介必須依循個人經歷，將值得放大的經驗重點強調，通常有六個切入面向。

　　✈ 你是哪一類的作者？筆名？照片？──作品定位

　　✈ 你擁有哪一種（專業）頭銜？──作者頭銜

　　✈ 你擁有哪些（專業）經歷？──突顯專業

　　✈ 在哪裡能找到你？你的支持度如何？──曝光人氣

　　✈ 同類型作者中，你為何更具說服力？──添加特色

　　✈ 在此之前，是否有出過書？──與書連結

　　雖然筆者提出六點，但撰寫時不需要全數囊括，找到亮點、強調重點，會更有效果。許多參加魔法講盟出版班的學員，不是在作者簡介這塊毫無頭緒，要不就是洋洋灑灑地列一堆介紹，結果打動不了出版社。不要以為自己乏善可陳，只要透過魔法講盟的出版班指導，經由社長們的實際點評與打磨，你的經歷將熠熠生輝。

　　以下提供範例讓大家對照參考，更清楚上述六點切入面的內容。

 文學小說／村上春樹的履歷簡表

作者定位	小說家
作者頭銜	日本 1980 年代的文學旗手

突顯專業	第一部作品《聽風的歌》，獲得日本群像新人獎。 《挪威的森林》在日本暢銷四百萬冊，引起「村上現象」。 2009 年 2 月，村上春樹領取耶路撒冷文學獎時表示：「如果這裡有堅固高大的牆，有撞牆即破的蛋，我經常會站在蛋這邊。」
添加特色	村上春樹的寫作風格洋溢著歐美作家的輕盈基調，少有日本戰後陰鬱沉重的文字氣息。被稱為首位純正的「二戰後時期作家」。
與書連結	著有《挪威的森林》、《國境之南，太陽之西》、《海邊的卡夫卡》、《1Q84》、《沒有色彩的多崎作和他的巡禮之年》、《刺殺騎士團長》等作品。

※ 若你立志寫文學書，文學獎有一定的加分作用，但並非絕對。

2 強調專業／賴鎮源的履歷檢表

作者定位	健康、養身類書籍作家
作者頭銜	台灣中醫皮膚科醫學會 創會理事長
突顯專業	合元中醫診所院長／台灣中醫皮膚科醫學會理事長／中華民國中醫傳統醫學會副理事長／中國鍼灸學會理事／中華民國中醫師公會全國聯合會監事／廣州中醫藥大學與湖南中醫藥大學客座教授
添加特色	廣州中醫藥大學博士。曾擔任父母親月刊主筆一年，其發表之文章與著作榮獲各界廣大迴響，並經常橫跨兩岸進行學術研討，其權威與聲望可見一斑。
與書連結	著有《三分鐘自診自療穴位圖解全書》、《一刮病除自療法：對症刮痧 DIY 小百科》、《超效命中取穴 100%：圖解經絡穴位按摩速查大全》等作品。

突顯人氣／ How How 陳孜昊[註]

作者定位	網紅 YouTuber，網路綽號 HowHow
作者頭銜	台灣知名 YouTuber
突顯專業	政治大學經濟系／美國薩凡娜藝術學院 視覺特效碩士
曝光人氣	頻道 How Fun 破百萬訂閱
添加特色	以一部業配土鳳梨酥的影片爆紅，在網路上擁有「業配之神」的美名。其風格打破傳統業配的既定模式，網路評價其影片為「唯一可以讓人看完的業配影片」。

　　撰寫簡介時切勿妄自菲薄，只要是與書籍主題相關的故事，都可以拿來說上一說。比如語言學習類的作者中，除了補教界名師（專業）、英語頻道的網紅（人氣）外，還有一種我們稱之為「成就型的作者」，靠著自創的學習方式，將英檢分數提高至滿分，這類作者有具體的成果支持，因此有說服出版社簽約的潛力。

　　另外，筆者會建議盡量讓自己成為專家，諸如「成果型專家」、「研究型專家」、「典範型專家」，以上三種是你可以嘗試努力的方向，如此才能豐富作者簡介，增加讀者對你的信任感。

註　引自《How Fun！如何爽當 YouTuber：一起開心拍片接業配！》一書的作者簡介及參考網路。

3 該如何投企劃給出版社

　　企劃完成後，你是否迫不及待地發信給各家出版社，認為自己接下來只要等待伯樂就好？如果跟你說，你最初一步可能就做錯了，你或許不太相信：「寄稿子給出版社，這麼簡單的事怎麼可能出錯？」但約有七、八成的投稿者，確實在這裡跟頭！之所以如此，不外乎是因為忽略了以下細節。

　　退稿原因五花八門，但不符合公司出版方向的稿件，肯定是最先被剔除的。每間出版社都有它擅長的領域，藉此建立其專業品牌，所以在投稿前，務必做好調查，確定哪些出版社適合你的書。如果你寫的領域剛好吻合又有吸引力，編輯當然願意看你的作品。

　　反之，對方明明是金融理財類書籍的出版社，你卻毛遂自薦一本食譜書，完全不符合出版走向，自然不會得到回應；就算是小說，也分成言情、科幻、歷史等不同類別，投稿前請先篩選出與你稿件類型吻合的出版社，若抱著亂槍打鳥的心態，只會讓編輯對你的印象變差，並不會因此提高過稿率，未來若真有符合該出版社的稿子想投，很可能會直接被視而不見。

如何找到適合自己的出版社

　　逛書店，是了解書籍定位及市場規模的最佳方式，因此，想找到適合的出版社，最簡單的方法，就是走訪實體書店或瀏覽網路書店，從中找出與自己作品調性相符的出版社投稿。

　　無論你想寫的是勵志書、食譜、還是投資學，到了書店不妨直奔該類書籍區，看那區有哪幾間出版社的身影。比方說，你在勵志書中頻頻看見某一間出版社，那它就是專攻這類書籍的行家。因此，投稿的第一步，就是「蒐集正確的出版社名單」。

　　若你是瀏覽網路書店，那方式也大同小異，點選書籍類型後，可以看到各式各樣的書單，留意這些書的出版社，再記錄下來即可。如果網路書店有整理出版社名單，也是很好的調查工具，點進你有興趣的目標，就能看見它過往的出版品。

　　但筆者要提醒大家一點，搜尋出版社的時候，最好去規模大一點的書店，因為那種書店空間大、容納的書籍多，一次就能找到很多出版社，如果只是小型書店，店內根本沒有陳列你想寫的類項，等於白跑一趟。

　　如果你只想把精力專注於寫書，不願花時間在這種前置工作上，那參加魔法講盟開設的出書出版班也是另一個選項。筆者在經營出版業之初，就創立了包含十數家出版社與雜誌社的聯合出版平台，市面上所有的書類，筆者旗下都有對應的出版社負責，絕對能成為出版班學員出書的強力後盾，而魔法講盟的課程之所以能打著「保證出書」的旗號，也正是這項優勢所致。

🔍 以電子檔為主

　　看到這個標題，相信很多人都想問「寄電子檔這件事情還需要解釋嗎？」是的，需要。因為筆者創立聯合出版平台至今，都還會收到手寫投稿信與一整本的書稿，那些投稿者，其出書的熱忱不比別人低，但往往因為手寫書稿難以審視而衍生各種問題，因此，筆者想藉這個機會，說明電子檔的重要性。

1 電子檔便於保存

如果各位有幸參觀出版社，就會發現編輯桌上最不缺的，就是成推的紙張。有的是進行中的稿件，有的是出版會議的資料，另外還有那些充滿熱忱的投稿。你可能預設得很完美，編輯收到你的紙本信件後，拆開並開始閱讀；遺憾的是，這種情景通常不太可能發生。不管編輯收到的是幾頁的投稿信，還是一整份的書稿包裹，十之八九會將其放在一旁，有空才會拿出來看，而這麼一放，往往就被埋沒在持續增加的書稿當中，等到編輯突然想到一個月前曾收到投稿信時，也不知該從何找起了，你的出書夢也因此石沉大海。

但如果是寄電子檔，就能避免這種憾事發生，就算編輯沒有馬上開啟檔案，只要他沒有刪除信件，就永遠找得到；儘管編輯不小心把電子郵件刪掉，只要你電腦裡有檔案，也隨時能重新發送。

2 電子檔容易搜尋

除保存容易外，搜尋便利性也是很重要的因素。首先，不管是用哪種平台收發郵件，都能利用搜尋功能，找到以前的信件及檔案（不管那是多久以前的稿子），這對每天收到大量投稿信的編輯來說，可謂一大福音。如果你只寄了紙本，一旦弄丟，編輯就再也找不到了。

再者，若寄送的是電子書稿，當編輯想要確定內容時，便能利用關鍵字搜尋，快速辨識。尤其在和作者聯繫、討論時，這種搜尋的便利性幫助很大，不用像紙本書稿，必須一字一句閱讀、翻閱。

3 電子檔才能編輯

對於書稿能被修改這件事，投稿者或許會感到疑惑：「書稿是我的創

作，為什麼出版社要加以修改呢？」有些人會誤以為出版社剽竊創作，但出版社發現會大賣的投稿，搶著與你簽約都來不及了，根本不會做這麼麻煩的事情。

之所以需要修改，與出版社的書籍提報會議有關，光編輯個人認為你的書具銷售潛力還不夠，他必須推薦給高層主管，說明這本書的特點與出版價值，得到主管的首肯後，才能與你談簽約與後續事宜。

但你的投稿信可能因為缺乏經驗而略顯粗糙，所以編輯需要調整你的電子檔，使亮點一目了然，更具說服力。相比之下，紙本因為缺乏這種便利性，反而造成編輯的困擾，因此投稿時，筆者強烈建議以電子檔為主。（現在許多出版社更在徵文規則明文寫出不收紙本書稿了。）

投稿信的三大重點

既然要寄電子檔給出版社，就一定要寫投稿信，但 mail 怎麼寄也是有學問的，很多人投稿時，忽略了投稿信的細節，導致編輯開啟信件不到三秒，就被丟進垃圾信件匣，內容不夠吸引人也就算了，如果是因為技術上的疏漏而被刪除，豈不無辜？因此，這一篇將把重點放在投稿信「怎麼寫、如何寄」，讓你的企劃與稿件能成功被編輯讀取、評估。

1 Mail 的寫法

我們先從投稿者最容易犯的錯誤講起：信件主旨不明，以及內文完全空白。編輯每天開啟信件匣，就可能有好幾十封的新信件接踵而至，所以主旨是他們篩選信件的最重要資訊，如果標題寫得不夠清楚，編輯會以為那是廣告信或垃圾信件，連看都沒看就刪除。

Mail 的主旨要以「明確、清楚」為重，如果出版社有規定格式，務

必按對方的要求填寫；若無規定，建議將「投稿／真實姓名／書籍類別／作品名稱」寫入主旨，千萬不要寫出「請編輯幫忙」、「您好，想詢問貴出版社」等完全看不出目的的信件主旨。

第二種錯誤，編輯在打開信件後，發現裡面有好幾個附加檔案，但信中什麼解釋、說明的文字都沒有，這種投稿信也會降低編輯閱讀的意願。除了缺乏信件禮儀，讓編輯對你的好感度降低外，在完全缺乏介紹的情況下，必須另外花時間進行架構分析與統整，對編輯來說，他實在沒有這麼多的時間，花費心力在一本尚未決定合作與否的投稿作品上。

如果信件內文中，有完整的開頭與結尾感謝語，中間還簡述「這是一本用電鍋做菜的食譜書，附檔為出版企劃與其中一篇內文……」這樣閱讀起來的觀感自然更好，審稿者會更有意願閱讀你的作品。

2 稿件的格式規定

如果投稿至出版社公開徵稿的電子信箱，請務必事先閱讀格式規範與注意事項（包含不受理的情況），這將大幅減低你的作品在還沒被閱讀前就被刪除的可能性。一般來說，出版社的規範不出下面幾點：

> **字型／字體大小：**如果出版社明言規定必須使用「新細明體／12號字級」，就別因為自己的喜好擅自更動。

> **特殊的排版與否：**行距、文字直排或橫排……有些會有規定，但也有出版社事後會套用自家的格式，因此不要有特殊排版的規格即可。

> **檔案儲存格式：**究竟是給 WORD、TXT 還是 PDF，能不能用壓縮檔或是否只收電子檔，都要看清楚。

每間出版社對投稿的格式要求都不太一樣，只要把握一個原則就好：「有規定就遵守；沒規定的話，只要看起來舒適、容易閱讀即可。」在收到的投稿難以計數的情況下，不符合規定、難以閱讀的稿件肯定是編輯第一批就刪除的。

此外，還有一點需要注意，就是確認自己有留下聯絡方式，這一點看似基本，但筆者旗下的出版社真的遇過「有稿件，卻無聯繫方式」的投稿者，無論作品多麼令人為之驚艷，也會因為無法聯繫而不了了之。

3 企劃與試寫稿

如果出版社沒有特別要求，投稿信最好包含「企劃」與「試寫稿」兩部份，首先以企劃展現這本書的賣點；再藉由試寫內容呈現你的專業與寫作風格。

在此還是必須提醒大家，企劃為投稿的主體，試閱為輔。主體與附加物的關係要清楚，只有在企劃已引起出版社興趣的前提下，編輯才可能進一步閱讀內容，千萬不要只附上內文，就認為對方一定要看。

若以 A4 紙為標準，企劃最好不要超過三頁，以免看起來過於冗長，導致編輯跳過不看。也因為如此，建議將企劃與試稿分成兩個電子檔，不要將試閱內容附於企劃中，洋洋灑灑寫好幾十頁的企劃，反而使出版社的審閱意願降低。

至於試寫稿，則是書籍部份內文，只要附上你最有信心的章節即可。投稿時，若全書尚未完成，或根本還沒動筆，不妨就目錄挑選你最能發揮的章節寫一篇，再連同企劃一起寄出。圖文書的投稿者，因為書籍包含繪圖或相片，除了企劃與文字試閱外，記得一併附上圖片檔，編輯看到實際的圖風，能便於討論後續出版之相關事宜。

有些投稿者生怕創作被剽竊，所以會將電子檔設定為「無法編輯的唯讀模式」。先不論你寫得如何，編輯收到稿件的當下，恐怕會眉頭深鎖，甚至直接關閉檔案。

請記住一件事，當編輯認為你的書有出版價值時，為了說服公司主管，通常需要重新編排，讓賣點更一目了然。若你的檔案完全無法編輯，就算內容再吸引人，編輯也不可能一字一字地再打出另一份電子檔。

這種防君子不防小人的做法，只會降低對方的看稿意願，徒增入選的困難度而已。

了解出版社審稿重點

在談出版社的審稿重點前，必須先明白出版社的角色。出版社是公司，書籍就是他們的商品。因此，編輯收到你的出版企劃時，他會將之視為商業企劃，以市場／讀者的角度分析這本書的銷售潛力。

一言以蔽之，出版社看的是「這本書有沒有市場？會不會賣？」，判斷基準大致可分為以下三部份：

- ◤ **What 賣點、特色：**與同類書籍相比的獨特亮點。
- ◤ **Who 目標讀者、潛在市場：**點出目標讀者群與市場分析。
- ◤ **Marketing 知名度、行銷力：**作者的人氣／行銷計畫等。

What：書籍賣點、特色

一提到書籍的賣點或特色，多數投稿者會情不自禁地列出十數行讚揚自己創作的文案，但筆者這裡強調的是「在同類書籍中，能夠脫穎而出的獨特亮點」，也就是藉由你的企劃，讓出版社感受到「和其他投稿者相比，有選擇你的必要」。

寫書籍特色時不要閉門造車，與其埋首於電腦前，不如走訪書店或瀏覽網路，研究市面上那些和你作品類型相同的出版品，其中的暢銷作家有誰？他們有何吸引人的特色？你的書是否有其他人都不具備的亮點？利用市場調查，找出你的獨特之處，再進行重點強化，才能讓出版社萌生「非你不可」的想法。

舉例來說，在那麼多標榜療癒心靈的書當中，《也許你該找人聊聊》這本書，就以專業諮商師去尋求心理師治療的角度，引起人們的注意，讓讀者意識到「原來不只我，連專業人士都有類似的問題。」和一般心理類作者不涉及自己內心深處做出區別，形成這本書的賣點。

Who：目標讀者、潛在市場

前一章提到每本書都需要設定明確的目標讀者，才能確立主題與寫作方向。而在本篇，筆者強調的是「市場性」。不同的書類會有各自的潛在讀者，如果你的書能讓出版社看出有特定市場、有能力圈住一定的銷售量，當然就愈有利，要強調作品具備市場度，可朝以下兩個方向操作。

其一是讓出版社相信「這是符合大眾需求的書」，例如《當我們滑在一起》這本書，正是將

父母關切的「親子教育法」與現今「3C 世代」加以結合，除了因為結合新觀念而產生的特點外，又是現代父母都會面臨的問題，自然能說服出版社這有一定的市場需求。

另一個就是利用時事之便，讓自己的書成為市場黑馬。例如之前 NBA 球星柯比‧布萊恩（Kobe Bryant）意外過世，讓大眾對其關注度突然飆升，市場的熱度足夠，因而帶動相關書籍之出版，《曼巴精神》、《NBA 傳奇：Kobe Bryant 的曼巴成功學》等書應運而生，後者還成為誠品書店暢銷書排行榜冠軍！

③ **Marketing：知名度、行銷力**

作者的知名度與行銷力雖然放在最後談，但不表示它不重要，相反地，因為作者本身影響力而成功說服出版社簽約的作品，不在少數。

首先，作者越知名，就越有能力在甫出版那刻便抓住讀者的注意力，就現在的出版生態來看，分成超級名人與網紅兩種。如果是超級名人（曝光名字就足以吸引讀者買單），撰寫類項就不受限，比如前美國總統第一夫人蜜雪兒‧歐巴馬的自傳《成為這樣的我》以及筆者的著作《川普逆襲傳奇？成也川普敗也川普的真相揭密》都是因為其知名度，而受到市場青睞。

網紅投稿出書，相較於素人更加容易的原因，主要在於其知名度，以及培養出來的粉絲圈，如果你能在企劃中，展現自身的人氣，無疑是向出

版社保證了潛在銷量，更容易拿到出版合約。

那如果名氣不夠大，是否就毫無機會了呢？其實，若你有著明確的行銷計畫，也能大幅提升說服力。比如《一台筆電，年收百萬》的作者在新書出版前，就先在網路上進行預購，單憑「預購」的量就讓該書進入暢銷書排行榜，同時也向出版社保證了基本銷量，這類的行銷布署就是最佳的出書籌碼。

礙於寫作篇幅，筆者在此只能分享大致的觀念，讓想出書的讀者們有個方向，但實際上該如何篩選書籍特色、用什麼寫法最具說服力、甚至該如何在資源有限的情況下推出行銷方案，仔細說明這些眉角，以及手把手教學，這正是筆者開設出書出版班的初衷，若讀者們不僅想知其然，還想知其所以然，歡迎掃描 QR Code，裡面會針對課程做更詳盡的介紹。

🔍 關於投稿的其他問題

雖然我們已經說明企劃怎麼寫，以及稿件怎麼投，但對於想要出書的人來說，可能還會在腦海中浮現幾個疑問，因此，筆者想花點時間解答這些問題。

1 有推薦人是否加分，更容易過稿？

在主題具備市場、內容充實的前提下，有推薦人當然更加分。但要注意，推薦人必須具備一定的知名度，才能起到吸引市場的效果，且實際使

用時要注意幾個方向。

- **推薦人的形象：**大部份的推薦人不會有形象問題，但如果你找的人深陷某種風波，導致形象過於負面，加了只會讓讀者覺得格調降低，那不如不要找。

- **專業人士的說服力：**一般而言，找與書籍主題相關的專業人士更有利，因為大多數人的知名度主要是在其專精的領域中，對方的專業會在無形中替你背書，讓讀者覺得你的書有閱讀價值。

- **超級名人不分領域：**這裡說的是知名度特別高、舉世皆知的名人，而且對方最好是現在名氣正旺者。這類人士不分書籍類別，都可以推薦，因為讀者只要看到他，就很願意買單。

2 是否能詢問審稿進度？

投稿後等了好幾個星期、甚至多達數月都未收到回覆，這時候能不能主動詢問出版社審稿進度呢？可以，但千萬別傻傻地認為出版社一定會給你回應。

編輯每天進到公司，打開信箱可能就有好幾十封的投稿信，但手邊的工作可能早就排到明年，他勢必要以這些進行中的書籍為主。在編書的過程中，又會時不時接到各類詢問，比如剛簽約的作者想調整內文、某作者突然告知無法準時交稿、準備向通路提報的新書資料、跟美編討論設計、催作者與繪者交稿……這都是編輯的例行工作。

於此期間，他還可能必須面對十幾封詢問審稿進度、以及要求說明退稿理由的 mail，這滿坑滿谷的往返信件與接不完的電話，實在很難要求他們做得盡善盡美。

因此，審稿期限相當難以界定，有的人投稿幾週後就收到回覆，有人等了一年以上還是音訊全無。如果你的稿件被埋沒，與其在那乾等不知何時才會出現的審稿回覆，不如多寫些作品，多方投稿，試著替自己爭取更多的出書機會。

不過，上述的狀況是以簽約談稿費為前提而產生的問題，如果你採用自費出版模式（作者負擔一切出書成本），就能越級，成為出版社優先洽談的對象。筆者創立華文自資（自費）出版平台以來，已經替數以百計在投稿之路碰壁的作者圓夢，出的書於兩岸發行，不少還進入暢銷書排行榜。

針對作者能負擔的成本，以及想達到的水準，我們會提供不同的配套方案。而且，創作者無須擔心品質會因自費而下降，因為筆者旗下的出版社，向來不分簽約或自費，只要是上市的書籍，編輯團隊都會以專業的態度看待，悉心處理直至成為暢銷書為止。

其實，自資出版對你來說或許更有利，不用受限於一些出版社的規範，你可以根據自身專業或手中的項目，將這些內容寫入書中，藉由書來推銷自己及產品、服務，除獲得合作機會外，也讓自己被更多人看見，名氣大為提升，可謂名利雙收啊！

且最重要的是，出書能給你帶來滿滿的成就感，拼命寫的過程很想哭、也很心酸，但只要看到新書出版，成就感油然而生，會覺得更為感動，因為你的目標達成、夢想實現了！這股成就感不是一般人所能體會的。

③ 是否能一稿多投？

關於一稿是否能多投，其實並沒有定論，但站在出版社的角度來說，

當然不希望作者一稿多投。

　　試想一下，假如你投稿到兩間出版社 A 與 B，你很幸運地兩間都有意願與你簽約，此時 A 出版社先與你聯繫，談定合約；B 出版社則晚了一步聯絡，發現你已經簽約，如果你是 B 出版社的編輯，會作何感想？肯定會認為作者一稿多投，害自己浪費時間審稿，還花時間與主管討論，對吧？

　　一味地等待對創作者來說是相當折磨人的，如果又遇到不退稿、不回覆的出版社，那豈不是等得太冤枉了嗎？所以實務上來說，一稿多投的情況是存在的，但筆者仍是老話一句：「切勿心急。」一旦過了頭，只會讓出版社對你產生負面印象。

　　筆者的建議是，如果出版社明文寫出審稿時間，待期限過去後，可以禮貌地用 mail 或電話詢問對方；若遇到詢問後也不回覆、也實在等不下去的情況，不妨告知對方將另投其他出版社，避免未來有上述尷尬的情況發生。

素人崛起，從出書開始！

全國最強4天培訓班，見證人人出書的奇蹟。
讓您借書揚名，建立個人品牌，
晉升專業人士，帶來源源不絕的財富。
擠身暢銷作者四部曲，我們教你：

企劃怎麼寫｜撰稿速成法｜出版眉角｜暢銷書行銷術

趕緊掃描QR Code，用出書取代名片！

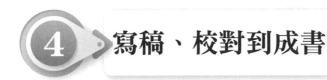 **寫稿、校對到成書**

光有寫書的想法，還只是停留在腦中的念頭而已，真的動筆、付諸行動後，才有可能完成一本書。不過，一般想加入寫作出書之列的人，之所以遲遲無法開始寫作，通常是因為連如何下筆都不清楚，只好用「我很忙」、「我沒寫作天份」等各種理由，來合理化放棄寫作的決定。

🔍 開始下筆寫書吧！

為了幫助大家解決類似的困擾，本章將針對寫作，教大家從開始到完成的寫作步驟。首先，我們就從下筆這部份談起吧！

1 目錄就是最佳寫作導航

每本書都有一個想要探討的標的物，針對這個主題，會有各式各樣的切入角度。目錄，就是將這些切入面具體化，做出刪減與整理後的主幹，因此，出版企劃中的目錄大綱，就是寫作的最佳起點。

目錄必須百分之百定案，才能開始寫作嗎？其實沒有這麼嚴格，但筆者還是建議確定八、九成後再開始動筆，否則在目錄不明的情況下寫作，容易這邊刪、那邊改，寫了幾萬字內文後，才發現有些章節與主題不合，必須刪除重寫，反而讓自己白忙一場。

除了減低做白工的機率外，因為每一篇的主軸夠明確，所以能挑自己最有想法、有感覺的章節「跳著寫」，真的卡住、寫不下去時，那就先放在一旁，過一、兩天你或許就有新的想法了。

② 無須糾結於書桌與電腦

有些人會認為，塑造一個好的「寫作情境」很關鍵，比如規定自己在書房或電腦前的這段時間就只能寫作。但其實有很多人在過於刻意的寫作環境中，反而沒有靈感，面對空白的 Word 檔，腦子也一片空白。

如果你發現這樣純粹的環境導致你難以下筆時，不妨離開書桌、拋開電腦，甚至不要去想其他寫作方法（例如心智圖之類的），多去外界接觸，上網瀏覽相關資料也可以，於此期間，以筆記或錄音取代寫作，先把各類想法與資訊記錄下來，擁有足夠的素材後，再回到你的電腦桌前，將資料訴諸於文字。

③ 每日半小時的寫作習慣

寫作的方向再明確，缺乏行動也無法產出內文。因此，強烈建議立志出書的人訓練自己從「半小時寫作」開始，培養創作習慣。每個人適合的寫作時間不一樣，有些人在早上思緒最清楚，也有人到夜晚才文思泉湧。

舉例來說，筆者因日間公事繁忙，所以我習慣白天時利用零碎時間瀏覽新知，晚上再將內容整理出來。遇到疲倦或心情不佳的時刻，就縮短寫稿的時間，但仍會遵循每天至少三十分鐘的寫作時間。

被譽為「恐怖大師」、著作銷售累積超過三億五千萬冊的暢銷小說家史蒂芬‧金，他也規定自己每天至少寫二千字。而且只有在最糟的情況下，才允許自己「只寫二千字」。

以《那些年，我們一起追的女孩》、《等一個人咖啡》等電影紅透大街小巷的導演暨小說家九把刀，自 2000 年在網路出版第一本書開始，已創作逾六十本書。就他自己所言，他每天最少寫五千字，而且是隨時隨地都在寫。

出門搭車就把筆電放在腿上寫；即便在家，創作也不間斷。無論何時，他都有意識地提醒自己成為華人地區第一作家的夢想，每天努力寫、拼命寫，一有靈感就寫下來，也因而練就不管何時何地，都能開啟寫作模式的功夫。

這些作家們之所以能堅持、規律地產出，並非是每天都有靈感。史蒂芬・金曾這麼形容：「寫小說不過是一個像鋪管線或開長途卡車一樣的工作。你的工作是確定靈感之神知道你每天要去的方向在哪；如果確實知道了，我保證祂早晚會現身。」

🔍 找靈感五法

剛開始創作的人對靈感通常有一個誤解：必須坐等靈感來敲門。

事實上，靈感不是靠想出來的，而是記錄下來的。想之所以不可靠，是因為你產生一個想法的當下，早已將另一個拋諸腦後了。

只有在捕捉想法後，才有可能發展成驚人的靈感。重點是「記錄」，不管是用筆記本手寫、用手機記錄還是錄音，念頭湧現的當下就記錄，之後再回頭檢視，去蕪存菁，往往就能找到你期待已久的靈感。

不過，對於找靈感，還是有許多人會感到茫然無助，筆者跟各位分享幾個化生活體驗為創作的方式，希望能幫助到大家，不再因模糊的概念耽誤了寫作之路。

1 深度觀察生活周遭

大部份人的困擾是，不知要如何觀察，才能寫出超越一般性敘述的好作品。看著活像你欠他鉅款而面無表情的店員、捷運站旁希望你購買商品的弱勢人士……這些生活周遭經常出現的情況，究竟能觀察出什麼好東西

呢？

　　如果你總是這麼想，代表你的觀察只停留在「視覺」，尚未進階到「感受」或「思考」層面。真正的觀察必須融入思考，想想剛剛撞你的路人為何疾步行走、思索眉頭深鎖的老闆可能經歷的困境、體會街友有家歸不得的原因。

　　村上春樹曾說過：「我覺得我的工作是觀察人和世界，而不是對他們進行評價。我一直試圖讓自己遠離結論性的東西，我寧願讓世間萬物都處於無盡的可能性當中。」當你的思維著重於行為背後的原因，深入「思考」與「感受」之後，往往就能形成一個故事架構。

② 旅行吧，創造新體驗

　　十九世紀中葉美國文學大師亨利‧米勒曾說：「旅行的目的不在於到達一個地點，而是找到一個看世界的新方法。」

　　假如你的確因缺乏刺激而寫不出來，旅行不失為一個重拾新鮮感的好方法。《灌籃高手》作者井上雄彥曾出版一本《pepita 當井上雄彥遇見高第》，他為了尋找靈感，遠赴西班牙探訪心中偶像、建築師高第的建築作品聖家堂；華裔法籍作家高行健的諾貝爾文學獎作品《靈山》，雖然一開始的初衷是為了逃避政治壓迫，但也在一萬五千公里的逃亡旅程中，搜集到不少資料，成為該書的素材。

　　若你也想要探詢世界，卻對旅行規劃感到棘手，歡迎加入魔法講盟的菁英研學與「論劍」之旅，由魔法講盟來規劃微旅行，帶你訪遍秘境，同

時跟著神人級導師深度進修，真實體驗生活，提升人生價值。

魔法講盟菁英學習營

★深度進修★
★秘境旅行★
★頂級人脈★

春翫　　　　　秋研

 戴上不同顏色的眼鏡看世界

　　暢銷繪本作家幾米之所以廣受歡迎，除了具特色的繪圖風格外，還有他那多元的生活視角，帶著讀者以不同的角度觀察世界，讓一成不變的都市生活轉換為不一樣的樣貌。在幾米的繪本中，人有時如籠鳥般被囚禁，有時又可與高掛天邊的月亮對話；都市叢林有時是冷冰冰的水泥牆，有時又可以是色彩繽紛的遊樂園。

　　當我們從不同方向出發，也許就能為寫作找到創意。例如已故導演齊柏林執導的電影《看見台灣》，就以空拍的方式，將台灣的環境生態議題以嶄新的姿態搬上大螢幕；又比如法國新浪潮代表楚浮的半自傳電影《四百擊》，則完全以青少年的視角呈現青少年問題，因其與核心內容更靠近，使觀眾留下深刻印象。電影如此，書籍亦是如此。

 用問句對話，創造深度

　　寫出開頭後，卻怎麼樣都無法繼續寫下去時，不妨創造問題，和自己

對話，藉此創造內文的深度。比如透過自問自答的方式，就能建構《斜槓創業》出這本書的核心價值：

✈ 為什麼要寫這個主題？因為要教讀者如何斜槓創業。

✈ 為什麼斜槓創業重要？因為能打造多元收入。

✈ 為什麼打造多元收入比高薪工作重要？因為薪水是被動的，善用專長創造主動收入更長久、有利。

藉由質問來創造問題，再針對問題回答，這麼做能幫助自己釐清寫作重點，不會越寫越失焦；對問題有感而發時，甚至還可能發展成一段吸引讀者的內文。

5 用閱讀豐富見聞

史蒂芬‧金說：「如果你沒時間閱讀，你就不會有時間寫作，閱讀是作家生命裡創作的源頭。」倘若你沒有多采多姿的體驗，那就利用閱讀，借他人之眼走一回吧！

長年盤踞台灣十大暢銷作家的張曼娟也說過，她的作品《鴛鴦紋身》、《張曼娟妖物誌》等取材均源於古典，諸如干寶《搜神記》、陶淵明《搜神後記》等神怪類小說。至於一生作品數充沛，被譽為「謀殺天后」的推理小說家阿嘉莎‧克莉絲蒂，她從小就熱愛閱讀，五歲已能看完一本書，平生未經歷什麼大風大浪，但她靠著閱讀的養分、生活經歷、再加上獨一無二的想像力，亦能創造出一本又一本精彩的推理小說。

由此可見，作家並不需要親身經歷才能寫作，平時大量閱讀，當有需要的時候，即可快速將累積的見聞與知識運用其中。

我們不妨現在就上新絲路網路書店，飽讀群書，累積你的智慧寶藏吧！

初稿：先寫出來就好

創作者的心中常有一位「閱評人」，此人不僅多管閒事，經常要替你評分定位，還異常苛刻，對你挑三揀四，認為你詞不達意，毫無天賦，煽動你放棄寫作這條路。若想打敗他，就必須蓋上一層金鐘罩，對批評置若罔聞，以厚如鋼鐵的臉皮繼續寫作。

很多人都以為好作品是作家一氣呵成寫出來的，相比之下，自己的文字卻顯得如此不成熟，因而認為寫作遙不可及，但真相卻與此相差甚遠。

1 先有初稿，再求好

《老人與海》作者海明威曾說：「所有的初稿都是垃圾！」

魯迅也認為：「寫完後至少要看兩遍，竭盡心力將可有可無的字、句、段刪去。」

從上述兩段話，足見初稿在作家心中的角色。那些你閱讀過的大作，都是從初稿開始，一次次地增減、潤飾，才成為現在的經典。所以，要開始寫作，就得先有正確的概念……

「好作品不是寫出來的，而是改出來的。」

先求有，再求好，這才是寫作者該有的態度。你心中可能怒吼著：「但我的文章怎麼看怎麼差勁，怎麼辦？」其實，這只是你內心主觀的評價在作崇而已。心情不好時，不管多好的佳作，在你眼中都顯得一文不

值，但當你心情好的時候，怎麼寫都覺得心滿意足，情緒就是如此善變，所以千萬別讓一時的苛刻，否定了自己的創作。

那些世界知名的著作，都經歷過無數次的修改，只是你不知道而已。例如托爾斯泰《戰爭與和平》的稿件曾改過七次；《安娜‧卡列尼娜》的修改次數高達十二次；曹雪芹的《紅樓夢》更經過十載的增刪。

這些知名小說的稿件都這樣了，更何況是我們？因此，千萬不要糾結於初稿看起來乏善可陳這件事，寫出來之後再調整，絕對比憑空創作簡單，總之不要想太多，寫就對了！

② 初稿完成後的修改

談到修稿，一定會有人問：初稿要不要邊寫邊改？

有些作家習慣寫完一段就回頭修正，但筆者強烈建議新手作家不要效仿。在缺乏經驗的情況下，邊寫邊改帶來的通常都是反效果，因為執著於某一段的完美，反而拖累進度，給自己帶來無止盡的挫折感。

就算那一段真的改得近乎完美，但好書並不是只有一段完美就足夠，讀者看的是一整本書，而非某一段文字而已。因此，你在初稿階段要完成的應該是整本書的藍圖，不是糾結於字句要多美好。

比較建議的做法是，待一整本的初稿都寫完之後，再來修改。有了初稿，先前提到的閱評人就要登場了。用審慎的角度評判自己的文章哪裡描述得不清楚、哪裡邏輯不通、哪裡是自己寫得開心，但讀者不見得需要的……透過審視，逐一修改不足之處。

必須留意的是，改稿必須著重在內容面，如果你看到某一段內文，心中嫌棄，就要思考「為什麼覺得這段不好」，是偏離本書重點、深度不夠，還是單純看不慣而已？後者這種淪於情緒的評價，對改稿沒有幫助，請記得，改稿一定要針對問題，就文論文，勿流於情緒化！

交稿的注意事項

初稿完成，交給編輯之後，作者就能高枕無憂了嗎？其實在最終定稿之前，作者與編輯會來回進行數次的溝通與調整，此階段著實考驗作者的耐力與寫作熱情。當作者交稿後，編輯會做初步檢視，寫下改善建議，再將初稿交由作者修改。一般而言，交稿會涉及以下幾點細節：

1 交稿方式

交稿方式通常會在簽約時就談好。一般來說，不外乎註明交稿時間、確認交稿格式（普遍為 Word 檔）、圖檔格式（尺寸、解析度等）……這些看似瑣碎的規定，對於後期處理文字與圖片有很大的幫助。

舉例來說，只要是用於書籍印刷的圖檔，都會要求解析度達到 300dpi，否則印刷出來，那股「朦朧美」只會讓讀者嫌棄書籍品質。

還有另一個細節為交稿方式，有一次繳交全書稿的，也有分段交稿，這點要與出版社確認清楚。分段交稿就是規定作者在固定時間交一部份稿件，例如每星期交一篇，這方式能降低作者拖稿的可能性，也因為手邊有一部份稿件，編輯能在作者持續創作的同時，將內文交付美編設計，加快後續編務之速度。

2 稿件必須大致底定

作者交稿後，若無太大的問題，就會進入編務程序，因此交稿前請確認內容已底定，千萬不要在交稿後，又告知編輯你正同步在修改，形成「出版社在編輯，而作者同步在改稿」的情況，這樣只會讓已排版完的書稿喪失價值，降低校稿效率，更重要的是讓編輯團隊不斷做白工。

因此，無論是文字或圖片，請在交稿前確認是否完善。但不用太吹毛求疵，只要內文沒有太大問題（例如整段文字重複、圖與文字不符等）就可以交稿，細部的修正，等校稿時再處理即可。

3 交稿前的檢查

經驗豐富的編輯，由於長期接觸相關書籍，通常會比作者更了解市場趨勢，若能適時聽取編輯的建議，可以降低交稿後的修改幅度。當然，若能先掌握編輯的審稿重點，自然能縮短之後的修稿時間，因此在交稿前，不妨先檢查一下稿件是否有以下幾個問題。

◤ **案例是否太過陳舊：**時事或法令有可能因寫作時間與出版時間有落差，而出現時效過期的問題。例如政策已修改，或是年代過於久遠，故事無法引起共鳴。這時候請斟酌抽換或改寫，以符合時下閱讀者的需求。

◤ **重複與不合邏輯的論述：**重複的內容是指在文章中，出現相似度極高（甚至相同）的案例與故事，這種會影響閱讀體驗的內文，請務必替換，以充實整本書的內容。不合邏輯的論述則是指過度偏離事實或違背大眾認知的常理，這部份在非文學類的著作較為要求，但若能提出新穎的論點，並加以佐證，便不在此限。此外，小說類因

其特性使然，較能接受天馬行空的想像，因此對邏輯的包容度比較大。

與當地法令或風俗不合：這個問題在翻譯作品裡較常發生，像食譜書會因為各地飲食風情不同，產生接受度的問題，例如祕魯喜好食用豚鼠，將其視為美食，但台灣人可能就無法接受，這時就必須更換食譜，或改成台灣人可接受的食材。另外，由於現行的出版品有訂定分級制度，普遍級的圖書不得出現過度腥羶色、有礙青少年身心發展的內容，故這個部份也須酌情改寫或刪除。若想要將書籍市場拓展至中國大陸，則必須通過相關單位嚴格的審查制度，攸關敏感的政治批判、法輪功等宗教題材，或情色尺度過於開放的著作，都無法通過審查。

引用的內容是否涉及版權問題：想要引用他人文字有兩種做法：文義改寫與原文引用。文義改寫是將他人的概念，經過吸收理解，再重新用自己的語法加以詮釋，如此便不涉及版權問題；若想引用原文，除必須註明出處外，還得注意引用篇幅不能過多，千萬不要以為只要註明原作者，就能毫無限制地引用。圖片也是如此，有些人習慣將網路上的圖片直接置入創作中，這毫無疑問是違反《著作權法》的，若圖片、照片屬於他人創作，都必須先向版權擁有者取得授權，以免出現爭議。

🔍 資料的正確性與更新

不管你是否以出書為目標，相信都認同書籍內容必須正確這件事。但現在筆者要跟各位討論的，並非校稿時修正錯字、統一用詞……等這種細節，而是要提醒大家，某些書類由於特性使然，對內容正確度的要求相對

較高，如果你想寫的剛好是這類主題的書，撰稿時就必須留意。

1 專業科普類書籍

現代常見的「科普」一詞，是科學普及（Popular Science）的縮寫，這類書籍是以淺顯易懂的文字，來解釋專業的科學知識，例如因為 COVID-19 興起一股解說免疫力系統的科普書籍。

因為涉及特定科學知識，所以正確性就成了專業與否的基本標準，在撰寫科普書籍時，必須特別注意兩點：

- **科學事實的查證：** 因為觸及專業領域，所以這點絕不能忽視。
- **專有名詞的翻譯：** 專有名詞必須使用學界統一名稱，不能自創新詞隨意使用；若遇到正名或更動，也必須隨之更新，例如「精神分裂症」已於 2014 年正名為「思覺失調症」。

2 旅遊類書籍

旅遊書的功能就是提供遊客當地資訊，因此，資訊的正確與否就更為重要，而且因為這類書籍包含許多變動性高的內容，舉凡地圖、當地交通方式與票價、商品購買資訊、甚至店家是否還開業，都可能在一夕之間產生變動，因此不管是交稿，還是後續每一次的校對，都要特別留意「是否有同步更新」，避免提供旅遊者錯誤的資訊。

旅遊書當中尚有遊記類的書籍，主要內容為作者對異國趣事的記錄，雖然也會提到當地資訊，但它的賣點在於作者當下的體驗，而非提供資訊，因此對於資訊更新的敏感度沒有純旅遊書那麼高。

3 語言學習類書籍

這類書籍對正確性的要求特別高，畢竟拼字一錯，就不是原本的意思了，因此，若你是想撰寫語言學習書的作者，看稿時務必謹慎檢查，不能因為「看起來對」就快速略過。這類書籍的編輯在看稿時，心中要時刻存疑，對每個字斤斤計較，只為了出版一本內容正確的書。

現在的文書軟體通常會內建拼字檢查的功能，這也是作者一大福音，但軟體不見得所有錯誤都能抓出來，且它抓出來的錯誤也不一定100%正確，所以還是要花時間確認。

🔍 三次校對與數位樣

作者交稿後，編輯會接著進行兩個步驟：版型設計與發排。所謂版型設計，簡單來說就是將你的文字稿，搭配吸引讀者的設計呈現出來，比如圖文該如何配合、使用哪種字體，甚至連頁面的留白，都屬於版型設計的一環。之後，編輯便會把稿件與設計一同交給排版人員，將你的心血，依照版型設計排出來，接著就到作者的校對階段。

1 三次校對作業

排版後，會經過三次的校對作業，查找並修正文稿中的錯誤。除了一次無法看出所有的錯誤，而需一而再、再而三地確認外，更促使編輯與作者在三次的更動幅度中確定文稿。三次校對中都需要修正的錯誤包含⋯⋯

✈ 標示錯字並校正，同時統一文章用詞、用字。

◢ 修正標點符號的錯誤或誤用。

◢ 對溢出版面[註]的文字或圖片進行調整。

◢ 核對修改稿與原稿，確認前一校的錯誤是否有確實修正。

除了上述幾點，每次校對都須留意外，三次校對的關注重點也不大相同，簡單來說，隨著校對次數變多，修改的幅度應該愈來愈小。

◢ **一校重點：**最重要的就是內文的增刪修補，舉凡邏輯不通、內文錯誤、替換圖片，都是一校該調整之處。

◢ **二校重點：**除了核對一校的錯誤是否有修改外，還須修潤文句。由於經過一校，版面於此時大致已底定，因此可以針對頁面的空白，進行「滿版作業」，盡可能填滿每頁的空間，讓視覺上不致空洞。

◢ **三校重點：**此時已接近完稿狀態，因此該階段進行的是微調，改正錯字。待三校修改完成，排版人員會將電子檔製成 PDF 檔案，交由製版廠打製樣稿，進入最終的檢查程序。

校對看似瑣碎，卻會直接影響閱讀體驗，倘若讀者翻開書籍，卻發現錯字連篇，或是圖文無法銜接等謬誤，就會對作者與出版社失去信心。因此，校對猶如料理過程中的調味，雖細微卻影響著讀者所品嚐的味道。

> （註）溢出版面，就是文字超出版面邊界，因此看不到內文。此時作者與編輯需決定該如何刪減文字，解決溢出的問題。有時也會設計圖文，「故意」溢出版面，形成部分被裁切，此效果稱為「出血」。

🔍 最終數位樣校對

稿件完成三校與修改後，會將檔案交付製版廠進行打樣，輸出內文樣與封面藍圖進行最後檢視，這一步驟必須做確實，避免印製成書後才發現錯誤。

打樣一般採取「數位樣」（用噴墨印表機輸出），數位樣就像是房屋的縮小模型，看著它，你就能想像實際的成品會如何。

將內文打製成樣稿的過程，出版術語稱為清樣，由於數位樣是送印刷前的最後一次確認，此時已不適合再做內文的增刪或修潤。編輯看樣的重點會放在是否出現重大錯誤，以及內頁的顏色與排版上。確認無誤後，就會進入下一道程序，將數位樣製作成可供印刷的印版，送至印刷廠。

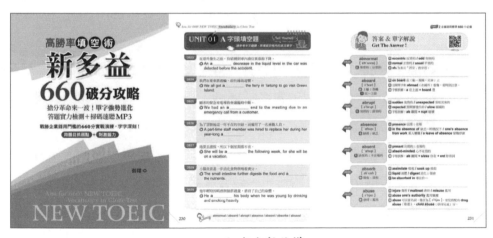

▲ 內文數位樣

封面藍圖也是如此，編輯會將完整的封面打樣出來，針對文字校對、設計，乃至封面尺寸，做最終檢查，對編輯而言，打樣就是防止印刷出錯的最後一道防線，因此在這一步，重點絕不僅是文字，還要特別小心檢視

各個書籍細節。

▲ 完封圖

 封面：書的門面，具吸引讀者、傳達書籍主題的功能。因此，大多數的封面都會以醒目的書名打頭陣，再輔以吸睛的文案與圖像，塑造整本書的風格。

 書背：一旦書被置於書架，讀者就只能看到書背，因此，出版社只會在書背放上最必要的資訊，包含書名、作者與出版社名稱。

 封底：當封面成功吸引讀者注意後，他們通常會再藉由封底，更詳細地理解內容，因此，封底經常會提供內文摘錄或推薦語，以說服讀者購買。

 折口：分為前、後兩部份。前折口通常為作者簡介（有時會附上作者聯繫方式）；後折口則提供其他訊息，例如出版社的好書推薦、內文摘錄與其他人的推薦語等。

🔍 交付印刷、裝訂

在交付印刷前，編輯還必須確認書籍用紙並叫紙。不同的紙質會影響印刷的顏色效果。常用於印刷內文的紙為模造紙（色澤稍黃，不適用於彩色印刷）、道林紙（單色或雙色印刷居多）等；封面則較常使用銅板紙或其他經過特殊處理的美術紙。確認完畢後，編輯就會叫紙，也就是跟紙廠說需要什麼規格與材質的紙、需要多少數量、以及送到哪個印刷廠。

書籍製版與用紙都送至印刷廠後，就能開始印刷，此時按照書籍的用色（單色、雙色、彩色）以及印刷量等不同，耗費的印製時間都不一樣。較單純的單色與雙色印刷通常會直接交予印刷廠處理，但若是封面或彩色印製的書籍，就會多一道看「機上樣」的程序，也就是檢查「以實際印刷用紙去試印的成品」，以避免印刷顏色與出版社原設想的有所出入。

當所有印刷程序都完成後，印刷廠就會將印好的紙張送到裝訂廠，進行裁切、摺紙與裝訂。收到後，裝訂廠會依照規定，裁切書籍封面與內頁，接著進行摺紙，一般書籍最常見的方式是對摺，當然，隨著用途不同（比如傳單或書籍插頁），會使用不同的摺法，如 N 字摺、佛經摺、開門摺等。

摺紙之後就是裝訂，常見的裝訂方式有以下幾種：

🖅 **膠裝**：一般最常見的書籍裝訂法，以高溫將硬膠溶成黏液狀，塗於書背，再與封面黏合。

🖅 **穿線膠裝**：適用於頁數多的書。這類書籍因為很厚，過一陣子內頁可能脫落，因此會先穿線，再用膠裝方式黏合封面。

🖅 **騎馬釘**：以頁數不多的小冊子與型錄最常見，機器將釘子釘在書本的背脊即完成。

精裝：是所有裝訂種類中，程序最複雜、要價也最高的。封面與內頁必須先經過處理，加上用紙也相當講究，通常用於適合典藏或高單價書籍。

裝訂結束後，你的書就正式完成，離上市只差最後一哩路，也就是發送至各書店通路鋪貨上架。

要暢銷就得做對行銷

　　如果你還停留在「只要我的書夠棒，自然會有人來買」的想法，那就大錯特錯了，你必須釐清一個觀念──書寫得好的人多不勝數，若不想辦法吸引讀者的目光，好書也可能乏人問津。

　　圖書行銷界裡有一句話：「出書容易，暢銷難。」就台灣的圖書市場來說，每年出版約三萬六千種新書，平均每天有近百種新書上市，在競爭如此激烈的情況下，如何讓消費者對你寫的議題產生興趣、進而買單，甚至連那些對買書興趣相當低的人都好奇你的書，就是行銷成功的關鍵。

🔍 熱騰騰的新書進入市場

　　新書印製完成後，出版社會將圖書交由經銷商，由專業的行銷與業務團隊處理賣書的相關事宜。好的經銷商有一連串的系統性作業，將書籍發送至各實體或網路書店。這裡的系統性作業即圖書行銷四大作業系統：新書作業、查補作業、暢銷書作業、書展作業。

1 新書作業

　　在新書上市前，擬定圖書行銷計畫，以及一切前置作業，並爭取各書店下訂單。目的就是為了讓新書順利上市，在各通路被讀者看見、認識，只要能被看見，賣出去的機率便會提高許多。

2 查補作業

好的經銷商會有專門的業務團隊，每位業務皆有負責的書店區域，各自進行查補工作，也就是在門市的庫存書量過少時，向書店通路爭取再進書，以免消費者無書可買；此外，當發現圖書的擺放位置不佳，例如書被放在過低或過高的架上（不在常人視線範圍內），業務便會與書店通路的負責人溝通，改變陳設位置，使其更容易被讀者看見。

3 暢銷書作業

組織完善的經銷商除業務團隊外，還會有專門的行銷部門，負責與各大媒體洽談新書的曝光合作，配合新書折扣以及媒體平台上的廣告，使更多人知道新書上市，試圖在短期內衝高銷售量，藉此延長新書在書店平台^註上陳列的時間，以利進入暢銷書排行榜。

4 書展作業

由於每天都有大量新書湧入書店，因此，通路會透過觀察新書週期（通常為前二週），將平台留給銷量較好的書籍與新一輪的新書，將銷量相對較差的書籍從平台上撤下，改放至只看得見書背的書櫃。

那麼，若一本新書在前二週的表現不盡理想，就完全沒有機會了嗎？此時，經銷商的業務團隊可以藉由與通路洽談書展活動，讓已經淡出的書籍再度起死回生。書展通常以類型區分，例如：開學書展、財經書展、語言書展、社會新鮮人書展、養生保健展、心靈勵志展、兩性書展、出版

註 書店平台是能完整展示正封面的位置，對行銷而言是最有利的；於此相對的是書架，被置於架上的書就只有書背能被看見。

社專展……等，將書籍重新搭配並賦予話題性，讓它們再次活躍於讀者眼前。

透過有秩序的行銷四大作業系統，經銷商就能維持圖書的長期曝光，確保書籍一直保持線上的流動，而不是蒙塵於書店庫存之角落。

🔍 舉辦新書發表等活動

新書活動屬於圖書行銷方式中，最能聚焦社會影響力的一種，常見的活動如新書發表會、作者簽名會、讀者見面會等。對出版社來說，這種公開活動是鞏固作者與粉絲關係，並開拓新讀者的機會。

比起書放在書店通路一本一本賣，新書發表會因為聚集人潮，所以有希望一口氣提高銷量，總而言之，就是試圖透過活動聚集讀者，同時引發話題或製造知名度。

1 敲定時間與地點

首先，在確定新書發行口後，行銷人員會與通路確定時間與地點，若無什麼特殊考量，一般都會訂於週末舉辦；地點則看是在書店門市、商場或廣場等。

2 事前的活動宣傳

現今是個「酒香也怕巷弄深」的時代，因此，作者千萬不要以為只要公布了時間與地點，當天就會有讀者到場；相反地，必須藉由大量宣傳曝

光，讓大眾知道有一場發表會，才有聚集人潮的可能性。筆者自身推出新書後，也會在 Facebook 等社群媒體頁面曝光，為自己的新書積極行銷、推廣活動。活動的宣傳手法相當多元，包括：

- **利用書腰宣傳：** 因為新書發表會等活動具有時效性，所以會將相關資訊印成書腰附在書本上。活動過期後，書腰即可丟棄，不必擔心因此影響封面內容。
- **利用網路宣傳：** 除了出版社會在自家的網路平台曝光外，作者本身的網站若經營得當，發動力往往更強，可號召許多追蹤者前來支持。
- **透過演講推廣：** 作者若有受邀到各處演講，就能向台下觀眾提及自己的新書活動，喜愛你的聽眾自然有意願前往。筆者因同時經營聯合出版平台與魔法講盟的培訓事業，因此能替自家作者在課程上曝光、宣傳新書活動，不僅凝聚人潮，更創造出一本本的暢銷書記錄。

3 活動現場的促銷

　　新書活動當天，就是作者各顯神通的時刻了。除生動地介紹書籍、引起聽眾的興趣外，有些作者甚至會搭配好康活動與贈品，藉此一口氣提升參加者的購書動機。

　　和貼在書店的海報相比，新書的公開活動，因為能與作者互動，而產生不同的價值。這份價值可能來自於粉絲見到作者的興奮、可能是活動當日才享有的低價折扣、也可能來自於參加者吸收新知的滿足感……無論是哪一種，都能讓新書發表等活動，擁有強大的銷售潛力。

🔍 善用社群平台接觸讀者

　　隨著網路的普及，書籍行銷不再侷限於書店通路，網路不僅具備便捷、低成本等特性，還能讓作家與出版社直接與讀者溝通，因此在銷售上扮演著舉足輕重的地位，成為新書出版後必不可少的行銷管道。

1 出版社在社群平台的曝光

　　新書出版後，出版社會透過配合的經銷商，在各種網路管道進行宣傳。除了在各大網路書店刊登書籍資訊與電子廣告外，還會透過社群網站，像 udn 部落格、痞客邦、Facebook、Instagram 等曝光、介紹。

行銷方式分為付費與不付費兩種，前者即向社群網站購買廣告位置，後者則是透過網站設定的朋友分享功能，宣傳出版資訊，例如《620億美元的秘密》即在 Facebook 的粉絲專頁上曝光，刊登資訊不到三小時，就有上千人按讚和分享。

2 作者本身的社群經營

出版社雖然會替你的書打廣告，但在宣傳資源有限的情況下，曝光情形可能不如你所預期，正所謂「靠山山倒，靠人人老」，身為作者，當然要想辦法「靠自己」最好。

如果你有出書的想法，請務必花點心思，經營屬於自己的社交平台，如此，在需要宣傳新書的時候，便能借用平時累積的人氣，為自己打廣告。

需要特別注意的是，透過社群網站行銷新書時，要注意介紹必須精簡、有趣又言之有物，這樣才能在氾濫的資訊中，一眼抓住讀者的注意力，打動他們，讓讀者自發性地轉發、分享，產生購買念頭。

換言之，絕對不要只是節錄書中一大段文字放上去，這樣不僅無法在第一時間吸引閱讀者，且文字若缺少前言後語，反而看不出重點為何。

3 作者經營社群平台的重點

開創社群平台後，就一定能累積粉絲、保證書的買氣嗎？相信許多試圖經營網路社群的作者，都遇過自己辛苦創建的網路園地，卻乏人問津的窘況。其實，網路經營是有很大的學問的，若你才剛起步，或發現自己的網頁無法凝聚粉絲，不妨檢視以下幾個方向，並做出調整。

- **賦予專頁明確的定位：** 無論是個人網頁，或另外創建粉絲專頁，都要有一個明確的定位，以確立自己的興趣或專業形象。建議從取一個好記、有趣的名稱開始，例如「上班被老闆罵，下班罵老闆」、「做一個健人」、「販讀」、「一天一句，21 天英文變流利」。雖然有趣的名稱能吸引目光，但仍需符合你的目標形象，例如釋放負能量、心靈小語、慢跑達人、英語自學王等不同領域。

- **內容須聚焦專頁主題：** 不要因為是個人網頁，就寫些雜七雜八的生活瑣事，應針對需要塑造的形象，更新該領域的最新發展、感想、時事、活動資訊……如此一來，作者才能累積固定的閱讀群眾，進而創造「達人」的印象。一旦擁有固定收看的群眾，無論是當下的新書或未來的著作，皆能因此受到追蹤者的關注。

- **用時間累積黏著力：** 羅馬不是一日建成的，同樣的，粉絲群也不是一開站就會自動聚集的。如果平常沒有用心更新內容、花時間與留言者互動，只有新書發表時才在上面鼓吹大家購買，那這個頁面對大眾而言，就只是一個打廣告的工具。在每天都被數不清的網路資訊洗禮下，現代人早就練就一身對宣傳「視而不見」的功夫，因此，在經營社群時必須清楚，你不是開設一個丟廣告的網站，而是要藉由社群平台開發潛在讀者，並強化他們對你的品牌忠誠度。

影音曝光與說書介紹

　　閱讀是一種緩慢的沉澱過程，看影片則是快速傳遞訊息的方式，主動將觀眾拉入另一種體驗。相比之下，影片較具侵略性與主導性，由於包

含文字、影像和音樂三個元素，因而能呈現多采多姿的畫面效果，利用感官刺激讓受眾對訊息內容印象深刻，如同引起嬰兒的注意一般，向觀眾招手：「嘿！快看這邊！」引起目光的探究。

由於影片成為現代人接收資訊的主要管道之一，身為作者，當然也要懂得透過視聽元素，吸引讀者。

1 把書變成會動的影片

你可以試著將新書訊息錄製成一段預告片，用視覺一舉攻破讀者心防！有效的圖書宣傳影片可分為五類，各自以不同的手法切入，譜出書籍內容的特色及賣點，選擇時請依自己擁有的資源考量，即能製作出一個活靈活現的新書預告片。

 **介紹型影片：**將書籍內容的故事，安排成幾分鐘的影片，於短時間
內表達重點，提升觀看者的購書
動機。如果作者對個人魅力與表
達力深具信心，可以自己錄一段
影片，用簡單卻不失幽默的語句
來介紹書籍的重點及特色。

 **試聽型影片：**如果圖書有附 CD 或 QR Code，可以截取片段上傳到
網站平台，將部份音軌供網友免費欣賞。若是童話書這種以故事架
構取勝的類型，也可以朗誦片段，製作成試聽型影片。

 **投影片型影片：**使用軟體，將書籍的重點文字或文案製成投影片，
再將文件結合背景音樂轉檔成動畫模式，就完成文字、畫面、聲音
三者兼具的投影片型預告片。

- **見證型影片：** 如果想要加強影片的說服力，可以找朋友為自己的著作發表感言。要注意感言須以簡短、言之有物為主，不必長篇大論。如果能找到多位朋友發表，後製時再將各個片段串聯起來，也很吸引人。

- **微電影型影片：** 這個類型比較複雜，首先，作者必須將書籍內容轉換成精彩的故事編排（劇情不能太直白、普通）；再者必須搭配剪接技術，若有需要，建議找專業公司負責。

與說書性質的網紅合作

除了自行製作影片外，也可以往外找適合的說書頻台，讓原本已具備網路聲量的網紅，替自己的書籍做介紹，YouTube 的說書頻道如冏星人、NeKo 嗚喵、閱部客、啾啾鞋、文森說書等都在此列。網路名人因以下兩點優勢而具備推銷書籍的能力：

- **擁有穩定的訂閱者：** 知名度與人氣。
- **具備影響粉絲消費的能力：** 觸及率更高。

相比之下，第二點「影響力」更重要，有的頻道即便流量大，但與觀眾沒什麼感情連結，說服力就比較低。網紅之所以具備影響力，是因為在長期經營下，已用其獨特的風格培養出喜愛他們的粉絲群，因此，他們的說書方式，更容易打動頻道的觀賞者。

借用網路平台的流量說書，也是一種方式。魔法講盟的新絲路視頻，

就開設「說書系列」影片，提供旗下作者一個最佳的曝光機會。作者能暢所欲言地推廣作品，又能得利於新絲路視頻的人氣與口碑，一舉兩得。

　　但無論是哪一種行銷方式，筆者會建議你不管怎樣，都千萬別放棄自身的網站經營，除了掌控度與自由度的考量外，多方、有效的曝光管道，對作者而言只有好處。從現在開始建立你的網頁或影音平台吧！累積足夠的人氣與粉絲後，就能成為出書的資本，不只是行銷便利，說不定還能在寫書初期，就讓出版社主動與你談出書！對出書有興趣嗎？快來找出專屬的暢銷書作家之路吧！

站上舞台，成為國際級講師

- 演說的本質，講師的定位
- 成功演說是設計出來的
- 內容為王
- 現場氣氛掌握
- 主宰舞台的關鍵策略

演說的本質，講師的定位

演講是一門語言藝術，它強調運用富有表現力與感召力的言辭、聲音，以及臉部表情、手勢動作、身體姿態乃至一切能夠傳情達意的體態語言。隨著科技發展、社會進步與思維開放，這世代

也為我們創造許多機會，喚醒人們內心的自我覺察與贏得他人的支持和信任的渴望，使一般人開始勇於追尋一個開放、且自由平等的舞台，再小的個體也敢於發出屬於自己的聲音，被世界所關注，在眾人之前發光發熱，改變人生也因而變得簡單！

此章節討論如何透過成為國際級講師來改變人生，但並不是指未來一定要成為講師，筆者主要想讓大家理解的是，透過公眾演說、站上舞台，將有助於你事業的發展；公眾演說是人生中必備的一項基本能力，而且相當重要，可謂人生歷程中非常重要的一個環節，可以提高在社會的影響力，使你產生不同於其他方式的改變。

擴大個人知名度與影響力

現今是人人需要演說的時代，社交致辭、融資路演、產品發布會等都需要我們站上舞台。唯有明確表達出自己的觀點，才有可能獲得成功，無論是想從事更為理想的工作，還是為了推銷必須擁有好口才，都需要具備有效的溝通力及表達力，站上舞台演說，可說是決定了一個人的輸出和變

現能力。

巴菲特說過:「學會演說,是一項可以持續使用五、六十年的資產。」因此,提升演說力是一個人最重要的自我投資。演說是對人的行為學、神經語言學、心理學等多學科知識的綜合應用,其內容是演說者對生活的洞見與體悟,以故事、情感、邏輯等方式,對創意、靈感……這些有價值的思想進行精雕細刻。

每場演說都需要精心準備,這既是對聽眾的尊重,也是演講者演說能力與水準的體現。為聽眾提供一個審視自我、展示自我、挑戰並發展自我的機會,引導聽眾抓住問題的本質,揭示隱藏在事物背後的聯繫與規律,善於多角度、全方位、立體化地認識議題,是演講人最終的目的。

優秀的演說必然是內容為王,有獨到的見解和觀點,兼具知識的廣度和思想的深度,猶如一塊肥沃的土地,種什麼都豐收;猶如好的食材,無須繁瑣的加工也相當美味。因此,演講者要透過有魔力的語言,來表達自己的思想、觀點、立場,改變聽眾的思維,更影響他們的行動。

當一個人站在舞台上,用音樂、圖片、文字、影像,搭配好情緒的起伏,接續著敘事的脈絡,其實就能輕易勾起聽眾的想像,進而認同你的理念與作為,這也是為什麼在選舉造勢的場合上,總要將這些要素搭配好,讓候選人在舞台上盡情發表,因為這能發揮強大的吸引力,讓底下的聽眾感染氣氛與情緒,成為你忠誠的信徒。

成功者不一定要有好口才,但有好口才的人更容易成功,除了能說,更重要的是說得對、說得好,最後得到的便會是你想要的結果,這就是公眾演說的威力,它還能改變整個國家、甚至是改變全人類的命運,改變著

我們的使命感與價值觀！

比如國父孫中山，當初憑著滿腔熱血，站在眾人前面提出民族、民權、民生三大主義，以此作為建國理想，雖歷經十次失敗，但最終仍成功在武昌起義，完成推翻滿清之大業，史稱「辛亥革命」。

又好比前美國總統柯林頓在退出政壇後，便開始四處演說。2005年，柯林頓受邀至中國演講，一個多小時的演說便輕鬆賺得二十五萬美元，據美國媒體估算，柯林頓光靠演說，每年可入帳約兩千萬美元。

馬雲用演說募資的案例更是無人不知，他在創立阿里巴巴前，是一名再平凡不過的英文老師，直到 1999 年創業，人生產生極大的變化，而如何讓公司獲得客戶的認可，是他面臨到的第一個難題。

為打開阿里巴巴的知名度，馬雲到各大學演說，積極參加電子商務網路會議和論壇，宣傳他的 B2B 模式（Business To Business，指企業之間透過電子商務的方式進行交易）。沒想到貌不驚人的他，卻語出驚人，有著極具煽動力的口才和出色的商業頭腦，使阿里巴巴迅速獲得極大的曝光和知名度，因而能被創投之神孫正義所關注。

柯林頓和馬雲的成功告訴我們：「站上舞台演講，確實可以替人生帶來不一樣的改變。」或許你一輩子也做不到像柯林頓、馬雲那樣擁有名人光環的加持，透過「說話」就能撼動世界，但如果你想成為成功人士，就一定別輕易錯過如此簡單的改變之法。

演說有一套完善的系統流程，既要重視細枝末節，又要兼顧整體效果。公眾演說可以幫助你突破內心的恐懼與自卑、提升自信與個人魅力，強化你的說服力、領導力和競爭力，只要你學會在公眾面前說話且不畏懼，你的話語力量就能倍增百倍、千倍，使個人影響力與魅力加倍，這也是讓個人收入產生良性循環或惡性循環的分水嶺。

🔍 清晰且有力地傳達自己的主張

　　人們的任何社會實踐活動都有明確的目的，其功利性是非常鮮明的，由於演講是演講者與聽眾雙邊的活動，所以，演講的目的分別體現為演講者的演講目的和聽眾聆聽演講的目的。然而每個演講者的身份、地位、年齡、專長各不相同，演講的目的自然也不盡相同，有些演講者的演講目的甚至每次都不相同，我們可以從以下幾方面來談。

1 宏觀的角度

　　演講者演講的內容決定了演講的目的，從總體上看，演講的目的就是演講者與聽眾取得共識，使聽眾改變態度，激起行動，以推動人類社會向理想境界邁進。演講無論是宣傳自己的主張、觀點，或是傳播道德倫理情操，還是傳授科學文化知識和技藝，都是為了讓聽眾同意自己的主張、觀點和立場以取得共識，並在此基礎上激發他們實際行動，朝著你心中所期望的結果邁進，如前美國總統林肯解放黑奴的演講，目的就是動員美國人民為解放黑奴、廢除奴隸制而鬥爭。

2 微觀的角度

　　迄今為止，尚未有知名的專職演說家，當今知名的演講者都有正式職業或其他專業，如魯迅是文學家，孫中山是政治家，林肯是總統，邱吉爾是首相，由於職業不同、專業不同和經歷差異等多種因素，演講的目的、內容也有所不同。因此，從微觀上看，每位演講者每次的演說，都有著不同的具體目的。

　　演講的宏觀目的與微觀目的並不矛盾，好比林肯的個體微觀目的是推行政策，但這一目的恰與推動人類向理想世界邁進一致，兩者並不衝突。

3 從聽眾聽演講的角度

聽眾是無數個體的集合，由於他們年齡、性別、文化程度、興趣、職業等不同，聽演講的目的當然各不相同。林肯解放黑奴的演講，有擁護的聽眾、也有反對的聽眾，可見其目的根本的不同，且即使目的一樣，對同一內容的演講也往往各取所需；但總體上來說，演講者的個體實用目的和聽眾個體實用目的是一致的，緊密相連又互為體現，如果離開這點，演講將很難存在。

而現今聽眾參加演講活動的目的大多是為了學習、賺錢，想賺取更多的錢或獲取更多的知識，所以積極報名各式講座、課程，期望以此達成自己的目標。一般學習又可分為兩種方式。

✈ **費曼式學習法：**透過廣泛的學習，不斷累積經驗，將知識內化成自己的東西，以能「講出來」為標的。

✈ **晴天式學習法：**為費曼式學習的進階版，以能「講出來」與「寫出來」為標的。筆者在念書時就有所體悟，世上沒有所謂的天才，所有厲害的人都是透過學習讓自己變得更強，差別只在於聰明的人可能理解力較好。

筆者讀建中時，甚至向老師提出一個看法，認為學校不需要聘請老師來授課，由學生輪流講授即可。因為學生在準備授課內容時，必須投入相當多的精力去學習，唯有自己清楚理解這門學科的知識，才有能力去教導別人，自己也將變得很強。當然這個想法受到老師的斥責，但筆者至今仍認為這樣的學習法對學生來說才是最有效的，也就是「費曼式學習法」是也！如果連上課講義與教材都由學生們自己來編寫的話，就是「晴天式學

習法」了！

以上我們從宏觀、微觀、聽眾三方面作了「橫」的分析，現在筆者再從「縱」的角度來分析，即演講者追求的兩個目的：現場的目的和散場後的目的。

現場的目的

每位演講者都希望演講能成功，這一目的完全從現場和直觀效果反映出來，如聽眾的表情、情緒，或者捧腹大笑，或者義憤填膺，或者歡呼雀躍，或者淚水橫流，或者高呼口號，或者掌聲雷動，這都表明演講者的目的與聽眾的目的相符合，因而能引起共鳴。但有時聽眾的反應是表面的，演講關鍵仍在於演講目的及內容是否有觸動聽眾的心靈，否則成功的欲望再強烈、目的性再高也難奏效。

散場的目的

任何演講者都不會將目光停留在現場的目的上，而是追求散場後的目的：實際行動。這才是演講者的最終目的，比如拿破崙親自領軍遠征埃及時，在金字塔附近和敵軍的主力戰隊拼搏，但局勢不如預期，拿破崙馬上傳喚士兵列隊，高聲演講道：「士兵們，四千年的歷史正從這金字塔上看著你們！」簡短的演講讓那些疲憊的法軍士氣大振，大勝敵軍，他的演講產生了現場的直觀效果，成功鼓舞士氣，士兵英勇殺敵，取得勝利，進而實現散場後的目的。

演講現場的目的可以說是散場後目的的前提和基礎，散場後的目的又是現場目的的歸宿，兩者緊密相連，沒有現場目的的實現，就不可能產生

散場後的目的；如果只追求散場後的目的，忽視追求現場目的，那散場後的目的也會淪為一句空話。

演講不只是複雜的社會實踐，更是一種工具，人們之所以拿起工具，必定是有其目的，沒有目的的演講是不存在的，只有目的的正確與否、高雅與否的不同而已。

所以，每位演講者都必須樹立明確的演講目的，做到宏觀和微觀的統一、表層與深層的統一、眼前與長遠的統一，將其慎重看待，這樣的演講才富含意義和價值。

🔍 成為超級演說家，拓展人生半徑

現在社會競爭激烈、人才濟濟，要想在社會上取得一席之地或找到一份穩定的工作，得先讓別人了解你。在求職的面試中，吸引面試官的首要途徑就是言談舉止，一位沉默寡言的人不會因說錯話而喪失機會，卻會因為沒有說話而喪失更多機會。

所以，我們要儘量尋找當眾說話的機會，鍛鍊自己的膽量，比如參加朋友生日聚會，在適當的時機主動向壽星致辭。在聚會上，勇於站出來展示或闡述自己內心的想法，這樣不僅能炒熱現場氛圍，也能訓練自己的演講能力，千萬別錯失任何能說話的機會，即使是三五好友的閒聊，也是一個機會，牢牢抓住，當你不再畏懼於小場合的演說，才能奠定在大場合上演講的基礎。

教育界有多少老師學富五車、才高八斗，卻因為不擅言詞而使學生在

課堂上昏昏欲睡，教學評鑑被打低分；職場上有多少員工明明好點子一籮筐，專業技能掌握得比別人嫺熟，卻因為不擅言詞而不能一展身手，無法得到重用。你也許會想：「我只是個學生、我只是個普通的上班族、我只是個家庭主婦、我已經是一間企業的老闆，這種事交給員工就好，我並不想當講師，更不想站上舞台，為什麼要學習公眾演說呢？」沒錯，你的天賦不一定在演說上，你不見得要成為講師或是演說家，也不一定有站在舞台上說話的機會。

但演說作為語言特有的表達形式，不僅是一種強而有力的溝通手段，還包含了豐富的資訊，能宣傳你的思想，展現個人魅力，拓展廣大的人際關係，在生活、社會中發揮重要作用，講者不僅能透過演說讓觀眾理解和接受自己的觀點及主張，更能號召聽眾採取一致的行動。

成為「講師」好比創業，一切都必須從頭開始，既要從事最前端內容生產的工作，後端的行銷、市場切入，也是講師工作中非常重要的一環。任何產品都有它的定位與目標市場，講師也是如此，若空有專業能力、演說技巧，但不知道自己的定位與市場在哪裡，也只是徒勞。唯有清楚自身定位，找到目標市場、建立個人品牌，才能真正獲利，產生不一樣的改變。下面筆者就來跟各位聊聊該如何找出自己的定位。

1 你的興趣為何？

要找到最適合自己的定位，首先要知道自己的興趣在哪，有哪些東西是你很熱衷、會讓你想持續學習的？

想站上舞台與台下分享，是需要不斷進修、學習的，你的內容必須與時俱進的更新，因此若你對主題毫無興趣，無法持續學習、擴充資訊內載，恐難以維持。且並非所有的興趣都能直接當作你的主題，它還必須要

與「能力」和「市場」相結合才行。

2　你的能力在哪？

弄清楚興趣後，你要再問問自己：「我的能力和專業是什麼？」

若覺得有難度，你可以試著將上台演說這件事視為一項產品，你的能力則代表了內容與品質，如果不具備核心專業能力，台下的觀眾絕不會為此買單。所以，請先把你的能力養成，人生每一階段的經驗都有助於你培養能力，將這些長期累積的實務經驗，成為你的演說利器。

3　市場在哪？

釐清興趣且具有能力後，接著最重要的問題便是選擇市場！即便你再努力，但只要選擇錯道路，那努力終將功虧一簣，這也是為什麼改變人生的五個方法中，你還需要神人級導師和團隊的原因，這部份後面章節會加以介紹，在此先不論述。

在市場的選擇上要很謹慎，應選擇基數（想聽講的人數）比較大或討論度較廣的市場，如 642 系統結合創業、被動收入、網路行銷，或是打造自動賺錢機器等，會有較穩定的演講邀約及收入。

站上舞台開口說話也等同於為自己「打廣告」。我們經常看到許多不善於說話的人總會遇到尷尬情況，他們無法準確表達出自己的意圖，讓聽者難以理解，更談不上產生共鳴、接受他的意見，造成溝通上的各種困難，影響工作、甚至是生活，自己也深受其擾。

　　一般人之所以不重視口才，其實是因為他沒有看到好口才所能帶來的財富效應，因而將口才視為「嘴皮子」工夫，認為「會說話」並不能對生活產生什麼實質性的影響。

　　但事實真是如此嗎？時代已經改變，現在靠演說「籌錢」（企業募資）、「賺錢」（銷售式演說）的人越來越多，很多人會謙虛地說：「我還沒有什麼成功的作品和經歷……不好意思上台演說……」沒錯，但就是因為你還沒有知名度，才更要勇敢上台宣傳自己和你的團隊、公司、產品和服務！

　　當你有上台的機會時，這就是一個對公眾曝光、介紹，毛遂自薦的絕佳時機，無論台下有多少觀眾，無論他們有沒有反應，無論是否有演說報酬，無論各種理由，你都應該抓住機會，盡全力地宣傳自己的團隊、公司、產品和服務。

　　多數人對於上台說話都會產生強烈的排斥感，因為不知道該說什麼話，也怕說錯話，即使勉強自己上台說幾句，也會因為過於緊張而腦袋空白，導致沉默或是不斷結巴，只能逼迫自己說下去，致使表達的資訊不精確也不完整，甚至連雙手、雙腳的動作都開始不協調。

　　但即便說話是你的罩門，你也必須要克服，不求完美，只求更好，因為只有出色的公眾演說能力，才能讓你的事業越發順利，成功打開人脈與財富之路。

　　你可能沒有天生的好口才，但不用擔心，因為絕大多數的人都沒有，只要持續精進、投資自己公眾演說的能力，長期下來，你就能形成自己的個人品牌，拓展你的人際網絡，日後必定受益無窮，掌握更多有形的財富

和無形的機會，擴展你的人生半徑！

🔍 以課導客

學會演講、具備口才，成為國際級講師後，你會發現自己的發展更為廣闊，你可以開辦有品質的專業課程，吸引潛在目標顧客自動上門學習。

賣保養品的，可以開辦護膚美妝課程；

賣衣服的，可以開辦時尚穿搭課程；

賣書的，可以開辦出書出版課程；

賣樂器的，可以開辦音樂課程；

賣精油的，可以開辦芳香療法課程；

經營健身房的人，可以開辦瘦身、塑身課程；

保險業務人員，可以開辦理財規劃課程；

不動產仲介，可以開辦買房議價或換屋實戰課程；

傳直銷業者，可以開辦健康養生課程或 WWDB642 培訓……

以課導客適用於各行各業，如美容美髮、服裝、餐廳、健身俱樂部、保險等，課程可以是實體或是線上課程，時間不一定要很長，重點在於讓人感到有趣或從中受益，增長知識。且舉辦培訓課程，可以讓你服務過去的，開發現在的，培訓未來的準客戶們。

下面與各位分享一個案例。

世界著名藝術品拍賣行之一「佳士得」以往的成績總是屈居老二，與第一名的蘇富比有著一大段的差距。但近年來，佳士得利用多年來在藝術界累積的資源，開辦了一系列藝術鑑賞的課程，帶領學員進入藝術世界，

深入了解藝術產業的市場資訊，獲得獨特而又專業的學習體驗。

　　課程吸引全世界的收藏家慕名而來，也順勢帶動了拍賣業績的大幅成長，讓佳士得一舉躍升至拍賣界的龍頭寶座，這就是以課導客的威力！

　　又好比台灣最強操盤手訓練師史托克老師，他每堂課學費不低，動輒十數萬元起跳，課前還需簽下課程內容保密條款，開班招生自有其難度。而史托克老師受魔法講盟之邀擔任世界華人八大明師講師，一次對數千人開講。上台不到二小時，就創造出破千萬營收之記錄！

　　可見演講力有多麼重要，透過公眾演說對外行銷品牌形象，提升能見度，你甚至可透過課程的設計，將產品、服務或項目賣出去，把用戶吸進來，人生確實產生改變！

　　筆者再與各位分享「以課導客」的成交關鍵六步驟。

1 開課前的準備工作

- **訂定課程主題：**首先要知道開課的目的是什麼？想要達成什麼目標？目的明確後才好訂定主題，以吸引目標客戶。
- **找出目標客戶：**目標客戶定位越精細，吸引來的人就越精準，轉換率也就越高。
- **解決客戶痛點：**成交的關鍵就是找出客戶的痛點，然後提供解決方案。只有對客戶有足夠的了解，才能輕鬆成交。
- **強調自身優勢：**明確了解自身品項、公司及品牌的優勢，在課程內容中不斷地強調這些優勢。

2 找到精準客戶

- **友善的老客戶：**服務到位吸引認同且曾購買產品的老顧客回流。

✈ **活動吸引來的顧客：**（非常精準的目標客群）透過贈品、抽獎或優惠等活動而來的客戶，代表他對產品有興趣且有信任。

✈ **免費體驗客戶：**曾親自體驗過產品的客戶，因已產生信任感，轉換率也高。

✈ **付費顧客：**願意花錢來上課的客戶，較會認真學習，不輕易放棄上課機會，出席率較高。

③ 塑造價值

知識沒有任何意義，只有融入情緒才能創造價值。人們買的都是一種感覺，感覺可以滿足他的需求，來自於價值的塑造。不管是講者自己、產品還是課程都需要進行價值塑造，對自己有價值的信息，客戶才會關注，這是人性。價值塑造得越好，客戶聽課率就越高，保證了聽課率，才能保證成交率。

④ 課程互動

課程內容要跟學員的需求相匹配，客戶的痛點、需求等都要融入課程內容中。盡可能把話變成問句，引導台下的人與講師產生互動。善用跟學員的互動，才能了解學員想法，提高成交機會。

⑤ 成交主張

人性都是喜歡拖延，如果要想讓客戶馬上做決定，你的成交主張就變得非常關鍵。最好是讓客戶覺得做這個決定是沒有任何風險的，打消他所有的顧慮。你要說服客戶：為什麼現在買？有三個非常重要的準則——限時、限量、限價格。

一般對外公開的課程，成交金額過大就很難轉化。此外，你還要設計一系列客戶無法拒絕的超級贈品，例如一本贈書＋一天有乾貨的課程＋上台機會等等。在公布完成交主張後，開課前也要利用各種方式提醒客戶參加活動。

 ## 持續追蹤

上完課後還不算結束，因為還要做好追蹤。針對還在猶豫的客戶，需要做好細節追蹤，了解他們的擔憂，解除他們的問題，最後成交。切記，追蹤一定要趁熱打鐵，效果才會最大化，最後再做總結及檢討改進，哪裡做的好，繼續保持；哪裡還有不足，進行修正和完善，然後準備下一次的成交！

運用課程置入性行銷，將產品、服務賣出去，把用戶吸進來，達到不銷而銷的境界，這就是以課導客的最高境地！

試問，你想將自己培養成企業講師嗎？你想開辦與你的項目相關的課程嗎？你想將你的品項置入到課程中嗎？你需要有人幫你規劃與服務嗎？以上這些魔法講盟都能幫你做到，欲了解更多詳細資訊，掃描 QR Code 一探究竟吧！

成功演說是設計出來的

任何一個演講者，在開始講話之前都會做足準備，因為在講話前，如果一點準備工作都沒有，那在演講過程中出現的阻滯，可能會令你感到手足無措，但只要事前有充分的準備工作，便能改善這一狀況，幫助演講者事先發現和找到解決問題的辦法，讓講話更流暢。

所以，準備工作是取得良好講話效果的必要條件，要做演講高手，不妨先從以下幾個方面開始學習吧。

如何成功的開場

俗話說，好的開始是成功的一半，跟所有演出活動一樣，講者一出場就要讓人留下深刻的印象，第一印象是非常重要的。從心理學的角度來看，演說開始時的十至二十分鐘內，人們的注意力最集中，所以開場白在演說中佔有十分重要的地位。

如果開場得不好，觀眾的注意力便會分散，講者很難再引起他們的關注，且好的開場白能加強講者的自信，當講者發現觀眾期待聽他說話時，有什麼能比這樣的反應更能鼓勵他繼續說下去呢？任何演說最困難的部份就是開場，如果在開始時一切順利，之後便不會有太大的問題。在開場時，要注意以下重點：

① 吸引觀眾注意力

讓觀眾知道你的主題與他們有關，如此便能成功吸引他們的注意。

用有趣的話讓觀眾驚訝

例如：「去年的今天，我跌到人生谷底……」來吸引觀眾聽下去。

 以提問的方式開場

在開頭就設置一個懸念，以吸引觀眾的關注與思考，使觀眾從被動變為主動。例如有一篇講稿的開場是這樣的……

「各位年輕朋友，如果現在你的面前同時出現了金錢、愛情、知識、名譽，你會選擇哪一樣呢？」

這樣的開頭引人深思，為演說的精彩度打好基礎。

 以幽默的方式開場

以幽默的方式開頭，往往妙趣橫生，讓觀眾在輕鬆、愉快的氣氛中聆聽演說內容。例如胡適在一次演說中這麼說道：「我今天不是來向諸君報告的，我是來『胡說』的，因為我姓胡。」語畢觀眾哄堂大笑。胡適的開場白巧妙地介紹了自己，也顯現出他謙遜的修養。

 以交代背景的方式開場

透過交代發表演說的背後歷史事件做為演說場景之聯繫的開頭，讓觀眾更好了解演說的內容。例如 1944 年，時任英國首相的邱吉爾在美國度過聖誕節時，以這樣的開頭發表了一場演說：「我今天雖然遠離家鄉和國家，來到這裡過節，但我一點身處異鄉的感覺都沒有。我不知道這是因為我母親的血統和你們相同，亦或是我多年在此地所建立的友誼，還是受到兩個語言相同、信仰相同、理想相同的國家，在共同奮鬥中所產生的同志感情影響，當然也有可能是綜合上述。總之，我在美國的政治中心華盛頓

過節，完全不覺得自己是一名異鄉之客。」

 ## 6 以小故事的方式開場

　　1962 年，高齡八十二歲的麥克亞阿瑟將軍回到母校西點軍校。在授勳儀式上，他即席發表了一段演說，這樣開頭道：「今天早上，我走出旅館的時候，大廳的服務人員問道：『將軍，您上哪兒去？』一聽到我說西點時，他說：『那可是個好地方，您從前去過嗎？』」

　　這個故事情節極為簡單，描述得樸實無華，但蘊含的感情卻是深沉、豐富的，開場白講述的小故事最好不要太長，也不要太複雜，最好在二分鐘內說完，而且要能銜接你待會要演講的主題。

　　此外，還有「運用有說服力的數據」、「引用名人或專家的名言佳句」、「表演藝術」、「請觀眾舉手投票做調查」等，你也可以記錄自己曾看過的演說範例，作為自己的「開場資料庫」，往後只要依照主題來選擇運用即可，相當方便。

　　作家溫克勒說：「開場白有兩項任務：一是建立說者與聽者彼此的認同感；二如字義所釋，打開場面，引入正題。」不得不說，任何形式的演講，開頭都是關鍵。在演講開始後的幾分鐘或幾秒鐘內，聽眾通常會決定是否繼續聽下去。好的演講，一開頭就應該用最簡潔的語言、最經濟的時間，把聽眾的注意力和興奮點吸引過來，這樣才能達到出奇制勝的效果，如何達到這一效果，方式當然多種多樣，但更能引起共鳴的還是無懈可擊的事實。

　　我們進行演講的目的就是為了將所陳述的觀點深入人心，引發共鳴，以達到震懾人心的作用，開場白中任何技巧的運用，都不如用事實的開

頭，更能得到聽者的信任與認同。

聲音為語言帶來的張力之美

講者所傳達出來的資訊，有 38％是經由聲調表達出來，觀眾自行判斷繼續聽還是不聽。聲調的地位僅次於肢體語言的 55％，除了文字內容，講者的聲調、音量、音色、說話的速度、停頓的次數、吃螺絲的程度、表達的情感等，都會傳達出不同的訊息感覺。

因為文字內容是僵硬的，觀眾能否接受講者的內容，端看講者如何表達。例如有些演說充斥著不切實際的內容，與現實有過大的差距，以致觀眾不能信服；或是講者認為自己的演說非常精彩，然而觀眾卻聽不懂他在說什麼；又或者是講者的用詞不夠嚴謹，被觀眾誤解等等，許多狀況都是因為講者的言語表達不夠準確而造成，所以在前期準備階段的撰寫講稿時，要能恰當地布局起、承、轉、合，並注意搭配說話的各種技巧，這非常重要。

我們需要花功夫來改善不良的演說習慣，例如說話音量太小、有氣無力；說話音量過大、刺耳難聽。說話聲音太小反映出講者的自信心不足，或者發聲的力道不足；說話聲音太大可能是本身聽力受損，或長期處在吵雜的環境中，因而習慣大聲說話而不自知。如果聽力沒有問題，就可以經由有意識地調整，來降低音量。

好的說話方式是音量適當，語調有好的高低起伏，速度不急也不緩，顯示出你對內容信心十足。聲音要有力，才有說服力，你需要努力練習說出悅耳的聲音，可以藉由「錄音自聽」與「說給別人聽」來反覆練習，改善音量與速度的問題，使觀眾聽得舒服，還能同時從內容中獲益。

那我們該如何糾正模糊不清的說話方式呢？

1 嘴巴放鬆與張開

說話時嘴巴一定要放鬆、張開，上、下齒之間要保持一定的距離，而不是像兩列玉米一樣緊緊靠在一起，否則不好發出清晰的聲音。說話時要把嘴型做到完全，將字音發完整、咬字清楚，有意識地將聲音送出去，聲音就不會含糊不清。

2 將音頻拉高

如果習慣性用低音頻說話，就會給人無精打采的感覺，且內容不清晰會讓人聽起來昏昏欲睡。你可以嘗試在說話時，盡可能拉高自己的音頻，這能使聲音變得洪亮而有朝氣。

3 朗誦文章

你可以藉由大聲朗誦一段文字來做練習，注意要將每個字、句發音清楚，發出字正腔圓的聲音來，練習時間久了，就會有所好轉。

此外，發音咬字清楚的話，才能說話快；咬字不清楚的話，就得說話慢，同時聲音要足夠有力，才能讓觀眾聽得清楚。

音調可以是溫柔、刺耳、威嚴，或是有相當抑揚頓挫的，優秀的演說家能隨著他所要強調的重點，來改變說話的節奏。有些講者的演說很流暢，聽來舒服；有些講者則相反，結結巴巴、斷斷續續，使人感到不安。

演說時，平鋪直敘是大忌，在解說時要有跳躍、笑點、痛點等起伏變化，有時要高昂，有時則須低沉；也就是語調要能引起共鳴，要有抑揚頓挫，有些內容可以帶過就好，有的內容反而要一再強調。

身為講者，我們演說的目標就應該要清楚、具有說服力，要能達到最

大目的（宣揚理念或是成交），因此必須提起精神，從開始到結束的每句話都要咬字清楚，且節奏鮮明。

人們都喜歡聽飽滿圓潤、悅耳動聽的聲音，說話缺乏底氣，自然不容易引起別人的關注，即便你說破嗓子也沒人想聽，更別想達到你的目的。

發音時，氣息是聲音的來源，也就是說，穩定的氣息是發音的基礎。在現實生活中有的人說話聲音洪亮、有力，這就是「底氣十足」；反之，有的人說話聲音就是比較小，或是上氣不接下氣，這樣的人則顯得底氣不足。

所謂的「底氣」，其實就是「中氣」，之所以會出現這樣的差別，除了身體素質的不同外，還有呼吸技巧的問題，也就是呼吸和說話的配合是否恰當。正常情況下，說話是在呼氣時進行的，停頓則是在吸氣時進行，如果是長時間的演說，就必須注意與呼吸搭配的技巧。

在呼吸之間盡量輕鬆自如，吸氣要快速，呼氣則要緩慢、均勻，吸入的氣量要適中，太多會讓你喘不過氣，太少又不夠用。練習放鬆呼吸時，要盡量深長而緩慢，用鼻子吸氣，用嘴巴緩慢呼氣。做完一個呼吸循環約十二秒，也就是深吸氣差不多在三至五秒間，屏息一秒，然後慢慢呼氣，時間也差不多在三至五秒間，然後屏息一秒。每次最好練習十五分鐘，當然，如果能做到半小時更好。

平時無論是站著還是坐著，都記得要抬頭舒肩、展背，動作是胸部稍微向前傾，小腹內收，雙腳並立平放，這樣的站姿除了利於呼吸，你的發聲部位如胸腔、腹部、口舌都處於一個良好的準備狀態之中，只有呼吸通暢了，你的演說才會更流暢。在演說時，不僅要讓你的聲音有高低起伏變化，還要有停頓與轉折的迴旋變化，如此才能使你的演說聽起來富有節奏感、悅耳動聽。

🔍 肢體語言的掌握，吸引更多目光

公眾演說時，除了運用有聲語言外，還需要借助肢體動作等非語言的方式，來說明和加強表達。這些肢體語言主要發揮強調、補充、渲染的效果，有時甚至可以代替有聲語言。

沒有經驗的講者多半不知如何運用肢體語言來輔助，有的直立不動，有的只是在台上前後走動或胡亂走動，有的則將自己的演說大綱或是口袋裡的硬幣、鑰匙等放在手中把玩，其實這些動作都表現出他們非常緊張的一面，台下觀眾看得清清楚楚。

對此，唯一的解決方法無非是大量練習，集中精神在演說當中，就能在觀眾面前呈現自然的姿態。記住，演說並非從你站在講台前說話的那一刻開始，而是從你進入演說場地，觀眾看見你的時候就開始了。

觀眾就是講者的鏡子，而且是多稜鏡，能從各個角度反映出講者的形象。講者的體態、儀表、舉止、表情都應該帶給觀眾協調乃至美的感受，而要想從言語、氣質、神色、感情、意志、氣魄等方面充分表現出講者的特點，只有在站立的情況下才有可能。

那什麼樣的站姿才算是最恰當的姿勢呢？一般來說挺胸、縮小腹，精神煥發、兩肩放鬆，重心主要支撐於腳掌、腳弓上，頸椎和後背挺直，胸略微向前傾，以及繃直雙腿，穩定重心位置是最好的姿勢。

講者的站姿是以上述的狀態稍微側身面對觀眾，當你想強調某些重點時，你只需要微轉到正面，便可以面對觀眾；如果你想更加強調，便可以往舞台前方走近幾步，離觀眾更近，再將你的故事表現出來，讓觀眾留下更深刻的印象。

你的姿勢能讓人看出你的心境，如果你駝背、肩膀下垂，觀眾便知道你很疲倦、甚至是沒自信；如果你挺起胸膛走路，能給人自信、大方的形

象。以下筆者分享一些簡單、有效的建議，幫助你顯露出美好的形象。

1 與觀眾互動的技巧

你可能有看過講者在舞台上自然地移動，甚至走到台下與觀眾互動，例如拍觀眾的肩膀，或是指定觀眾回答問題，這都是很值得學習的表現方法，但要注意不能太頻繁，否則會讓觀眾的注意力過於分散。

2 再緊張都要挺直身子

在演說前，一定要保持安靜和集中精神，即使你很緊張，也要坐得挺直、站得挺直、走得挺直，不要低頭望著地板。開始說話時，就要保持自然的姿勢，不要生硬得像個新兵一樣，你始終要記得，當你走進會場時，觀眾已經開始注意你了。

3 走路的技巧

如果你低著頭走路，會顯得沒有信心，當你走路時，主力是在身體上，而不是擺動肩膀和臀部，如果腳步施力得不正確，便無法站得平穩，因此步履要平均，雙手則自然擺動即可。

演說中的走動要符合兩個原則，一是「目的明確」，走動是為了內容表達的需要，例如炒熱氣氛。走動時，講者要心中有數，該走則走，該停則停，絕不可盲目地走動。

二是「走動恰當」，往任何方向的走動都應是有意義的轉折和開始，且這個意義沒有結束就不可改變方向，否則會顯得不協調。此外，走動的幅度不宜太大，也不宜太頻繁，否則會使觀眾感到不安、覺得厭煩。

你可以養成站在鏡子前檢查自己姿勢的習慣，例如：耳朵位置應該保

持在肩頭正上方的位置，而不是向前傾，如果前傾，就表示你正在駝背；肩膀應該是平的，不可聳肩，聳肩代表你過度緊張；胸膛應該向前挺，而不是下垂；腹部不要過於放鬆突出；膝蓋要輕鬆地微彎，腳掌平放。

演講過程中，手勢的呈現也相當重要。美國肢體語言專家派蒂・伍德說：「手勢是象徵性的肢體語言，當你說話時，姿勢也代表了說話的內容。」美國中央佛羅里達大學也經由實驗證實了這點，講者演說時依內容搭配肢體語言，能讓觀眾對他產生明顯的好感，且說話伴隨著肢體動作，會讓人感覺有魅力，「信賴感」和「專業能力強」的正面觀感也會連帶提升。也就是說，從現在開始我們可以學著從手勢上彌補自己的不足，為演說再加分。

手勢的作用是將你的想法和感覺傳達到觀眾的感受上，想做到這點，講者可以對傳達的資訊進行闡釋，以動作來協助表達主題，以描述、建議的語氣或者一些典型的手勢來加以強調。如果我們留心名人的演說，可以發現他們有個共同的特點，就是說話過程中總伴隨著諸多豐富、有力道的手勢，手勢對增加說話的精彩和力度，催化演說的投入和發揮有著無法替代的作用，而且是聲音言語很有力的補充，甚至是替代。

當你全身心地投入演說時，若能加上大氣的手勢，就會馬上讓人感覺深具感染力。好的手勢可以讓觀眾專注於演說，不必要的手勢則會分散他們的注意力。適當的手勢雖然可以發揮相當大的輔助效果，但由於多數場合講者都需要手持麥克風，單手所能呈現的手勢相當有限，如果需要操控電腦簡報，另一隻手可能還要拿簡報筆，手勢自然會受到一定的限制。

手勢既可以引起觀眾注意，又可以把思想、意念和情感表達得更充分、生動，請善加使用。關於手勢有以下幾點要多加注意。

1 使用不同麥克風的手勢

如果你使用的是耳機式麥克風，就可以在演說過程中張開雙手，兩手的動作可以盡量大。張開雙手是最友善的手勢之一，能表現出講者是坦誠與值得信任的；如果使用的是單支手持式麥克風，就可以用空著的另一隻手自然地做出手勢。

2 手勢的適當位置

當你做手勢時，最好的位置是在胸前以上，如果太低，觀眾就無法同時注意到你的表情，假設你前方有一個直立式講台，演說時若不使用手勢，雙手就自然地垂放在身體兩側即可。

3 避免的手勢動作

除非你有想強調的重點，否則應該盡量避免將你的手倚靠在講台上演說，這樣的動作會讓人覺得你為人高傲，或是一名強調自身崇高地位的人。演講過程中，也要避免握拳或是用手指著觀眾，因為這會讓人感覺受到冒犯。

演講時，有個雙手暴露法則，講者不能將自己的手隱藏起來，雙手都要被聽眾看見，因為將雙手呈現出來，能有效增加交流感和感染力。倘若你將手插進口袋或放到背後，除了使聽眾感覺講者隨便外，還會讓他們認為你是傲慢的人，甚至帶有其他隱藏的意圖，而無法對你產生信任感。

4 呈現不同感覺的手勢

如果你希望給別人溫和的感覺，手勢就應該做出圓弧曲線，例如：許多宗教家演說時，手肘都是自然彎曲的，像是要擁抱他人的感覺。蘋果創

辦人賈伯斯在產品發表會時，手肘和手腕也都是放鬆的，且手勢多半會以畫曲線或圓弧的方式呈現。

如果想要加強說服力，就可以參考、仿效政治人物，他們的動作會出現很多「角度」，除了緊握拳頭和呈現直角的手肘外，他們做任何手勢都會比較用力，常有類似「手刀」的動作，但這種手勢不可過度使用，不然會給人強勢、充滿威脅感的印象。

手勢並不是複雜的事情，它是將內在的事物傳達給人，僅僅是一種想法，或是一種情感上的表現，需要借助肢體來加強表達。

如果一個講者的思想和感情豐富四溢，那麼他也一定善於使用手勢動作，它需要的只是合理的引導。如果他對演說主題的熱情還不足以使他在演說中自然地穿插手勢，隨意做出幾個生硬的動作，反而會使表現扣分，手勢必須是發自內心，而不是生搬硬套。

優秀演說家的手勢會隨著時間、地點、環境、心情、觀眾反應的變化而經常改變，手勢的發揮是根據現場情緒和聽眾們理解之程度，來做出相應之變化的。

一開始練習時，或許能針對各種手勢動作暗記、加強，你可能會覺得這樣沒辦法讓你太專注在說話上，但等你上手之後就會了解，當講者在台上進入忘我境界時，那才是最完美、最自然的演說狀態，手勢也會以最自然的方式呈現。

如果你上台之後始終關注在自己的手勢、音調上，代表你沒有進入當下的演說狀態中，並沒有全身心地投入演說、投入與觀眾的互動。

手勢只是一種輔助，不能搶走觀眾對演說的注意力，講者更不能因過度在意手勢的呈現而打亂演講節奏，同時要表現自然與配合當下的情境。

當我們累積足夠的經驗時，就能逐漸形成自己的風格，自然地做出各種手勢而無須過度關注。

每一個成功的演員，都能以不同的手勢表現出特定的情緒反應，表現的方式是無窮盡的，只要多練習各種表達方式，例如典型的、誇張的，直到手勢能和演說內容融為一體，渾然天成，兩相烘托，更加光采！

如何讓結尾更具威力、震懾人心？

人們都了解開場白在演講中的重要性，但似乎很少有人會在演講結尾上雕琢，往往是輕描淡寫地草草收場，結果可想而知，費盡口舌發表的長篇大論很快就被人們所遺忘。

要想使人記憶深刻，你的結尾必須像開場一樣氣勢磅礴、擲地有聲，演講的結束語應該簡潔有力，這樣才是一場好的演講。而一般結尾有以下幾種方式。

1 總結式結尾

演講總有一定的主題，在一段慷慨激昂的的陳詞之後，演講者用極其精練的語言，簡明扼要地對自己闡述的思想和觀點作一個高度概括性的總結，以起到突出中心、強化主題、首尾呼應、畫龍點睛的作用，這就是總結式結尾。

當然，我們演講多半是為了起到鼓舞、震懾人心的作用或目的，對此，你不妨在演講開頭提出一個關於演講主題的問題，在演講收尾時對這一問題進行細細闡述，這樣前後呼應，自然能彰顯演說主題。

② 提問式結尾

相信讀者們在念書時期都有過這樣的經歷，國文老師下課前，說道：「今天這堂課同學們有什麼心得體會，明天早上每個人交一份作文上來。」這一手法是老師經常使用的教學方式，其作用在於引發思考，讓學生再次主動了解課程內容。

其實，需要經常進行演說與講話的我們，也可以採用提問的方式收尾，向聽眾提出單一的開放式問題，甚至是一系列問題，讓聽眾進行思考。這樣的結尾方式優點在於，能更好地讓觀眾參與到演講之中，並且深入思考，做到以境感人。

③ 號召式收尾

演講收尾往往有著畫龍點睛之效，既是收尾又是高峰；既水到渠成，又戛然而止；既鏗鏘有力，又餘音嫋嫋；既別開生面不落俗套，又來得自然，能給人強烈的印象。然而，無論我們在演說時追求何等效果，在結尾時都必須要達到總結陳詞、點醒聽眾的作用，而要達到這一效果，我們可以採用號召的方式結尾。

號召式結尾是演講者用提希望或感召的方式來結尾，以慷慨激昂、扣人心弦的語言，對聽眾的理智和情感進行呼喚，提出希望、發出號召或展示未來，以激起聽眾感情的波濤，使聽眾產生一種蓬勃向上的力量。

④ 趣味式結尾

幽默式結尾是較有情趣的一種，演講在笑聲中結束，能給演講者和聽眾雙方都留下愉快美好的回憶，也是演講圓滿結束的形式化標誌。

在所有的結尾方法中，幽默最能被聽眾接受。在公共場合的演說，如

果我們也能以幽默、風趣的語言結尾，可為演講添加歡聲笑語，使演講更富有趣味性，讓人在笑聲中深思，並給聽者留下一個愉快的印象。

好的演說絕不能虎頭蛇尾，想達到完美的效果，漂亮的結尾也很重要，有了精彩的開場白和中段主體的論述，接著若能有一個整合性的結尾，就能為此演講畫下完美的句點。

許多講者的演說非常好，但最後往往會被過度冗長、無趣或離題的結尾給破壞，所以你選用的結尾，必須能讓觀眾將你的主體觀念「帶回家」，使他印象深刻。

多數觀眾對於類似的主題其實已是聽了又聽，早已有了既定的想法。當然，文無定法，結尾有各種方式，中規中矩的演說不會有太大的問題，但難免會落入窠臼、了無新意。一般的演說結尾若使用「前後呼應」、「要點歸結」，就能發揮不錯的效果，或是以「整理重點」、「告知觀眾該如何行動」、「最後說一個故事」來結束演說，也是常態。

如果要替自己的演說加分、不落俗套的話，關鍵就在於「另出新意」，最快速的方法是更新狀態、吸收新知，例如關注報章雜誌、電視新聞和節目，了解現在流行的事物和社會亂象，這都是講者必須注意的情報蒐集範圍。

你可以說：「總結就是……」、「最後一點……」、「最後我要說的是……」讓觀眾接收到演說即將結束的訊號。如果要以名言佳句作為收尾，可以加入自己的構思或心得，例如：「雖然大家都說『天助自助者』，但以筆者的經驗會想補充：『正面思考（緊扣主題）』也是助你達成目標的關鍵因素！」讓觀眾

在既有的印象上，對你的演說印象更深刻。

也有在最精彩時，立即以簡潔、有力、感人的話語來迅速結束，這是一種言已盡而意無窮的境界，能讓演說留有餘味。除了講稿內容一定要言之有物外，也別忘了音調的高低、手勢的配合、儀態的表現、眼神的交流等等，都是講者表現的一部份，讀者們也要注意。

以上這些演說要點及技巧，其實一點也不困難，千萬不要因此而打退堂鼓，魔法講盟也有開設如何公眾演說的培訓課程，不同於坊間僅教導學員一些理論內容，而是傳授有效改善演說能力的技巧，課間會鼓勵學員上台演練，實際體驗站上台的感覺，並根據演講內容給予指點 及建議，確實學會演說。想知道更多課程資訊、想改變人生的讀者們，可以掃描 QR Code，筆者期待在課堂上與你相見，彼此面對面交流喔！

 內容為王

要創造出一場好演說需要符合許多標準，所謂「好的演說」其實就是「用自己的話，替別人的想法或說法下自己的註解」，讓觀眾明確知道「你要做什麼」，比「你是誰」更重要，然後再解釋「為什麼是你，而不是別人」。

演說表現差的原因通常是「內容乏善可陳」，也就是講者肚子裡的墨水少，以及「表達能力不好」，講者的言語和肢體語言無法讓觀眾理解他想要傳達什麼。例如：說話繞圈子，說不到重點、無視他人感受，不管順序及輕重，一股腦地全說出來、說話沒有自信、照本宣科唸講稿等等。

🔍 一場好演說的關鍵

要成為演說高手，需要有深厚的文化、知識、經歷或專業等作為後盾，即使有品質良好的講稿，講者也必須勤加練習加以內化，才能讓演說更完美。若你想追求更精采的演說，可以思考並補足以下幾點：

1 內容：讓演講極有意義！

你的演說要讓觀眾覺得有意義，所謂的意義就是要具備：「唯一」（Only one）、「第一」（Number one）或者「最快」（Fast one）的內容。那麼該如何做到「唯一」、「第一」或者「最快」呢？答案就是──把市場區隔得更小。

當你的定位縮小範圍時，你就會是「小市場」的唯一、第一，或是最

快的那一個。

2 意義：解說「Why」

談「意義」就必須要觸碰到「Why」的核心，例如多數老闆都希望員工不要有疑問，只管執行公司的要求就好。但筆者卻不這麼認為，我會選擇花較多的時間告訴員工做這件事的意義是什麼，這樣他們出了會議室的門之後，就不會仍一知半解或是對指示有所埋怨了。

整個演說過程必須由「Why」串起，因為「Why」才能收魂，而收住觀眾的魂之後，你才能收一輩子的錢。如果你做的是銷售式演說，你僅收到第一次銷講的錢，卻收不到第二次，那一樣沒有幫助，因為這並不存在著終身價值，也就不會有所謂的長期被動收入。

3 加入動人情節，了解觀眾感受

講者要在演說裡加入調味料，也就是動人的情節、故事，並試著轉換立場，換位思考，去了解觀眾在過程中可能會感受到什麼樣的情緒，以此為根據來調整內容。

此外，當你有上台說話的機會時，要記得盡量說些好的事情，分享美好的事物，少說壞事或是以消極的言語來闡述，以免影響到自己和台下聽眾的心情。

聽眾對演講者的期望是，不管是十人或是千人的集會，也要像一對一那樣親近地直接對話。不要想著要怎麼樣演說，而是如何才能將主題簡單又明確地說給大家聽，對於完全是門外漢的聽眾，就好像讓我們自己看到和他看到的東西一樣，演講自然會相當成功。

人都喜歡聽故事，特別是已經坐了幾小時的人，他們都悶了。如果你能安排一個橋段，說個有趣的故事，他們一定會比較有興趣，除了能吸引聽眾的注意，這個技巧也能把觀眾代入主角色中，讓他們自己感受一下，從而更加明白演講主題。一個小故事能把抽象的事情大致呈現出來，記得講故事的時候要生動一點，平靜的描述較沒有說服力，很難把聽眾的情緒帶進來。

而一場好的演說，有幾點是我們必須注意的……

1 避免嚴肅的主題或死板的內容

常說幽默是最吸引人的調味料，如果能在演說中適時加入一些「梗」，以幽默的方式呈現，你的內容會更容易被觀眾所接受。那要如何加入有趣的內容呢？你平常可以多蒐集各方趣聞，或設法將生活中有趣的片段轉化為笑料，生活化的趣聞很容易使觀眾產生共鳴。

魔法講盟也會固定安排論劍參訪活動，用一天或兩天的時間，帶著大家去造訪各大名勝古蹟及秘境，洗滌心靈、擴展視野，這些愉快的遊玩過程，就能變成你演說內容的一小段，藉此與觀眾拉近距離。

在演講的過程中，你也可以多加使用比喻或類比法，以好的「浮誇」方式（演說中的「演」）呈現，往往能產生戲劇性的效果，吸引觀眾的注意力。當然，我們也可以說一些負面、嘲笑的話，以黑色幽默的方式來呈現，但千萬不要「嘲笑別人」，倘若一定要批評，也記得轉個彎，以婉轉的方式述說，或是用一段故事來反諷，甚至是以自嘲的方式述說。

2　別讓觀眾有「默背講稿」的感覺

當你在演說時，要用感情輔以肢體語言來和觀眾對話，你的臉部表情可以誇張，但肢體語言不宜過於浮誇，否則容易分散觀眾的注意力，且演說時注意音調的抑揚頓挫，可以讓你更強調重點。觀眾能吸收多少內容，往往從講者說話速度的快慢與用詞的難易度來決定；觀眾關注講者的程度，則是由他們對講者的感覺來決定。

好的演說要讓人感覺講者自然而真誠，塑造出一種與朋友聊天的感覺，若能讓觀眾感到放鬆且毫無防備，你就有可能完成世上最難的兩件事，也就是「把你的思想放到觀眾的腦袋中」，然後「把客戶的錢放入自己的口袋中」。

3　適當的停頓

對於口才不好的人，或者因為「口才太好」以至於常說廢話、說錯話的人來說，「停頓」是非常好的思考武器，同時沉默往往能使聽者警覺而回神，注意聽講者接下來會說些什麼。「停頓」能夠激發觀眾的好奇心，適時的沉默也有助於加強演說中故事的戲劇效果，尤其是當你強調了重點或是說了笑話後，一定要停頓，如此才能讓觀眾更牢牢記住你的重點，笑得更大聲、更久一些。

說故事更具人性、更有說服力

舉例來說，當你在做銷售式演說時，如果只是強調自己的產品或服務有多好、多有效果，還不如給顧客真實的故事案例，如此更能打動他。

你可以說自己的、別人的、品牌的故事，在過去經驗中，筆者在各地的演說，最受歡迎的往往是歷史故事。但也別忘了，所有的故事都需要經過自我消化，參透其中的含意，含章內化後，對外才能清楚地行文若水。

天下所有問題的解決之道就是「換位思考」，說故事的角度如果能換位思考，效果也將加倍展現，且「對比」要足夠強烈，故事才會更精采。

用熱情感染觀眾、點燃世界

那些能夠激勵人心的經典演說，講者大都對於自己的演說內容感受強烈，且充滿熱情，他們打從心底認為自己的想法一定對觀眾或對世界大有益處，因而急切地想與大家分享。

許多人都曾詢問過筆者，當初在補教界遠近馳名二十多年，為何突然就不教了呢？因為我發現自己已喪失熱情，每年改變的只有學生面孔，講授的課程內容始終是一樣的，就像賺錢的殭屍一樣，雖然教升學類的補習班讓我賺到滿滿的財富，但內心十分空虛，心裡不踏實。

後來我決定轉換跑道，將職志改為成人培訓，專注於各式商業類課程，每堂課的主題都不同，必須花非常多的時間去準備教材與出書，我從中重新找回熱情，現在更與世界接軌，代理國際級課程，諸如 BU 或區塊鏈認證班及密室逃脫創業班……等，且不僅限於致富，更提升至精神層次，除賺錢外，我們的內心也要富足，開設「真永是真」真讀書會，和聽眾講述各種大道理，更是我餘生的志業！

所以，只要靜下心來，問問自己內心深處的渴望是什麼，就可以聽到

來自心海的回應，但千萬不要因為內心的回應與你原先的想法不符，就馬上否決內心的聲音。熱情，非常重要，要做你有熱情的事，但不要將賺錢視為你熱情之所在，而是要把賺錢視為附加價值，這也是首富之所以能成為首富的秘密。

6 新奇的見解、不同的角度，抓得住觀眾

在演說內容中，最好的亮點、賣點其實就是「新鮮感」。只要換個角度表達，往往可以讓舊聞、舊事變得新奇，使人印象深刻。新見解與新角度依靠的往往是「聯想力」，而訓練聯想力最好的方法便是「心智圖法」（Mind Map）。

7 有情境畫面，觀眾才會有感覺

在演說中，任何複雜的內容都可以用故事與畫面來表現；任何高深的理論，都可以用圖像和數字簡化，你的畫面描述要能感同身受，讓觀眾有身歷其境之感。

TED 最受歡迎的演說幾乎都是充滿真實感的想像力描述，讓我們探討一個未來情景下的構想、主題，所以故事內容一定要有視覺，或其他感官體驗，藉由圖畫、照片、影片或模擬的方式來表現。

而這些工具的選擇，則取決於我們要描述的行為，何者能將主題表達得最清楚。把一件事情、概念、情感等傳達給他人時，語言可謂一種最直接的工具，但語言未必是萬能的，還必須透過其他肢體及音調、表情等方式加以傳達。一般在接受這大量資訊時未必能及時了解，對於較抽象的的事物或感性的事物，無法快速理解及進入狀況，所以若能透過情境的模式，演說效果將大大加分。

在演說中，一個好的故事不只是講者「會說故事」，也同時是講者對相關主題素材的熟悉度已能在大腦中理解、翻轉之後，自然地用新的故事線調度出來。當素材內化的夠深，故事才能自然地呈現，而自然的故事才精彩。

一場好的演說是有公式可以遵循的，只要了解公式並多加練習技巧，任何人都能成為一位優秀的演說家。透過專業訓練，就算你真的是一名素人，沒有任何上台演說的經驗，也能學會優秀的演說家是如何表達言語、肢體動作、眼神以及帶動現場氣氛的技巧。

🔍 演說內容的搜集與撰寫

一場演講，主題的好壞有時直接反應了內容的精彩與否，若講者的主題沒有太大吸引力，那麼他的演說內容必定也是平實無華，因此演講者從下主題就要很考究，在訂定主題時就要極具吸引力。

主題可謂一場演說的靈魂，貫穿於整場演說，講者思考主題時必須考慮目的和觀眾的素質，決定哪些觀點需要有論據支援，必須蒐集資料，以便清楚且具創意地帶出自己的想法。

在準備演說前，先思考自己想說些什麼、想告訴觀眾什麼、想傳達給觀眾什麼，將你想傳達給觀眾的主題確立下來。

當主題決定之後，接下來才是蒐集內容相關素材、安排架構、擬定講稿和大綱、進行練習等流程。多數講者的演說主題都是單一的，例如對某明確主題進行演說，或是針對政治、社會、經濟等事件進行評判，或者激勵觀眾，或是為了宣傳、行銷自己的產品或服務等等……只有主題單一，才可能將內容演說得清楚、通順，引起聽眾的共鳴。

多數時候的演說時間都是有限的，若不能界定適當的範圍，就很容

易東聊西扯離題，讓演講呈現一團亂，如此也會讓觀眾無法吸收想獲得的資訊。為了避免混亂與紛雜，演說的主題篇幅不能過長，如果主題失焦，篇幅過長，就會讓觀眾不知所云，隨之產生厭煩的情緒，不利於演說的最終目的。因此，大多數的演說題目都是簡短的，要能吸引大部份聽眾的注意，並且涵蓋演說內容的要點。

一般來說，三十分鐘至一小時的演說，需要至少四小時的事前準備，經驗較少的講者需要更長的時間，但不管你是老手還是新手，都最好預留多一點時間來準備和練習，避免在台上產生失誤，或是因為過於緊張而不知所云。

我們每天的生活周遭，都會發生許多事情，有時從生活中或人生經驗中挖掘而來的內容，也會是講者自身最有印象或最有意義的經驗，能成為演說的主題或適合演說搭配的內容之一。

正因為是發生在現實生活中的事，能徹底吸引觀眾的注意力，對觀眾來說，最有興趣、最親切的無非是和生活相關的話題，觀眾想聆聽的是個人的生活經驗和獨特的見解，由此所產生的反饋也才會更強烈，因此筆者建議主題要多加入生活化的內容。

除了即興演講外，所有的演說都要根據不同的觀眾群來調整主題，講者要依據活動單位所提供的主題，大量地查閱相關資料，結合自己的親身感受、經歷，最後才確立自己所要演講的題目。

在演說中，個人體驗絕對比理論更重要，當演說內容是你最熟悉、最清楚的事物時，那你的演說必然生動、激昂、有說服力、有吸引力。在演說中，務必界定好範圍，這個範圍包含了「演說內容」，也包含「觀眾」和「演說活動所在的環境」。

且當你在訂立主題時，務必要能符合你的專業，也就是當觀眾對你提

出異議時，你是否有充分的把握，是否能夠以信念、專業知識等來維護自己的立場？如果可以，就說明這個主題你有能力發表見解。

講者唯有深刻理解、熟悉主題後，才能由衷地表達出來，因為空泛的理論往往讓人瞌睡連連，如果發表的演說只是一知半解或一些無意義的言論，就算蒐集許多資料、名人名言等東拼西湊，組成一份豐富講稿，一樣無濟於事，只能算是一堆冗長而無內容的演說詞；唯有能對聽眾產生「意義」、產生「價值」的主題，才是最受歡迎的主題。

此外，演說主題要能展現情感，表明講者的態度與對某件事情的意見、看法如何，不僅要在演說開始就開宗明義地說出來，更要在演說的主題上讓人一目了然。

演說主題與內容、風格等有直接關聯，無論在選擇主題時是出於什麼目的，一定要讓主題簡短、有新意，並可能激發聽眾興趣。值得注意的是，我們在考慮主題的時候，要選擇與自己理念相吻合的主題，如果勉強自己去談一個毫無感覺，甚至是抱持負面觀感的主題，然後還要附和、胡扯一些無法說服自己的話，就更別想說服別人了。

當在尋找演說的主題和素材時，一定要能激勵自己，如此才能讓你以富有情感與熱情來進行一場演說。要想有一篇引人入勝的演說稿，就先從設計合適自己的主題入手吧，擁有一個吸引人的主題，才能讓觀眾對演說的內容充滿期待。

在演說中確立一個適合的主題至關重要，因為唯有確立好主題，講者才能對演說內容做足充分的補充，讓觀眾能明確地了解，更好掌握內容。

若你已知道自己要演講何種主題，但不曉得自己講得如何，又苦無舞台發揮，那魔法講盟就有一個很好的機會讓你試水溫，魔法講盟每年固定舉辦兩岸百強講師 PK 選拔賽，提供一個小舞台讓你發揮、表現，依評選

要點遴選出「亞洲百強講師」。成績優異之獲選者將安排至兩岸授課，賺取講師收入，決賽前三名更可登上亞洲八大名師之大舞台，欲知 PK 更多資訊，趕緊掃描 QR Code，千萬別再錯失登上正式舞台的大好機會！

🔍 銷售式演說的方程式

　　筆者曾為了學習公眾演說，花了不少的學費，除一般的上台說話技巧外，還有以銷售為目的的演說能力，也就是所謂的「銷售式演說」，簡稱「銷講」。

　　如果把銷售式演說的功夫練成，就能賺進無盡的財富，若將一對一銷售比喻為爬樓梯，那一對多的銷售就好比坐電梯，能倍增你的績效，更節省相當多的時間成本，讓你的目標快速達成。

　　你可能會覺得困難，但其實一場好的銷售式演說是有公式可以遵循的，只要了解公式並多加練習技巧，任何人都能成為一位優秀的演說家。透過專業訓練，即便你沒有任何上台經驗也能學會。

　　下面跟各位分享銷售式演說的流程，請務必掌握好訣竅點。

1️⃣ 自我介紹

　　一般來說，在演說最初，觀眾的注意力會較集中，好奇心強，對講者的期待較高，在這個黃金點特別表現一下是相當重要的。在講者上台之後，觀眾會隨即產生以下疑問，你要能在短時間內說出答案。

你是誰？你有什麼成就、本事、績效？

 我為什麼要聽你說？這些內容對我有什麼好處？

 怎麼證明你說的是真的？

 為什麼聽你說是最正確的選擇？

一開始的自我介紹要能解決觀眾可能對你產生的疑問，以開門見山的方式，把主要內容、觀點，以及基本要求和大致事由以簡練的話語告訴大家。你可以捨棄一般常見的自我介紹，因為那會讓人覺得「甘我什麼事？」你一上台便要引起台下的興趣，而最容易吸引他人興趣的方式，即是提出解決痛苦的方案，好比：「你曾牙痛過嗎？」在一百人當中，可能有二十人會產生有興趣的反應，而其中便有二人正在為此痛苦。

銷講的精神在於，一開始就要提出解決痛苦的方案或是帶來快樂的方案，等觀眾產生興趣之後，你再介紹自己是誰較佳，日後他們只要想到這個痛苦或快樂，就會馬上想到你，當然，手法要新穎，要以不凡的開頭達到一鳴驚人的效果。

② 說自己的故事

此階段請說出自己特別的經歷或記錄，真感情就是好文章，你必須從自己的人生歷練中找題材，用說故事的方式與聽眾溝通，故事除了擁有魅力之外，也比直接溝通、說出自己的想法更容易讓他人接受。或者，你可以創造一個未來的目標或記錄，描繪自己未來的願景，因為有願景才能吸引人。

可以的話，在不斷練習當中修正自我介紹和故事到無懈可擊，切記，

在演說中盡量不要說「正確的廢話」、「漂亮的空話」、「違心的假話」和「設計好的套話」，請盡量說「真心的話」、「自己的話」、「實在的話」和「獨特的話」。

③ 了解觀眾的期望

《孫子兵法》談「知己知彼，百戰百勝」，也就是了解自己，了解你的對象，了解觀眾的期望與要求，告訴觀眾你的期望與要求，以達成彼此的期望，就可以百戰百勝。

例如：「我希望能幫助『你們（目標族群）』，做『某件事情（可以是學習、課程、購買產品或服務等）』，可以讓你們得到『某種結果（可以是健康、財富、目標群眾想要的結果等）』」。

④ 塑造肯定回答的問句

你需要不斷提出讓觀眾會回答：「對」、「是」、「沒錯」的問題，例如：「你也曾經歷過和我一樣的痛苦嗎？」你就是他們的代言人，提出那些能激發觀眾渴望的問句，問句的精采度決定觀眾的期望與注意力，提出那些觀眾必定會回答「你想聽的答案」的問題。所謂的「成交」，就是引導潛在顧客一步步說「Yes！」的過程！

⑤ 表達主題

進入主題時，首先要提出一個具吸引力的話題，可從報章雜誌的封面標題上學習。在表達時提出其中的重點和相關的故事案例，描述時，可利

用眼、耳、鼻、舌、身、意，也就是「六識」來描述會更生動。

最吸引觀眾的是故事、記錄和績效，且必須是「好聽」的內容。你的故事若能結合解決方案更棒，重點在於塑造出主題的「好處」和「價值」。

表達主題的方式有很多，最簡單的就是「列舉」，簡單舉例如下。

✈ **以時間為主**：過去、現在、未來。
✈ **以順序為主**：第一、第二、第三。
✈ **以地區為主**：東、西、南、北。

你可以應用的方式非常多，重點在於明確地說出你要表達的概念，讓層次更分明、易懂。

6 進入成交

進入成交階段時，講者需要塑造出你的提案的好處和價值，提出「接受我的提案，會有哪些好處」、「不接受我的建議，會有哪些損失、痛苦」，並說明許多人都是用這個方法解決痛苦的。

你可以先提出對方可能會有的痛苦點，將觀眾可能會有的困擾、毛病等提出來詢問，吸引觀眾的注意力後，再提出一個能解決問題的方案，包括你的項目、產品或服務，然後成交。

7 要求行動

講者需要不斷強調「追求快樂」（光明面：行動後的好處）與「解決痛苦」（黑暗面：不行動的壞處），重複再重複，以強化觀眾的感受。

8 提供見證或保證

在此階段，講者可以提出強而有力的「自己的見證」或是「他人的使用者見證」，此時可以重複客戶必須行動、必須購買的理由。

「他人的見證」最好能錄影、寫推薦文章或是拍照存證，在演講的過程中用投影機展示給觀眾看，以強化信任度。好比筆者主講的「真永是真」真讀書會，有許多人聆聽後有所啟發，因而願意錄製一段又一段的影片，將此活動分享給更多人知道，相關分享請掃描 QR Code。

9 結論

最後階段便是「要求行動」的再強化，也就是要求觀眾現在、立刻、馬上就行動！你可以提出只有當下有特別優惠價格，或者是「限時」、「限量」的產品或服務，甚至是「贈送」。

演說的好壞是「理性」的考量，而最終能否順利成交，則是「感性」的考量，所以我們必須兼顧理性與感性。這時贈品就是推動感性思考的好幫手，當觀眾獲得講者贈送的產品或服務後，便可能提高他們後續想購買的意願。

如果你不知道自己能贈送什麼給觀眾，可以往「固定成本雖高，但邊

際成本很低的物品」來思考，好比電子書等資訊型產品就可以這樣運用，因為資訊型產品的邊際成本非常低，當你將內容製作出來之後，再複製很多份並不會需要多大的成本，最便宜的隨身碟也不過一百多元，所以你的贈品可以朝這個方向思考：成本很低、內容價值卻很高！符合此要件者便是極佳之贈品。

　　進行銷售式演講時，講者要能清楚傳達「價值」和「價格」的區別，銷售時也必須塑造出產品或服務的「價值」，「價值」是重要、需要且急迫的，只有當客戶覺得「價值」大於或等於「價格」時，才可能成交。

　　記住，能幫助客戶改變的就是一種魔法，銷售式演說的魔法是分等級的，且魔法只會對有需求的人有價值。因此，講者可以針對觀眾支付能力的不同，給予不同等級的魔法，如果可能，魔法要經過體驗，才能被觀眾信服，經過淬鍊之後的魔法，信任感於焉而生，更成就信仰，猶如賈伯斯之於「果粉」一樣。

4 現場氣氛掌握

生活中，我們經常聽到「基調」一詞，基調即是風格、主要感情等。這一詞彙對經常參加演講的人並不陌生，因為一般進行演講都是為了達到一定的目的。所以，當眾講話就必須有較強的針對性，要達到這點，我們首先必須搞清楚自己演講的主題，尤其要考慮到聽眾的身份、年齡、職業、心理需求和接受習慣等特徵。

但有些人會認為，演講的過程越冗長、雲裡霧裡，越能體現自己是否有充分準備，越是能展現自己的語言水準，但整場演講其實沒有什麼料，只能反覆強調，造成空話、套話氾濫，短話長說，形成馬拉松式演講，聽得讓人厭煩。

實際上，講話越短越精彩，越容易給人留下深刻印象，精彩的發言無需長篇大論，短小往往更精悍有力，而要做到這點，我們在演講前就必須定好基調，掌握好整個演講氣氛。

🔍 製造懸念，激發聽眾的興趣

相信任何一個參加過演講的人都明白，平鋪直敘、正正經經地演講，只會讓聽眾覺得生硬突兀，甚至難以接受，如果我們能在演講中加入一些橋段，故意賣賣關子，那就能抓住聽眾的注意力，也就是在修辭中的設問法，先提出問題再回答。

設問即為明知故問，自問自答。正確的運用設問，能引人注意，啟發思考；有助於演講的層次分明，結構緊湊利於講者對事件的刻畫；突出某

些內容，使語言起波瀾，層次有變化。

讓我們來看下面這個故事。

一場科學會議的主持人對現場的科學家們說：「上面已同意這次提出的方案，並請我轉達各位：『嚴肅認真，周到細緻，穩妥可靠，萬無一失。』」

聽完主持人的話，在場的科學家瞬間感到壓力，有的人甚至倒吸了一口氣。目光敏銳的主持人覺察到科學家們的心思，立即解釋道：「什麼叫萬無一失？就是把想到的、發現的問題都解決掉，就叫萬無一失。沒有發現的、解決不了的，是吃一塹，長一智的問題，放心吧，只要大家認真執行，出了什麼問題上面也不會責怪大家的。」主持人的一席話，解除了科學家們那沉重的包袱。

以下幾點值得推敲，一開始主持人就切中要害，抓住科學家們擔心的問題──萬無一失，接著他由此設問，以問題引路，自問自答，作出一段解釋，從而消除聽者的疑問。可見，善於設問的人往往能切中要害，有效地解決問題，從而收到設想的效果。

設問，是一種常見的修辭手法，常用於表示強調作用，為了強調某部份內容，故意先提出問題。所以，想精進演說技巧的人，都應該學習如何運用設問的修辭來增強語言效果，那實際該如何操作呢？

1 先設問再回答

設問是無疑而問，提出問題後，可以自問自答，也可只問不答，假如設問用得好，能引人注意、誘人思考，把談話內容變得更加吸引人。

設問還有另一個作用是讓聽眾產生懸念，引起聽眾探詢的欲望，提高他們的注意力。

2　設問要巧妙

你要巧妙地提出疑問，要順理成章、做好鋪墊，引人入勝，最後一語道破玄機，否則就有故弄玄虛之感。這就好像相聲裡的「設包袱」，用迭宕起伏的情節，深深吸引住觀眾，最後再「抖包袱」，起到畫龍點睛之效，讓人感覺到強烈的語言效果，從而達到自己的目的。

3　先提供部份的資訊，吊足對方胃口

有時候，別人對你說了上半句話，就會想知道下半句。但你突然止住不說了，這時對方就會產生很強的好奇心，想知道後半句到底是什麼。

所以，我們在表達觀點的時候，也可以保留一部份，讓對方產生一種想要了解的好奇心，當這種好奇心在對方心中不斷翻騰的時候，對方就會萌生主動了解的欲望，此時只要再適時表明，對方一定會將所有注意力放在你的身上。

當然，最重要的是，在運用這一手法說話時，我們要把握整個談話的進程，恰到好處地把握時間的長短，才能給人留下難忘、美好的印象。

與聽眾產生共鳴，把演說推向最高潮

一個好的主題可以說是讓聽眾感興趣、繼續聽下去的前提，這就如同人際交談中，好的話題是深入與人談話的基礎，敞開心扉縱情交談的開端。但在具體選擇話題的時候，要顧及到對方，明白談話的對象喜歡什麼樣子的話題，只有讓對方感興趣，談話才有維持下去的可能。

同樣，演講中，我們也要考慮聽眾的需求，比如說，如果你自己是聽眾，在聽別人演講的時候你會做些什麼？有時認真聽，有時會滑手機。或許我們是被迫去參加演講會，但沒有人能夠迫使一個人坐在那「認真」聽

演講，除非聽演講的人自己願意聽。

任何一場演講，都包括兩個資訊——演講者所傳達的資訊和聽眾接受的資訊。在我們演講的時候，即使聽眾認真聽，也不代表他們接受了所有資訊，這是為什麼呢？因為人都是以自我為中心的，都會把注意力放到自己關心的話題和一些有意義的資訊上，《莊子·秋水》中就講了這麼一個故事。

莊子和惠施在濠水的一座橋樑上散步，莊子看著河中的魚兒說：「魚兒在水裡自由地遊來遊去，它們真快樂呀。」

惠施反駁說：「你又不是魚，怎麼知道魚兒快樂呀？」

莊子說：「你又不是我，你怎麼知道我不知道魚兒快樂呢？」惠施啞口無言。

莊子無疑是機智的，他的話不多，卻抓住對方言語中的漏洞，短短一句話就讓惠施啞口無言，同時也給自以為很聰明的惠施一記當頭棒喝。

從這個故事中，我們可以讀懂一個道理，每個人性格、身份、年齡的不同，在看待問題上的著眼點也不盡相同，這就要求在說話的過程中注意對方感興趣之所在，拋開一些沒有實際作用的大道理，用對方感興趣的話去調動他的情緒，起到事半功倍的效果。

因此，要想掌握好的演講技巧，就必須做好聽眾的需求分析，並考慮以下幾點。

1 聽眾的愛好

作為演講者，假如你喜歡烹飪，而聽眾群體是攝影愛好人士，你和聽眾大談烹飪，聽眾卻對烹飪一竅不通，就等同於對牛彈琴，你津津有味地說了半天，結果發現聽眾根本聽不懂，你的心情不會好，同樣聽眾的心情

也不會好，演講以失敗收場。

2 聽眾的職業

假如你今天要做的是一場針對銷售員的演講，聽眾的需求是學習銷售技巧，聽眾的利益是希望透過你所傳達的實用技巧，運用至具體的銷售過程中，最終達到增加銷售業績的目的，但別忘了，他們也會希望獲得老闆和同事的認同，如果能同時考慮這兩點，那演講毫無疑問將會是成功的。

3 聽眾的年齡

在設計演講稿的時候，你要將聽眾的年齡考慮在內，年紀稍大的人較愛面子，他們會因為害怕答錯而不願意與你配合互動，所以一般會選擇沉默。

4 聽眾的文化程度

在你的演講群體中，如果同時存在中學生和研究生，那你要明白，他們希望從你的演講中獲得的資訊是不同的，在設計演講稿的時候，你要將大多數受眾的文化水平考慮在內，甚至可以在演講前先向聽眾講述觀點，以免引起誤解。

5 聽眾的意願

演講者要明白台下聽眾的意願很重要，有些聽眾是自願來聽演講的，而有些聽眾是被迫來聽，有些聽眾是抱著聽聽看的態度，有些聽眾則是想從演講中學到知識，還有些聽眾是未聽過演講來湊熱鬧的，有些純是為了領取贈品而來……面對這些不同態度的聽眾，我們都要做好應對的準備和

備案。

　　總之，我們需要掌握聽眾已經知道、相信和關心的東西，人們只能夠以自己的經驗來理解事物，同時也說明不管是演講還是和別人溝通，必須深入了解他們的需求，這樣才會掌握更好的演講技巧，取得更佳的演講效果。

與聽眾建立有溫度的交流

　　俗話說「酒逢知己千杯少，話不投機半句多」，在台下的聽眾中，免不了有些形形色色的人，我們總希望能給聽眾留下十分美好的印象，從而得到聽眾的認可。面對陌生的聽眾，我們僅僅靠個人的外貌、舉止、服裝等等外在的東西來表現是遠遠不夠的，最重要的還是要以出眾的口才和優質的內容（乾貨），來提升聽眾的凝聚力，讓聽眾對我們產生欣賞和讚美之情。

　　很多演講者會認為，演講就是要樹立自己的專業和權威形象，才能讓聽眾信服，其實只有帶動聽眾真情實感的演講，才是成功的演講，因此，多說感性、有溫度的話，讓演講在輕鬆、和諧的氛圍中進行才有利於我們達到演講目的。

　　演講中，我們都希望聽眾對自己產生好感，那我們就應該從說好話開始做起，用漂亮得體的語言使聽眾的眼睛為之一亮，同時也讓自己在聽眾的心中加分。這就需要我們從感性的角度說話，具體來說，我們在說話的時候可以從以下幾方面來注意一下。

1　多說親切的話

　　如果你說的話盡是一些枯燥無味的大道理，或滿腦子「陽春白雪」的思想在作怪，經常說一些文縐縐的話，就會讓聽眾覺得你過於喜歡偽裝，從而對你疏遠。

　　比如在和聽眾寒暄的時候，說一些「路上沒有堵車吧？」、「你們最近都還好吧」之類的話，就會讓對方覺得你把他當作朋友，對你產生親近感。

2　偶爾說點俏皮話

　　一名演說者不苟言笑，講話也只注重資訊的傳達，對所謂的「廢話」、「套話」沒有絲毫興趣，那麼他所說的話就會是乾巴巴的，聽他講話就像走進墳場一樣，沒有絲毫情趣可言。

　　如果一個人在演講時，能夠適時地插科打諢或是說一些無傷大雅的笑話，那聽眾就會願意去接近他，把他當成可以交往的好朋友。

3　熱情誠懇地說話

　　美麗的語言需要一定的感情做基礎，如果失去了熱情和誠懇的鋪墊，任何美妙的語言在別人聽來都如同嚼蠟，毫無滋味可言。我們不妨試想一下，當一個人板著臉說些「你今天穿的衣服顏色很漂亮」時，會是什麼樣的感受？完全不吻合「73855」法則嘛！

　　同樣，演講中，對聽眾說話，我們也一定要傳達出自己的真誠和誠懇，這樣在聽眾的心中就會覺得你是個十分重視感情的人，對你的印象也自然而然地加深了。

說話勿以自我為中心

　　在和聽眾交流的時候，一定要認識到聽眾的存在，講出來的話要讓聽眾有興趣聽下去，這樣才能起到演講之效果。

　　事實上，一些人在演說的過程中，淘淘不絕地向聽眾講述自己的性格愛好、人生歷程之類的話題，有耐心的聽者還能保持禮貌，表現出傾聽的姿勢，但沒有耐心的人說不定早就轉身走了。因此，假如你說話時太以自我為中心的話，就會給聽眾留下一個輕浮、自大、自私的形象，從而失去繼續聽下去的欲望。

　　一名善於演講的人能因境制宜，製造出良好的氣氛，最好是除了能帶給人們樂趣外，還能使聽眾發出來自內心的微笑。

　　唯有語言表達富有感染力，才能調動聽眾的情緒。演講時，我們切忌自己在台上「唱獨角戲」，聽眾在下而躁動不安。如果你在台上賣力演講，但聽眾卻毫無反應，那只能證明你這次演講是失敗的；如果你的言談能使聽眾喜笑顏開，且隨著你提出的內容順勢思考，那就說明你的演講是成功的。

　　但在一般情況下，絕大多數的人講話都是極為枯燥的，那又該如何調動聽眾的情緒呢？這就需要我們善於圍繞主題熱情地展開話題，使自己的表達富有感染力，那這樣的對談無疑就是成功的。

　　不少人在講話的時候，只充當「傳話筒」的作用，別人怎麼說，他就怎麼說，不添枝加葉，不拓展話題，最後，他的談話就成為千篇一律的：「今天，我所講的是……第一是……第二是……第三是……謝謝大家，我的話講完了。」在整個講話過程中，他的語句蒼白無力，聽眾也不知所云，究其根源，就在於講者沒能將話題有情懷地拓展開，沒能增添語言的

感染力，不帶有絲毫溫度。

我們演講，不僅要傳達觀點，更要有一定的靈活性，靈活性是指在講話的過程中，進行原則性補充，適當地運用靈活性，可以使你的講話充滿新意，增添感染力調節聽眾的積極性，達到講話的目的。

不得不說，公眾演說最需要的是熱烈的氣氛，如果掌聲雷動、歡呼聲不斷，就會激起講者的熱情，使你越講越精彩。因此，要使你的講話熱烈起來，能夠打動人，你應該注意提供一些能讓講話具有說服力的表達方式。當然，身為講者的你，在整個講話過程中，更應該保持高昂的狀態，千萬別自己先消極起來，如此才能帶動整場演講的氛圍。

公眾演說　*A + to A ++*
國際級講師培訓

建構個人影響力的絕佳利器，
讓你從谷底翻身，一躍成為Ｉ象限投資者！
好的演說有公式可以套用，就算你是素人，
也能在群眾前自信滿滿地開口說話。

趕緊掃描QR Code，
獨家曝光收人、收魂、收錢的秘密！

主宰舞台的關鍵策略

　　相信任何一名演講者都希望自己的演講獲得聽眾的認可、獲得一個滿堂彩，而要做到這一點，你就不能唱獨角戲，必須學會調動聽眾的興致，讓聽眾積極參與其中，這樣能潛移默化地讓聽眾接受你的思想和觀點，從而使演說在「掌聲」中進行。

觀察聽眾的反應，時刻掌握全場氣氛

　　西方有位哲人說過：「世間有一種成就可以使人快速完成偉業，並獲得世人的認可，那就是令人感到喜悅的說話能力。」我們中華文化也有：「一人之辯重於九鼎之寶，三寸之舌強於百萬雄兵」、「片語可以興邦，一言可以辱國」的說法。

　　現今誰具備較高的講話水準，那在社會上便是如魚得水，如鳥添翼，甚至有「誰掌握了話語權，誰就拿到走向成功之鑰」這麼一說。而要達到這項目標，我們就要積極爭取發表談話的機會，從某種程度上說，「講」得如何，更直接影響到我們的前途。

　　一位優秀的演講者在發表講話的時候，並不是只顧自己滔滔不絕地講述觀點，還必須重視聽者的反應，分析聽者的心理，當他們發現自己的演講不對聽者的味時，就會立即調整話語動向，使自己掌握全場氣氛。

　　很多時候，我們演講就是為了向聽眾傳達某種觀點或思想，使聽者接受。而在接收到聽者的資訊反饋後，我們就要對自己談話的內容進行修正，使之更容易被聽者理解和接受，以符合聽者的胃口。

同時，我們也必須明白，即便準備得再充分，都不可能預測到演講過程中可能出現的任何「意外情況」與「偏差」。唯有在對話過程中，不斷地接受聽者的表情動作和話語中傳達的回饋資訊，並在此基礎上修正講話的內容與方式，才能使雙方的立場更接近，溝通也將更順暢。

1　隨時觀察聽眾的資訊回饋

任何人在傾聽他人講話的時候，都會產生某些不同的傾聽效果，而這些效果，通常都是經由表情與動作來體現的。一般可分為以下幾種情況。

📨 如果聽眾眼神中充滿迷惑，對講話的節奏適應不過來而顯得慌張，那他可能是對講話內容關注，但卻不能完全理解。

📨 如果聽眾在聽你說話時，目光注視著您，隨著講話的節奏思考，那不僅表示他喜歡講話的內容，而且有比較深刻的理解；如果聽眾在做些別的事情並不時打斷，則很可能是他對演講不感興趣。

眼神、臉部表情、肢體動作等，都可能蘊含著這方面的資訊，講話者如果不注意觀察，自顧自地說話，則很可能造成講話者與聽話者間各取所需、互不相干的尷尬境遇，使溝通流於個人的自我表現。

2　聆聽聽眾的回答

任何溝通都是雙向的，演講也是，我們在演講時不能只顧自己的表達，而忽視聽眾是否接受，只講不聽就非雙向溝通了。

因此，高明的演講者在講話的時候，往往很注重和聽眾的溝通，他在講完自己的話之後，欲表達的內容說完後，會邀請聽眾發言、分享自己的

反饋。這樣做，一方面有利於他了解聽眾對演講的理解程度，獲得資訊的回饋；另一方面，聆聽不僅是一種對他人的尊重，更是一種人際交往，一位優秀的演講者，必須是一個虛心的聆聽者。

只有在聆聽後，才能更了解對方的性格、素養和態度，更好地掌握對方的心理，對下一步要說什麼有更好的判斷，從而在講話時更有針對性，使對方也願意聆聽自己的談話，這才是雙向溝通。

③ 不斷修正自己講話的內容與方式

這需要我們迅速對自己講話的內容做出調整，還要保持內容的前後連貫、一致性。在這個過程中既要投對方所好，說出對方想聽的話，又要把自己的意圖表達完整，掌握住談話的主動權，但又要能讓對方有被尊重的感覺。

總之，講話是溝通的橋樑，這個橋樑的穩固需要的四個「墩」：準確的表達、細心的觀察、及時的修正和豐富的感情。若能在演講中時刻牢記這些技巧與方法，便能在演講中跨越重重障礙，順利實現自己的目的！

演講者說話，聽眾會對其講話內容產生不同的反應，並透過聲音、動作以及臉部表情表現出來。所以筆者在演講時，會時刻觀察聽眾的這些情緒，看著台上的聽眾說話，一旦看到有人情緒異常，或喜或悲，或笑或氣，這些都應盡在把握之中，然後及時對講話內容進行調整，直到聽眾情緒達到我心中預設的標準為止。

這就要求學會講話中的「變」術，在講話過程中隨時捕捉聽眾心理的變化，把聽眾的情緒逐步推向高潮，達到台上台下共鳴的效果。

擁有獨特的演講風格，並加強演練、演練、再演練

一般來說，出色的演說家都會有自己的演說風格，登上演講台，面對眾多聽眾，他們的語言可能樸實無華、幽默風趣或慷慨激昂，能運用恰當的方式把觀點傳達給觀眾，起到良好的表達效果。

像筆者自己就屬於較為浮誇卻又誠實的人，常以誇飾法來表達，但不會捏造內容，這就是我的演講風格。

每個人都有著自己個性與風格，都有自己自身的某些特點，比如，有的人天性溫和，有的人性格外向等，所以在演講前，也要把修煉自己的演說風格作為重要的準備工作之一。

相信有些讀者在培養自己演講能力的過程中，可能會產生這樣的疑問：哪種演講風格適合自己？如何得到驗證？

1 嚴謹型演講風格

這種演講多在隆重場合進行。這類演講語言一般都是經過精雕細琢形成的，邏輯性很強，在演講時，不斷進行重複、補充和強調，並加以說明。

另外，在肢體語言上，因為演講氛圍較嚴肅，所以演講者無論站立還是端坐，肢體都應該要相對穩定。

2 柔和型演講風格

相對而言，女性演講者更青睞於這種風格的演講方式。因為女性的嗓音圓潤甜美，吐字清晰準確，並且具有親切的微笑、柔和的眼神。

3　談話型演講風格

顧名思義，演講時好似在與朋友談話一般，這類演講語言要求我們做到說話平易近人、語言通俗易懂；語氣親切委婉，清新自然，音色自然樸實，不加雕飾；表情輕鬆，心態平和，說話真誠、語言質樸感人，動作與平時習慣無異，好比話家常式的漫談，並不時與觀眾互動。

4　絢麗型演講風格

這是一種辭藻華麗並講究演講氣勢的演講風格。據資料考究，在上世紀九〇年代，大學的演講賽或者辯論賽經常能看到這種演講風格。

這類演講注重內容的厚重和多樣化的形式，也相當注重肢體語言的豐富，而要達到這一演講效果，我們可以旁徵博引，縱橫古今，引用大量的名言錦句、軼聞趣事、典故史實，以及當時新鮮有趣的材料。

演講內容舉例：「那是一個漆黑的夜晚，一個北風刺骨的夜晚，一個大多數人已酣然入睡的夜晚。但他還在忘我的忙碌著，身影格外高大。一位名人曾說『認真的人總是最美的』，他正是最好的證明！」

5　激昂型演講風格

這類演講語言的風格是心情澎湃，豪壯剛健，激越高昂。

此時，我們在演講的時候在語言上要音域寬廣，音色響亮，精神飽滿，手勢幅度要大，給人以奮發向上，朝氣蓬勃的振奮感覺。

那要如何達到這一演講效果呢？調理呼吸，科學發聲是關鍵，尤其是在胸腔、腹腔、顱腔共鳴做到合理分配。

6 幽默型演講風格

這類演講風格具有喜劇色彩。我們在演講的時候,需要做到音調變化大,語言生動有趣,逗人發笑,手勢動作輕捷靈活。

以上六類演講風格不是絕對涇渭分明,我們可以綜合參考進行練習,從而形成最適合自己的演講風格。

演講者應結合自身特點,充分考量自身的優勢和不足之處,學習他人的經驗與優點,逐漸探索出屬於自己的發展方向,形成自身獨特的講話風格,並將這一風格運用到演說之中,以達到控制全場氣氛的目的。

且我們都知道,演講前要做足大量的演講準備工作,包括材料的收集和選擇、演講稿的撰寫,但這些都是書面文字,真正的演講是經由口語表達的,所以我們可以試著透過預講,來熟悉講話的節奏與語氣,熟悉總體思路與框架。

唯有如此,才能盡可能地減少講話過程中的思路阻滯,在實際演說時表現得更好。可能有些人會說,事先練習是不可取的,因為在演講時會顯得不自然,只有第一次從口中流出的思想才有新鮮感。

其實,這是膚淺的說法,要想真正使話說得自然,就要練習,而且還必須練習不止一次。不得不說,有些人是在去會場途中,才草草將稿子看一遍,結果可想而知。

曾任微軟全球副總裁的李開復先生,在剛開始演講時,他便要求自己每月堅持兩次演講,並邀請一位朋友來旁聽,然後提出意見。他對自己承諾,不事先排練三次,絕不上台演講。

我們可以總結出預演對演講的重要性,預講可以說是演講最重要的準備工作之一。如果你已經完成了演講稿,那就馬上進行預講吧!

依據一般經驗，台上演講十分鐘，需要你在台下付出一小時的練習時間，要訓練自己適應在不同的環境和不同的時段練習演講，同時運用不同的演示技巧。預講可以從以下幾個方面入手⋯⋯

1　大聲念出你的稿子

在準備說話前，你可以先準備錄音筆或開啟手機錄音功能，邊講話邊錄，這樣便於調整、修正問題，直至你滿意，再接著第二步。

2　站立著講話

在演講台前反覆地讀，與站立著講話是千差萬別的，因為反覆朗誦只能算是準備，而不是實戰演講。另外站著講話，也能讓你獲得更多自信。

3　準備演講大綱

即使你在準備演講稿時已經解決了大量問題，你還是不能照本宣科！因為沒有什麼比這更快讓聽眾睡著了，你應該直接、自然地面對聽眾，保持與聽眾眼神交流。

秘訣是準備簡單的演講筆記，字體要醒目，以便在演講的過程中快速掃視。在講台上放一支手錶，這樣便於掌控時間，把握速度，調整內容，讓你準時結束演講。

4　錄下你的「即興」演講

重播你的錄音帶，找出重複使用的詞，如「啊」或「呃」等，反覆修改演講細節，直到滿意。

掌握及控制好時間

在演練時必須計算出演講所需要的時間，再看看它是否過長或過短。大部份演練的時間都比正式演講時要久，一般來說，演講時間會比演練時間快 25%至 50%。

儘量在眾人面前練習

在眾人面前練習能讓你減輕在實際演講中的緊張感。你可以找幾個熟悉並擁有個人看法的朋友，請他們對你的演講給出實質的意見或批評，而不只是讚揚。他們明白你演講的內容嗎？你講的內容有連貫性和邏輯性嗎？他們認為你講的速度是快還是慢？根據他們的意見，一步一步修改演講的內容。

你可能會覺得上述準備很麻煩，但每個成功的演講者都是這麼走過來的。戴爾‧卡耐基在總結成功的演講經驗時說過：「一切成功的演講，都是來自充分的準備。」

的確，演講也是如此，沒有準備，就是準備失敗，時刻注意收集素材，隨時在生活中練習，時刻準備發言，只有這樣才能確保演講取得更好的效果。

平時演講者可以站在鏡子前面練習，或者將演講錄下來，或者為一大群朋友或任何願意花時間傾聽的人演練一場。預講可以減緩我們的緊張不安，提高演講效果，幫助我們預控演講時間，使內容能更加精煉。

脫稿演出，展現你的演講實力

演講的形式有很多種，其中就包括脫稿演講，它的難度要比帶稿演講

大得多，演講者更容易在說話時出錯，相當考驗演講者的知識儲備和語言表達能力。任何一個演講者，要想成為一名演講大師，就一定要花心力練習脫稿演講，如果能在拋開演講稿的情況下，仍口吐蓮花，將讓聽眾留下深刻的印象！

脫稿演講不同於一般的演講，它不僅考驗一個人的說話能力，還考驗一個人的思維能力。如果一個人的講話方式和內容總是一成不變，那就會失去新鮮的感覺，即使這些語言有多麼動聽、美妙，也會因為它出現的頻率過於頻繁，使聽者失去興趣。

如果一個人採取僵硬、呆板且毫無變化和新意的講話方式進行表達的話，不僅無法達到心中所想的目的，還會讓他人覺得不是一個枯燥無味的人，從而產生輕視甚至是乏味的感覺。

俗話說，好的開始就是成功的一半。我們也可以這樣來理解，脫稿演講中，屢出新意的好口才也是好的開始之重要步驟。充滿新意的言談，總會取得意想不到的驚喜。

出眾口才的表現形式不僅體現在談吐優雅從容淡定上，還有一個重要的特質，就是能對眾人較熟悉的事情，有著自己比較獨特的認識和看法，言談之中屢出新意。我們要明白的是，一個與眾不同觀念的產生與提出，不僅是智慧火花剎那之間產生的靈感，也是廣闊視野、充滿激情、獨立思考等品質的綜合表現形式。

那在實際講話的過程中，要如何一開口就製造良好的氣氛呢？筆者分享幾項要點如下。

1 新穎生動的語言

生動才能吸引人，我們開口要使用新穎生動的語言，契合聽眾的生活

圈，這樣才能使聽眾對你的講話產生興趣。反之，如果你總是老生常談，就會讓聽眾覺得寡然無味，也不會對你的講話有任何興趣。

2 風趣幽默

幽默風趣突破了慣性思維，遵循反常原則。我們在脫稿演講中，必須要想得快，說得快，觸景即發，涉事成趣，出人意料之外，又在情理之中，使聽眾在滿場歡笑也更中易於接受自己。

新意迭出的語言是智慧的體現。一個真正會脫稿演講的人會根據不同的傾聽者，做出新奇又合理的解釋，既不違背事實，又不會傷害到別人的感情，進而給聽眾帶來樂趣和製造出良好的演講氛圍。

生活中，我們常聽說「形式主義」這個詞，它指的是不注重內容而注重形式。事實上，一些人在脫稿演講的過程中，也總是走形式主義，他們會事先準備好一份演講稿，然後背誦下來，在脫稿演講時，也不顧聽眾的感受，自顧自地背誦完稿子，還自認為做了一次精彩的演講。然而這類形式主義、走過場的演講，有什麼意義呢？

任何一個成功的演講者，都會著重於自身語言魅力的錘煉。如果你講話乏味，就沒有人愛聽，空話套話多，號召力就差，這樣不如不講。

「白圭之玷尚可磨，斯言之玷不可為。」空話講多了，聽眾就會對你的講話失去興趣，而你想傳達的論述就無法成功傳達出去。

一些人在演講過程中，不會特別注重語言魅力，只注重形式主義。他們在說話的時候，枯燥無味，讓台下的人聽起來很難受，許多人深受其苦，有的人甚至會為了躲避聽他說話，只管做自己的事、玩手機遊戲、頻頻藉故出入會場。

試想，如果聽眾對你所講的話反感，演講該如何進行呢？語言大師林語堂有「語言的藝術」一說，意思就是，語言不是一般的工具，使用起來更不同於其他工具，它其實是一種藝術！

俗話說：「錦於心而秀於口。」說話並非單純的口舌之技，而是一種高度複雜的腦力激盪過程，我們要想在脫稿演說中，把話說到聽眾心坎兒裡，就必須避免、甚至是杜絕形式主義。

🔍 危機處理，演講者需具備的應變能力

演講中，對於危機處理能力，是衡量一個人綜合素質能力的重要標準，更是我們演講能否成功的基本保證。

所以，任何一個演講者，要想獲得好的演講效果，就要具備一定的應變能力和掌控全域的能力，也就是說，演講者要善於臨場察言觀色，在遇到演講危機時即時調整心態，時刻修正補充自己的演講內容，不斷為演講打下良好的基礎。

演講中，很多人都遇到過以下情況，因為你的失誤，或聽者對你所演說的內容突然不感興趣，使原本活躍的現場氣氛一下子冷卻下來，造成演講冷場。而導致這一局面的根本原因在於我們的話沒有吸引力。

那在遇到冷場時，該如何重新扭轉局面呢？

1️⃣ 轉換話題

所謂變換話題，指的是我們在當眾講話的過程中，如果遇到冷場或某些尷尬的話題時，可以透過暫時變換話題，來重新吸引聽眾的注意力、調動聽眾的情緒。這其中就包括穿插一些趣聞軼事。

遭遇冷場，如果我們能適時地講述一些趣聞軼事，便能重新抓住人們

渴望趣味的視聽傾向，使現場混亂或呆板的氛圍馬上活躍起來，聽眾的注意力又迅速集中至演講內容上。但演講者要記得回到原有話題的軌道，而且你會發現演講效果變得更好，因為趣聞軼事是人們在生活中津津樂道的閒談資料，生活中的許多情趣與談資即由此而來。

 ## 製造懸念，激發聽眾的興趣

　　高明的演講者都會活躍演講氣氛，他們善於製造懸念，因為一個好的懸念能拯救演講危機，讓自己再度成為聽眾注目的中心之作用。

　　因此，在演講中製造懸念，可以有效地吸引聽眾的注意力，使演講內含的資訊和情感得以準確傳達。如果我們能在出現冷場的情況下，適時地製造一、兩個懸念，確實是有效重新吸引聽眾注意力的辦法。

 ## 讓聽眾積極參與到演講之中

　　造成演講冷場的原因之一，就是我們總單向地陳述問題，而聽眾只能被動接受資訊，也就是說，我們在以自己的演講用語和形象的語言來感染聽眾的同時，若聽眾也能積極回應，有利於推動演講的順利進行。

　　因此，要改變這種尷尬局面，可以從此處入手。比如，我們可以向聽眾提出富有針對性和啟發性的問題，調動聽眾參與演講活動的熱情，使他們意識到自己也是整個演講中相當重要的一環，有效避免冷場和打破冷場。

 ## 適時讚美聽眾

　　演說的同時，如果我們忽略了聽眾，自然會出現冷場，此時我們更要採取恰當的方式，拉近與聽眾的心理距離。而貼近聽眾的一個有效方法就

是發自內心地讚美聽眾，用話語撥動聽眾的心弦，激起他的共鳴，使他重新對演講產生興趣，打破冷場的尷尬局面。

總之，只要我們能做到以上幾點，在冷場出現時，及時採取控制手段，就能扭轉局面，讓演講得以順利進行！

但除了冷場外，相信不少演講者也經常在講話的過程中出現尷尬的場面，然而，尷尬的出現也並非是有人故意使然，有時候也是因為我們自身的疏忽所造成，比如口誤。

口誤，顧名思義就是說了不恰當的話。造成口誤的原因有很多，比如演講者緊張或者態度輕率、知識貧乏等，在具體的演說實踐中，只要頭腦清醒、觀察敏銳、判斷正確、處理及時和方法靈活，演說者就可以成功從口誤的窘境中擺脫出來，演講時如果出現遺漏或念錯詞、講錯話的失誤，演講者最好悄悄帶過，千萬不要自亂陣腳。

比如，發現自己漏講某一點、某一段時，可以隨後補上，不必聲張；念錯某個字詞，或講錯某句話，也可以及時糾正，或在第二次出現時糾正。萬一聽眾發現了你的錯誤，也不要緊，這時你不妨將錯就錯，自圓其說。那又該如何補救呢？筆者分享如下。

1 直接正誤

假如不小心說錯話，你不必刻意承認錯誤，也不必道歉，只要在聽眾還沒反應過來時，把正確的話再說一遍即可，如此一來既糾正了自己的錯誤，又能讓演講繼續下去。

2 巧妙否定

　　與上一個方法所不同的是，它不是直來直去，而是透過設問形式巧妙地否定口誤。因此，只要運用得當，此法就顯得更機智、更能體現價值。

　　✈ 自己提問，自己回答。
　　✈ 自己提問，聽眾回答。

　　從上述分析自然可以得出結論，從根本上講，克服口誤的關鍵就在於不斷提高我們自身的修養，只要能巧妙應對，就能使演講順利進行。

　　內容總結和研究口誤的補救方法，是演說藝術活動的客觀要求。在具體的演說實踐中，只要頭腦清醒、觀察敏銳、判斷正確、處理及時和方法靈活，演說者就可以成功從口誤的窘境中擺脫出來。

　　公眾演說的意義，是演講者「用自己的思想，去影響聽眾的想法」的思維過程，唯有我們自己的思想明確，說話才能收放自如，希望各位讀者能確實照著書中各種方法進行演練，有效提升演講力，盡可能地引導觀眾跟著我們的思路走。

　　一名天才，要站在舞台上綻放出讓世人驚豔的光芒，也是需要不斷刻意練習的，一萬小時定律筆者相信各位都有所耳聞，因此，再平凡不過的人，只要在一個領域、不斷練習、打磨並尋求突破，也能成為別人眼中那光芒萬丈的人。

　　同理，一名好的演說家，背後所付出的努力不是你我能輕易言喻，所謂台上一分鐘，台下十年功，如果你覺得自己現在的演講水準不行，不要灰心喪氣，只要你一心想在這條路上發展，並且能夠付出行動，相信總有一天會達到你想成為的樣子。

　　我們可以看看那些成功的演說家平時都在做什麼，向他們學習，得以節省寶貴的時間，用 20％的投入獲得 80％的成果，因為每個人的能力都是可以鍛鍊的，每個人的潛力也都是無限的，我們要用不同以往的思維來看待自己，相信自己終將活成自己想要的模樣。

　　筆者真心希望書中的演說技巧能幫助到大家，在學習公眾演說的道路上披荊斬棘、過關斬將，成功站上大舞台，透過成為國際級講師，確實改變人生，祝福各位。

拍一部影片，
躍身超級自媒體

- 拍一部片改變人生
- 拍片的事前準備
- 拍影片的眉眉角角
- 粉絲變現、導引流量
- 影片到聲音的革命：Podcast

1 拍一部片改變人生

美國普普藝術大師安迪‧沃荷曾發明廣為流傳的「成名十五分鐘」理論，他說：「在未來，人人都能成名十五分鐘。」這句話對當時六〇、七〇年代的人來說，是極有前瞻性、預見未來的一

句話，但相信對現在身處網紅爆炸時代的我們，早已不是什麼新鮮事了。

🔍 那些阿公、阿嬤不懂的職業

以前，如果跟自己的父母或師長說：「我長大想要拍影片上傳到網路，然後靠這個賺錢！」可能會被臭罵一頓、被說沒出息。然而這些以前從來不曾出現過的職業，像是 YouTuber、網紅、KOL、It girl、直播主……等等，早已成為現在年輕人們心中夢想的職涯或斜槓。

韓國教育部曾發表一份「中小學生前途教育現狀」調查，結果令人相當意外，韓國小學生最想要從事的職業第一名是運動員、第二名是教師，第三名竟然是網路影片工作者 YouTuber，取代原本名列第三的醫師，可見智慧型裝置對於現代社會的影響力。而據香港兒科醫學會及香港兒科基金調查也發現，29％的受訪者曾使用社交媒體進行直播，當中有 36％受訪者直言自己「想要成為網紅」。而在這些渴望成為網紅的受訪者中，更有 25％的人表示，就算是犧牲自己的隱私和分享私事，也會不惜代價地企圖成為網紅。隨著社會對網路社群的接受度提高，也因而發展出上述多

個老一輩人不懂的職業，以下筆者就列舉其中兩項介紹。

 關鍵意見領袖 KOL

關鍵意見領袖是什麼呢？如果你有在關注網路行銷方面的議題，可能常常會聽到 KOL 這個名詞，KOL（Key Opinion Leader）也就是關鍵意見領袖，又被稱為關鍵輿論領袖。這個詞彙在目前的網路行銷時代被大量運用，通常代表這個人在特定專業領域、特定議題群眾中，具有強大的發言權和影響力，但需要特別注意的是，KOL 不一定為該領域的專業人士。他們獨到的見解深受該特定族群的認同及尊重，具有足以推動或改變該類群眾決定的影響力和說服力，好比電腦、手機遊戲類別的 KOL，他必定非常熱愛且專注於該遊戲領域，並對該遊戲領域有其獨到之見解，但不一定要具備專業電競選手或遊戲產品專家等專業等級。另外，KOL 也不侷限於某一類領域中，他可以同時跨足多項不同的領域，例如美妝類的 KOL，也可以身兼電影、戲劇類型的意見領袖。

KOL 的地位和影響力是從很多方面累積來的，有的 KOL 以 YouTuber 起家、有的 KOL 曾是直播主，有的 KOL 則是部落客……等，他們藉由影片平台、社交媒體、直播網站來分享自己的日常生活、意見想法，藉此累積人氣和知名度，然後加以運用自身與粉絲之間的信任感，在自己的社群媒體中置入廣告、販售商品，從而達成變現的目的。

根據台灣媒體數位協會（DMA）所做的台灣數位廣告量統計報告，口碑行銷（包含網紅）的成長量已超過三成。隸屬於阿里巴巴的商業數據公司 CBN Data 所統計的數據也顯示，從 2016 年開始，網紅經濟的價值就已近六百億元人民幣，超過中國電影票房的年總收入。

大家可能會有一個疑問，為什麼這些網路紅人可以超越、甚至是取代

傳統意義的明星呢？難道那些明星藝人這麼不堪一擊嗎？以前，我們看到電視明星出現在路上時，會感到緊張、害羞、不敢上前搭話交談。而年輕的「數位原住民」對於螢幕上看到的網紅，卻有非常強烈的親切感，因為他們就像自己的朋友一樣，沒有亮麗的外表、華麗的服飾，更沒有巨星的光環，就像是自己身邊那個可以信任的好夥伴。若網紅出現在街頭時，就好比看到朋友一樣，敢於上前攀談、合影。且 KOL 與受眾的互動更為頻繁，其影響力和信任感可能還高於明星，他們使用較為中立的朋友身份介紹新產品，使廠商嗅到不同的商機，逐漸將廣告資金投放於 KOL，這個循環不斷下去，便在一定程度上顛覆了原來的廣告生態。

簡單來說，正是網紅的「素人感」成為了數位行銷上最有利的武器之一，這讓網紅在推薦商品或服務時更貼近粉絲的生活需求，也更容易讓自己的粉絲受眾信任他，最終達到形塑「品牌好感度」的目標，並且促使受眾在網路上立刻下單。所以，如果想要於網路平台上變現，最重要的就是將自己打造成一個 KOL、一個網紅、一個個人百萬流量 IP，然後再藉由這些流量來達到變現的目的，而筆者認為拍影片就是其中一個最有效且最快速的方法。

2 影片創作職業化：YouTuber

綜上所述，拍影片已是當前最適合網路變現的方法之一，相較於文字和圖片，影片更為直觀且更具有吸引力。影片創作者可以透過影片將自己的生活直接分享給粉絲，除了營造親和力之外，也比文字、圖片更容易吸引住受眾的眼球。而在影片創作產業上，目前職業化最成功的平台之一就是 YouTube，甚至創造出 YouTuber 這一項新興職業。

現今世界最大的影片搜尋和分享平台 YouTube，在 2005 年於美國

由陳士駿、查得‧賀利、賈德‧卡林姆等人共同創辦，賈德‧卡林姆更是首支平台影片《我在動物園》的上傳者。該平台口號為「Broadcast Yourself」，使用者可以隨時隨地上傳、觀看、分享及評論影片。

2006 年，Google 看中 YouTube 的發展潛力，以十六億多美元收購為旗下子公司。如今，YouTube 已成為全球影音網站的翹楚，該網站不單在起初的娛樂音樂市場上吸引觀眾，後來又成功將網站的龐大流量轉變為社群平台，激發了網路影片創作產業，發展出職業化的影片創作者——YouTuber。許多企業公司也察覺這股網路影音的熱潮，紛紛申請官方帳號作為廣告與線上傳媒、NGO 推廣公關等等。

美國 Variety 雜誌調查顯示，十三至十七歲的美國青少年心中的明星排名，在前二十名明星中，有一半都非傳統意義上的明星歌手，而是 YouTuber，展現當前影片創作者在年輕世代心中的影響力。而廣告商和品牌方為了吸引那些早已不看傳統電視、電影的青少年，也紛紛積極聯繫網路名人代言、帶貨，使影片創作產業的商業化更上一層樓。

根據《台灣 YouTube 使用行為大調查》的統計，台灣每人平均一天花費將近兩個半小時觀看 YouTube；且收看的年齡層越來越廣，其中五十五至六十四歲的中高齡網路使用者更有超過四成的人，每天看 YouTube 超過一個半小時。

YouTube 大中華區策略合作夥伴協理林映嵐說：「就在現在這個受訪的一分鐘內，全球大概有五百小時的影片傳到 YouTube。如果要把一天上傳到 YouTube 的影片看完的話，大概要花費八十幾年。」可見我們對於影片平台的依賴程度。

YouTube 也十分重視平台上的內容創作者們，儘管有著廣大的用戶支持，但同類型網站的激烈競爭仍十分激烈，這時內容變得尤為重要，成

為觀影者考慮的重點。因此，YouTube 官方對於那些擁有十萬、百萬訂閱的 YouTuber，會給予獎盃回饋、官方聚會活動邀請，以及更高的收益分紅等等，讓創作者更悉心於影片內容，以吸引更多人觀賞 YouTube 平台。這也使得高點擊率和高訂閱率成為許多人獲取財富的方式之一，成為一名影片創作者或是一名 YouTuber 已不在只是業餘的愛好，而是一種真正可以變見的市場，YouTube 與 YouTuber 共創雙贏！

2015 年 9 月，以拍攝遊戲實況為主的 PewDiePie，成為世界上第一個觀看次數超過百億次的 YouTube 頻道。2019 年 8 月，PewDiePie 的 YouTube 頻道的訂閱數達到一億名，成為第一個個人頻道破億訂閱的 YouTuber。台灣目前也有不少百萬訂閱數的 YouTuber，諸如這群人、阿滴英文、蔡阿嘎、阿神、眾量級 CROWD、Joeman、木曜 4 超玩、黃氏兄弟、千千進食中……等，幾乎每個月就誕生一名百萬訂閱 YouTuber。可見，只要你有心想朝影片創作這一條路邁進，且有吸引人目光的內容和創意，就可以靠著影片創作將自己打造為個人 IP，走出屬於自己的一片天，成功改變人生！

🔍 為什麼大家都在拍影片？

1997 年，世上第一個社群媒體平台 SixDegrees.com 誕生，用戶可以在該網站上傳個人資料並與其他用戶交友（類似於今日的

Facebook）。從那時起，社群媒體逐漸進化，從單純的文字，到後來的濾鏡加上圖片，再到錄製好的影片，以及即時直播，今日的社群媒體已成為人際溝通、社交生活、商業新聞、廣告行銷的核心部份。而目前最流行的社群媒體平台諸如 Facebook、YouTube、微博、WhatsApp、微信、Instagram、TikTok、Twitter 等等，其中又以使用影音為主體的平台最受用戶、KOL 以及廠商們喜愛。

從過去編寫線上日誌、部落格，至現今以影音為主體的網路行銷模式，KOL 們以各式各樣的方式進行創作或是專注在特定議題上。如果創作者可以發表出獨特的見解，他們便能藉由此創作內容而獲得知名度，並累積自己的觀眾和粉絲。當創作者成為一個個人 IP 後，後續便會自然而然地衍生出工作室、員工、經紀公司，有的甚至會創建自己的品牌或產品，商業模式既獨特又龐大。那網紅又為什麼會以影片為主要行銷載體呢？

① 多元化變現模式

第一個原因就是影音的多元化變現模式。筆者以曾被譽為「2016 年中國第一網紅」的 Papi 醬為例，Papi 醬以犀利的言詞和生動的演技用影片吸引了大量觀眾。2015 年 10 月，Papi 醬上傳第一支影片，2016 年 2 月 Papi 醬開始走紅，3 月便獲得逾一千萬人民幣的融資，個人估值約一億多人民幣。4 月份時 Papi 醬舉辦廣告拍賣會，得標者可在 Papi 醬的影片中曝光廣告，最終得標金額高達二千萬人民幣。7 月份，Papi 醬在中國八個網站首次直播，逾兩千萬名觀眾同時在線上觀看。

網路名人為什麼可以藉由影片創造如此大的收益，最主要的原因便是現今為網路世代，影音可以變現的管道已不再像過去電視節目一樣單一。

根據中國克勞銳數據盒子發布的《網紅生態白皮書》分析，目前主要變現模式包括以下幾種。

- ✈ **電子商務平台**：將粉絲導入電商平台購買商品。
- ✈ **廣告**：在發布的影片中置入商品、廣告，或直接販售商品。
- ✈ **贊助**：粉絲現金打賞或斗內（Donate，贊助）。
- ✈ **平台簽約、分潤**：在影片平台發布影片，獲得分潤；與直播平台簽約，獲得簽約費。
- ✈ **明星化發展**：參與電視或影音平台之節目、商業演出。

　　以上皆是目前可以倚靠影音變現的方式。所以網紅為什麼要以影片為主要行銷載體？那當然是因為可以藉由各種管道賺大錢啊！

② 本人或創作內容品牌化

　　第二個以影片為主要媒介的原因就是，影音將個人或創作內容品牌化變得更為容易。藉由拍攝影片的形式，將個人或是創作內容與特定主題掛勾，觀眾只要聽到某個人名或是影片頻道，便可以聯想到該類產品或主題，也就是將個人或創作內容打造為流量 IP。

　　當然，在將個人或內容品牌化後，便能夠將品牌與其他領域結合，例如本書 5~1 提到的出書出版、5~2 討論的公眾演說……等等，獲得個人以及公司的投資，甚至 IPO、STO……等資本運營模式。

　　總而言之，筆者認為打造自我品牌有以下兩個目的，第一是讓我們網

紅成為永久性的 IP，讓影片頻道可以長久經營下去，使自身的流量可以持續不間斷地吸引觀眾，而不是只在爆紅影片的當下具有市場性。例如木曜 4 超玩靠著「一日市長幕僚」這支影片爆紅後，持續深耕一日系列，後來更與出版商合作出書，還拍攝了「一日出版社」影片，一日系列也成為頻道的長期企劃、內容 IP。

　　第二個目的便是讓我們從使用代言者成為販售產品者，即販售自己的商品。據統計，Facebook 是最有影響力的網路行銷媒介，有 19％消費者的購買決策受到 Facebook 貼文的影響；YouTube 則是最具有影響力的社群媒體第二名，有 18％消費者的購買決策會受到 YouTube 影片之影響。而隨著影音世代的普及，YouTube 平台已成為 Google 之後的第二大搜尋引擎，且 YouTube 平台已有超過十億使用者，再加上 YouTuber 的轉換率高，使得該平台成為營銷商品的最佳管道之一。

　　所以筆者認為，若想成功打造自我品牌、將個人或內容品牌化，最佳利器之一便是拍攝影片，然後再搭配以文字和圖片為主的社群媒體（例如 Instagram、Facebook 等）與粉絲互動，就可以達到最佳效果。

③ 影響力行銷 Influencer Marketing

　　以影片為主的第三個原因就是，影片可以形塑影響力行銷，又被稱為影響者行銷、社群意見領袖行銷。影響力行銷是什麼呢？影響力行銷就是廠商與 KOL、YouTuber、網紅、網美、部落客等人合作的行銷方式，因為他們原先即具備目標受眾（Target Audience，簡稱 TA）及大量粉絲群，品牌能夠透過他們的影響力，來影響潛在消費者的購物決策，也就是

「KOL 說什麼，粉絲便相信什麼、購買什麼」。

那影片為什麼可以形成影響力行銷呢？近年來，由於網路自媒體、社群平台、影音頻道的普及，消費者的購買決策也跟著發生重大變革，從傳統的 AIDMA 轉變為網路時代的 AISAS。

AIDMA，於 1898 年由美國廣告學家 E.S. 劉易斯提出。所謂 AIDMA 法則，即是指消費者從看到廣告到發生購買行為之間動態式的心理過程，A（Attention）引起注意；I（Interest）產生興趣；D（Desire）培養欲望；M（Memory）形成記憶；A（Action）促成行動。

其過程為，消費者首先注意到（Attention）該廣告；其次因感興趣（Interest）而閱讀；再者產生想買來試一試的欲望（Desire）；然後記住（Memory）該廣告的內容，最後產生購買的行為（Action）。

而因應網路時代而生的 AISAS 則全然不同，所謂 AISAS 指的是，A（Attention）引起注意；I（Interest）產生興趣；S（Search）開始搜索；A（Action）促成行動；S（Share）社群分享。其中兩個具備網路特質的「S」—— Search（搜索），Share（分享），指出網路時代下搜索和分享的重要性，這個轉變的重大關鍵，使得社網路自媒體、社群平台、影音頻道得以扮演影響力行銷的關鍵角色。

也就是說，當我們對一項商品產生興趣後，不再遵循傳統的 AIDMA 法則，馬上記住然後購買，而是會先上網搜尋該產品的評價、是否有網紅推薦等等，然後才決定購買，這也讓網紅得以在購買過程中扮演重要的意見領袖角色。所以我們便可以因應這樣的消費心理變化，藉由拍攝影片的方式，分享使用產品後的感想、評價等等，讓自己成為影響力行銷中的不可取代的重要一步。

那該怎麼做才能讓自己成為一名影片創作者，然後透過影片多元變

現、操作個人品牌、成為影響力行銷中的一員呢？若你也想
抓住影音平台的未來，提前布局未來的變現基地，可上新絲
路網路書店查詢更多相關課程資訊，或直接搜尋「泰倫斯魔
法抖音」，亦可掃描 QR Code 參考相關課程。

2 拍片的事前準備

　　現代人經常花精力在各大影片平台上瀏覽影片，據 YouTube 官方統計，單就 YouTube 這一影音平台，地球上的人每天會花費超過十億小時在 YouTube 上，共產生數十億的觀看次數。也就是說，如果地球上每個人都看一部影片，那每個人每天都在 YouTube 上觀看超過十分鐘的時間，更何況還應該再加上其他影音平台，如 TikTok、Instagram、Facebook 的累積觀看量。

🔍 我什麼都不會，該拍哪一種類型的影片？

　　影片各式各樣、五花八門，有開箱的、遊戲實況的、教學的、音樂的、旅遊的、新聞的等等，那身為影片拍攝初學者的我們，可以拍攝哪一類型的影片呢？又或者該從哪一種類型下手呢？

　　首先，筆者認為最應該做的就是仔細觀察別人的優秀作品，進而思考自己可以做些什麼。文學巨擘魯迅曾說：「會模仿又加以創造，不是更好嗎？」我們可以在觀摩他人的影片創作後，在其中找出優點加以學習，若是缺點那就加以借鑑，即便你只是一個沒有什麼特殊專長的普通人，我們也可以在生活的點點滴滴中，發掘某一道特殊的風景與素材，成為自身影片創作中的專屬特色。

　　據統計台灣有超過九成的民眾每月至少造訪一次 YouTube，每天造訪的人則高達七成，更有超過一半的使用者每天平均在 YouTube 上花費超過一個半小時，YouTube 可以說是台灣人最愛的影片平台，亦是

目前影片創作產業最蓬勃的平台之一。接下來，筆者就根據 influencer（YouTube 數據分析和趨勢洞察平台）的分類，介紹幾種大受歡迎的影片類型，大家可以從中借鑑或是參考發想自己的影片類型。（因 YouTube 為目前最大平台，所以下述討論內容會以 YouTube 為主。）

1 日常知識分享類

代表人物／頻道：新絲路視頻、理科太太 Li Ke Tai Tai、Hello Catie、啾啾鞋。

知識分享類型的影片有非常多個不同的面向，有比較專業類型的科普分享，例如新絲路視頻、理科太太 Li Ke Tai Tai、啾啾鞋等，這類型影片十分考驗拍攝者的專業知識素養，筆者建議初學者如果想要拍攝此類型影片，務必選擇自己專精或有把握的知識領域，不然容易被觀眾挑出錯誤，鬧笑話外還影響到好不容易建立起的信任感。例如新絲路視頻的「真永是真」系列影片，即是以采舍出版集團的董事長為核心，再輔以旗下數十家出版社的社長，所推出的一系列讀書會精華影片。因為是出版集團主導，所以選擇了這樣搭配自身專業屬性的題材拍攝影片，自然大獲好評。

　　而另外一個類別則為日常知識分享，例如美妝評測、旅遊分享……等，這類別分享的內容比較親民，也較不屬於專業領域，只要你具有熱情就可以拍攝，筆者十分推薦影片創作的初學者投入這個領域。且 Google 官方數據顯示，有 62％的消費者在購買之前會上網查看相關產品的影片介紹，52％的消費者傾向購買有評測影片的產品，也就是前述提到的影響力行銷。所以此類頻道也成為最易於商業變現的 YouTuber 群體之一。

2 娛樂類

　　代表人物／頻道：這群人 TGOP、葉式特工 Yes Ranger、木曜 4 超玩、黃氏兄弟、反骨男孩 WACKYBOYS、STR Network。

　　根據 Ipsos（益普索市場研究股份公司）的《線上影片廣告：觀看情境對廣告的影響》報告發現，75% 台灣用戶觀看 YouTube 的目的是「放鬆」，其次是學習（41％）和體驗（37％），偏向消費平台上的被動型內容，因此娛樂類型的影片一直以來就非常受歡迎。

　　像是長年占據台灣 YouTube 訂閱數第一名的這群人 TGOP，就以經典語錄系列、超瞎翻唱系列、偽電影預告片系列等娛樂類型影片廣為人知，其中的成員更進軍戲劇界、唱片業等等。但筆者認為此類型影片較挑戰拍攝者的內容創意、攝影專業等能力，所以可能較不適合剛入門的初學者，若是初學者想拍攝娛樂類型影片，應審慎思考。

3 遊戲類

　　代表人物／頻道：阿神、DE JuN、菜喳。

　　遊戲類型影片非常廣泛，任何和遊戲相關的內容都可以被劃作遊戲影片的範疇。從遊戲硬軟件評測到遊戲實況，從遊戲音樂到遊戲服飾，遊戲

影片無所不包。而遊戲頻道也一直都是最受歡迎的 YouTube 頻道之一，像全球 YouTube 訂閱數數一數二的 Pewdiepie，目前訂閱數已破億，其頻道就是以遊戲類影片為主軸。

如今，電玩已成為競技運動的一種形式，也使得遊戲類影片快速崛起，獲得大眾青睞。Twitch 就是順應這個趨勢而興起的直播平台，每月有數以萬計的遊戲愛好者集結在這個平台上，分享遊戲的秘訣以及樂趣。

2014 年，Amazon 更以近十億美元收購 Twitch，可見遊戲市場的潛力無窮，且此類型影片通常只需要一個人就可以完成，不需要過多的專業拍攝技巧，非常適合對遊戲具有熱忱的影片創作初學者加入。另外，遊戲類型影片除了可以如上述類型一樣事先拍攝播放，也可以用直播的方式，與粉絲產生更直接的互動。

4 教育類

代表人物／頻道：阿滴英文、Jay Lee Painting、Pan Piano。

網路上的粉絲觀眾除了藉由影片放鬆休閒外，在現在的網路時代，很多時候影片也扮演了重要的教學角色。不管是學習語言、DIY、3C 產品使用教學，觀眾會為了各式各樣的理由主動搜尋相關影片學習。美國因地廣人稀，導致修理或購買商品需要前往較遠的市區，也使得居家與 DIY 類別的影片觀看數居高不下，平均每支影片的觀看數為七百萬，只低於榜首音樂類別的平均觀看數。

台灣目前的教育類影片大部份著重在語言教學，例如阿滴英文就是箇中翹楚，而 DIY 類型的中文影片相對較少見，還沒有較具代表性的頻道出現。而且還有相當重要的一點，那就是教育類影片比較不需要考慮專業拍攝技巧，只要構思有趣實用的企劃即可，因此筆者很推薦初學者投入。

　　另外，此類型影片也可以進階發展至線上課程的服務，若你的教學類型頻道已累積一定的觀看流量，那便可以將教學類影片進階為線上收費課程，讓自己的影片創作變現之路更為多元。而開設線上課程，除了學習相關拍攝影片的技巧外，更重要的是將鏡頭前的自己打造成一位有能力公眾演說的超級講師。那該如何站上舞台、成為講師呢？前面的 5~2 章節筆者已詳細敘述，若想了解更多講師培訓的課程，可上新絲路網路書店查詢更多相關課程資訊，或直接搜尋「新絲路 公眾演說」，亦可掃描 QR Code 參考相關課程。

⑤ 人物與部落客類

　　代表人物／頻道：蔡阿嘎、Joeman、白癡公主、鍾明軒。

　　這類型影片通常以影片主持人為主體，利用影片主持人獨特的吸引力、有趣的言談、特殊的生活日常來吸引觀眾。這類型影片的主持人非常重要，他們必須具備一個有趣的靈魂，才有辦法吸引觀眾的目光。以下為人物與部落客類型影片比較常見的分享類別。

　　第一，日常閒談。這也是現在於影音平台上最多的影片類型，也是拍攝初學者最容易操作的類項。不論是生活上的瑣事，還是對時事的針貶，抑或是對感情的想法，都可以是吸引觀眾眼球的題材。這些影片的興起源自於現代人對自我生活、政治、文化的想法和觀點，但又無處可談、無法抒發，於是藉由拍攝網路影片將自己的日常生活分享給其他人，造就觀眾認為「我也是這麼想的，你正是我的同伴」的想法，透過影片來營造同溫層，使得拍攝者和觀眾都獲得認同感，點擊率自然增加。

　　第二，VLOGs（影片部落格）。這就像是文字部落格的影片版，以影片寫日記的形式，記錄下日常生活和即時感想。VLOGs 展現了拍攝者

的日常生活，不大會有什麼特效和剪輯，這種原生態的方式拉近了拍攝者和粉絲之間的距離，展現拍攝者的親和力，讓粉絲將影片中的人物視為朋友，也為之後的商品置入或變現奠定基礎。

第三，開箱影片。開箱影片就是拍攝者打開商品並描述它的內容物，聽起來是不是覺得很無聊？其實，開箱影片著重在拍攝者第一次看到產品的反應，驚喜也好、失望也罷，影片中人物的情緒反應正是粉絲想要看的「重頭戲」。這種影片類型在影音平台上非常熱門，而且此類型影片也相對容易，對初學者來說，只需要打開一個 3C 用品、美妝保養品、生活用品的包裝，邊拆箱邊講話，然後將這一切錄製起來就可以了。

🔍 如何讓影片又好又有趣又生動？

解決了題材內容的選擇後，接下來就要進展到下一個問題──該怎麼說才能和那些線上的影片創作者一樣，講的又好、又有趣、又生動，還可以業配商品、商業變現呢？筆者分享以下幾個製作影片的細節，供影片創作初學者參考。

1 內容質量

首先是關於內容，上一小節已詳細敘述該如何選擇主題的問題，這裡要強調的則是內容的質量。為什麼要把內容的質量放在影片製作的首位呢？因為只要拍攝者的內容有達到一定品質，內容新奇有趣、吸引大眾眼球，那其他的攝影畫質、台風談吐等等，就都不是那麼重要了。所以，影片創作者務必在內容方面深耕質量，只要內容能取勝，就一定可以贏過一大半影片。

例如知名 YouTuber 老高與小茉 Mr & Mrs Gao，創立三個月即突破

十萬人次訂閱，十個月就突破百萬訂閱，2019 年 5 月開放會員功能時，更在短短兩天便獲得「YouTube 頻道會員全球增長最快」成就。

他們的影片沒有華麗拍攝手法，也沒有特別優秀的拍攝器材，只有簡單的背景、兩位主持人和豐富有趣的主題內容，就創造了一個百萬級別的頻道。所以，影片創作者務必優先琢磨自己的影片質量，之後再來思考業品商品、商業變現等操作。

2 談吐台風

第二是談吐和台風，這兩個特質可能比較難具體形容，因為它們都是看不見摸不到的東西，但卻是影響影片成功與否的一大關鍵。談吐和台風通常展現在一個人的氣質上，不管是面對鏡頭還是群眾時，都能夠進退得宜、落落大方，讓觀眾產生親近感、信任感，願意傾聽這個人所說的每個主題，也願意將這位拍攝者當成自己的朋友，讓他分享的東西成為自己日常生活的一部份。而台風則是一個人站在攝影機、相機、手機面前，不會表現出緊張害怕的情緒，可以有自信地、滔滔不絕地講述自己的想法。

例如知名 YouTuber Joeman，他的 YouTube 頻道於 2018 年 7 月達到百萬訂閱，為台灣第十八位達成百萬訂閱的創作者，之後也一直位居台灣前十名的 YouTube 頻道之一，並於 2020 年 12 月達二百萬訂閱數。他本身前職業電競賽評和科技公司產品經理的工作經驗，造就了他的談吐和台風，也讓頻道內容非常多元。不管 Joeman 談論什麼樣的主題，觀眾都會因為信任他而收看，自然也就培養了一批忠實的粉絲。

後製剪輯

如果在拍攝影片的時候，在談吐台風、內容質量方面真的比較不在行，那可以藉由後製剪輯的技巧補足。但筆者必須特別強調的是，內容質量和談吐台風沒有辦法完全靠後製取代，所以還是應該著重努力強化前述兩個方面，後製剪輯只是輔助其餘不足的部份。另外，後製剪輯是較為專業的技術領域，對於剛開始拍攝的影片初學者來說，可能需要一段時間的摸索，或是專業團隊的幫助。總而言之，初學者還是應該著重提升自己的技能，而不是想著靠後製剪輯彌補一切。

關於後製剪輯，可以觀摩知名 YouTube 頻道木曜 4 超玩，他們的後製剪輯就如同電視綜藝節目般，讓大家透過後製剪輯更加了解主持人的笑點和淚點，讓後製剪輯成為一個輔助加分的工具。不過很明顯地，木曜 4 超玩有專業團隊操刀，初學的創作者可能較難模仿其操作。但如果你希望可以學習更加簡易的剪輯技巧，用最簡單的工具剪輯出可以使用的影片，也歡迎上新絲路網路書店查詢更多相關課程資訊，或直接搜尋「泰倫斯魔法抖音」，亦可掃描 QR Code 參考相關課程。

🔍 身為攝影小白，我該買拍攝器材嗎？

前面講述的都是關於拍攝影片的「軟部份」，接下來筆者就要為大家介紹關於拍攝影片的「硬部份」，也就是拍攝器材的選擇。對於一個剛踏進影片創作領域的小白來說，不太可能願意花費高昂的金額投資攝影器材，事實上也沒有這個必要。那究竟該如何選擇拍攝器材？哪一些器材必買，哪一些又是非必要的呢？

1 相機或手機

對於剛入門的影片創作者，筆者建議大家不要在相機方面著墨太多，前述已提到過很多次了，影片的主題還有內容質量才是重中之重，這些的重要程度都遠遠超越研究畫質、光圈、焦距等等專業相機術語。所以，建議初學者在一開始使用手機錄影即可，現在的手機畫質已大大提升，對於初入門者來說已可以拍出非常優秀的影片。

2 收音麥克風

要想成為一位影片創作者，首先最應該投資的器材不是大家想像的相機，而是收音的麥克風。

為什麼呢？為什麼麥克風這麼重要，重要程度甚至超過相機嗎？

沒錯，因為聲音會影響觀眾收看的欲望，收音的音質、雜音情況、聲音清晰與否，皆會影響觀眾是否願意繼續收看你的影片，而不是打開十秒鐘就因音質不佳隨即關閉頁面，甚至對頻道產生壞印象，可見麥克風跟你的影片事業是息息相關的。

另外，投資一個良好的收音麥克風，除了可以在拍攝影片時使用之外，也可以在錄製影片之餘順便將 Podcast（近似於沒有時間限制的廣播）錄製完成，在同一時間完成兩項產品，一舉兩得。而關於 Podcast 的相關內容，筆者後面會詳盡介紹。

以下簡單介紹關於麥克風的一些專有名詞，讓大家在選購時有個方向。麥克風有很多種類別，最常見的有動圈式（Dynamics）、電容式（Condenser）、鋁帶式（Ribbon）三種。動圈式麥克風使用最被廣為使用，電容式麥克風的靈敏度和頻率響應則比動圈式麥克風好，且可捕捉到更多更細膩的細節。而鋁帶式麥克風則較為少見，聲音較為溫暖細膩。

另外，麥克風還有指向性的區別，分為全指向（Omni-Directional）、心型（Cardioid）、超心型（Super Cardioid）、槍型（Shot gun）。全指向麥克風能接收來自四面八方的聲音，但也代表可能會收到許多環境噪音與雜音。心型和超心型則能抑制來自背部和側面的雜音。槍型麥克風是利用更窄的指向性吸收較少面積的環境噪音，只專注收音一個方向，適合用在開放空間，較不適合狹小的密閉空間。大家可根據自己的需求或是影片的需求，選擇屬於自己的麥克風。

腳架

除了麥克風，另一個建議初入門者投資的拍攝器材就是腳架。不知道大家有沒有看過手持相機或手機拍攝的影片，鏡頭畫面晃動、人物無法清晰聚焦，看不到三十秒就讓人頭暈腦脹，想關閉影片。所以，拍攝裝置的穩定度是非常重要的，是觀眾是否將你的影片觀看完畢的要素之一。

在選擇腳架時，可以從以下幾個不同的面向著手。因筆者較建議初學者使用手機拍攝，因此以下皆以手機腳架來介紹。

✈ **不可彎折或可彎折：**腳架可分為站立式（不可彎折）與可彎折兩種類型，視使用場地、情境不同，適用的類型也相異，可依照平時使用頻率高的狀況挑選。站立式腳架有三支直立並能撐開站穩的支腳，且多可伸縮調節高度，推薦給在平坦處拍攝的影片創作者。即使高度調高後仍能保持相當穩定度，適合拍攝遠景的大海及山脈等，但較不適用於凹凸不平的地面。可彎折腳架的最大特徵是可將支腳調整成想要的形態，因此可設置在不平坦之處，除了擺放在地面之外，也能將它纏繞在扶手或樹枝上，並利用各式各樣的角度拍攝。適合

設置在動態物體上，例如腳踏車拍攝沿途風景，或近距離拍攝料理、鋼琴練習過程的手部動作等。

◢ **收納是否方便：**無論哪種腳架皆有推出輕量化、好收納的尺寸，收起後的長度不超過二十公分，部份腳架還可單獨拆卸夾座，讓時常需要外景拍攝的影片創作者方便攜帶。但若是四段伸縮的站立式腳架，大部份就算收折到最小狀態也會超過三十公分，所以較適合室內拍攝者，購買時要留意。

◢ **是否附有雲台：**「雲台」是指連結支腳與手機承載處的裝置，可透過它調整拍攝時的手機角度，而手機腳架附帶的通常是「球型雲台」或「三向雲台」。球型雲台可一次調節上下、傾斜度和水平方向，能省下不少時間，但缺點是無法分開調節其中一個，若拍攝者想要進行細微調查可能會有點難度。在拍攝時想要微調角度的影片創作者，筆者建議使用三向雲台，其附上每個方向專用的不同螺絲，可供使用者分別設定想要的角度。

4 燈光

　　燈光在此章節筆者介紹的攝影器材當中，可以說是最不推薦初學者購買的。為什麼呢？

　　第一，燈光器材可被自然光或室內光取代。其實只要在光線充足的地點，就自然而然可以倚靠自然光或室內燈光幫自己打光，不需要額外購買昂貴的拍攝專用燈光。所以在拍攝時，建議先場勘拍攝的場所是否有充足的光線可以使用，如此一來就可以節省一筆費用。

　　第二，燈光的調整是非常專業的。燈光的調整是一件非常專業的工作，對拍攝的初學者來說，要想掌握購買的燈光器材是非常困難的，倒不

如將時間花在深耕影片內容和主題，CP 值可能更高。

🔍 四大影片平台優勢&劣勢

在準備進入影片拍攝前，我們必須先思考一個問題，影片拍好之後要上架到哪一個平台？又為什麼要先思考這個問題呢？難道我不能一次統包、所有平台都上架嗎？當然可以，但我們必須先了解，每個平台都有自己的遊戲規則，也都有其受眾和客群，所以你最好選擇一個平台為主經營戰場，其餘平台則在游刃有餘後再慢慢經營，這樣才比較有效率。

那究竟該選擇哪一個平台呢？這並沒有什麼標準答案，拍攝者只要依據自己的使用習慣、影片類型、預計受眾群體，選擇一個最適合自己的平台就可以了。以下筆者就分別介紹目前獨霸影音市場的四大平台，供大家作為上架的參考。

1 YouTube

關於 YouTube 這個平台，前述章節筆者已詳細介紹過，且因為 YouTube 是目前台灣人最愛使用的影片平台，更是全球最大的影音平台，所以書中的許多數據都是根據這個平台討論，這裡就不再贅述介紹。需要特別注意的是，YouTube 的影片時間已漸漸地越來越長，在許多家庭當中，YouTube 更取代電視第四台的功能，甚至就連年長者也已成為 YouTube 重度使用者。

根據 Google 與 Ipsos 共同執行之《YouTube 使用行為大調查》顯示，五十五至六十四歲的台灣 YouTube 使用者中，有 81％的人每個月都使用 YouTube，61％的人每天使用 YouTube，44％的人每天觀看 YouTube 超過一個半小時。所以，如果你也想要上架至此平台，應該考

處該平台的全齡受眾，以及影片時長的問題，讓自己的影片可以被演算法順利推薦給需要的觀眾。

平台小檔案

* **成立時間：**2005 年。
* **總部：**美國加州。
* **創辦人：**陳士駿、查得・賀利、賈德・卡林姆。
* **母公司：**Google（2006 年至今）。
* **特點：**注意關鍵字 SEO、長時間帶狀節目受歡迎。
* **優勢：**影片時長沒有限制、網路搜尋排名第一。
* **劣勢：**影片時間較長需有空閒時才能觀看、各地區只能看見該地區的內容。

---

2 TikTok

抖音，全稱抖音短視頻，是一款在手機上瀏覽的短影音社交 App，由北京字節跳動公司運營。使用者可在 App 上錄製十五秒鐘至一分鐘的極短影片，且內建各式各樣豐富有趣的特效，還能輕易完成有趣的對口型（對嘴）影片，極受年輕人喜愛。

抖音短視頻為中國大陸之版本，另一個姐妹版本 TikTok 為海外發行，TikTok 曾位居美國 App 商店下載和安裝量第一名，並在日本、泰國、印尼、德國、法國和俄羅斯等地多次登上當地 App Store 和 Google Play 排行榜冠軍。

2018 年 6 月，抖音全球每月活躍用戶達五億，中國每日活躍用戶達一千五百億。2018 年上半年，抖音成為 App Store 下載量最多的應用程式，下載量估計達到一億，超過 YouTube、WhatsApp 和 Instagram 同一時期下載量。最重要的是，我們都知道所有 App 都希望自己的用戶趨

於年輕人，因為年輕意味著未來的發展潛力。而全球抖音使用者地年齡層有 85％是小於二十四歲以下的青少年族群，可謂下一個兵家必爭之地。

若你也想掌握年輕人的市場，提前布局未來的變現基地 TikTok，可上新絲路網路書店查詢更多相關課程資訊，或直接搜尋「泰倫斯魔法抖音」，亦可掃描 QR Code 參考相關課程。

平台小檔案

✱ **成立時間：**2016 年 9 月。
✱ **開發者：**北京微播視界科技有限公司（北京字節跳動了公司）。
✱ **特點：**熱門標籤使用、85% 的用戶在 24 歲以下。
✱ **優勢：**短影片當道、特效豐富多元、可以看到各國的影片。
✱ **劣勢：**影片時間最長 1 分鐘，需花費心思規劃內容。

3 Instagram

Instagram，主要功能為讓用戶用手機拍下相片或影片後，再添加不同濾鏡效果後，便能即時分享至 Instagram，甚至是 Facebook、Twitter 及 Flickr 等社群媒體。Instagram 的名稱取自 instant（即時）與 telegram（電報）兩個單詞，創始人稱靈感來白即時成像的相機，認為人與人之間的分享「就像用電線傳遞電報訊息」。2020 年，Instagram 的月活躍用戶已超過十億。

Instagram 的特色之一就是熱門標籤 #Hashtags，這個功能讓品牌可以光明正大的置入廣告，為商業變現帶來極大的便利性。例如，某天有個網紅發了一張佩戴某品牌手錶喝咖啡的照片，配上文字：「今天天氣真好。」就算這個網紅在發這一則貼文時，完全沒有提到任何關於此置入品

牌的內容，但只要在 Hashtags 標上 #×× 品牌手錶、#×× 品牌咖啡、#×× 品牌口紅，就可以自然而然地讓好奇此資訊的讀者看到，然後按進標籤搜尋更多資訊。

　　而且，日後只要有人搜尋上述熱門標籤，也可以搜尋到這一則貼文，讓這一廣告的效力延續。而這一功能也被抖音持續使用，所以筆者建議在經營這兩個平台時，務必標記相關熱門標籤，除了讓自己的影片可以被看見之外，也為日後的變現之路奠定基礎。

平台小檔案

- ✱ **成立時間**：2010 年 10 月。
- ✱ **創辦人**：凱文・斯特羅姆、麥克・克瑞格。
- ✱ **母公司**：Facebook（2012 年至今）。
- ✱ **特點**：以圖片為主體、輔以限時動態（15 秒的即時影像訊息）。
- ✱ **優勢**：使用者為目前主力消費者，適合年輕品牌宣傳。
- ✱ **劣勢**：影片規格有限制，只能使用正方形呈現。

 4　Facebook

　　Facebook，簡稱 FB。成立初期原名為「the face book」，靈感來自美國高中提供給學生包含相片和聯絡資料通訊錄的暱稱「face book」。Facebook 由馬克・祖克柏與他的哈佛大學室友們創立，最初只限哈佛學生加入，後來逐漸擴展到其他波士頓地區的學生，包括常春藤諸名校、麻省理工學院、紐約大學、史丹佛大學等。

　　截至 2020 年，Facebook 已有超過二十六億活躍使用者，但也因為成立時間為這四個平台中最早的，所以年齡層較為年長，不過也因此可以讓受眾群更為廣泛。筆者建議影片創作者可以拍攝較長時間的影片，然後

剪輯精華片段於 Facebook 上，引導觀眾轉連結至影片平台觀看完整版，把 Facebook 當作你可以觸及到廣泛年齡層的跳板。

平台小檔案

* **成立時間：**2004 年 2 月。
* **總部：**美國加州門洛公園。
* **創辦人：**馬克‧祖克柏、愛德華多‧薩維林、達斯廷‧莫斯科維茨、克里斯‧舒爾茨、安德魯‧麥科克倫。
* **特點：**各社團社群性強、較長文字貼文。
* **優勢：**創立時間較前三個平台久，使用者年齡較廣泛多元。
* **劣勢：**影片、貼文推播效果較差。

3 拍片的眉眉角角

相信很多人都非常害怕上台面對眾人講話這一件事，根據美國加州查普曼大學對人類恐懼事物的調查顯示，「公眾演說」位列前五大恐懼事物之一。它所帶來的焦慮程度，比死亡、飛行、蜘蛛、失火還要高出 10 至 20%。

站在攝影機前，除了緊張、緊張、還是緊張

站在相機或手機前錄影，也就等同於面對著眾人說話，焦慮程度也就等同於此了。那有什麼方法可以讓自己不這麼緊張嗎？在平常生活中，又該如何幫助自己練習在眾人面前說話而不害怕呢？以下筆者分享幾個小撇步，希望大家都可以順利擺脫恐懼，在鏡頭面前侃侃而談。

1 預先規畫自己的想法和說話重點

在錄影前，可以先將想要傳遞的訊息、重點寫下來，當你有系統、有組織地整理自己的想法和重點後，就可以更輕鬆、清楚地根據事先規劃的重點整理錄製流暢的影片。預先整理除了可以幫助自己有條理、不緊張地錄製影片之外，也可以讓觀眾對於影片的重點更加印象深刻。

除此之外，在最後剪輯後製時，也可以順便將重點整理以文字提點的方式放在畫面中，增添整體畫面的活潑氣氛，也讓不在狀況內的觀眾了解影片想要傳達的訊息。

用手機或相機自拍模式練習

在正式錄影之前，筆者建議可以先使用手機或相機的自拍模式練習，從自拍鏡頭內看到自己的樣子，以便修正。

這種練習方式的好處在於，你能夠藉由每次的練習，來審視自己的實際狀況，這樣就可以同時站在講者和聽者的角度，了解自己在講話過程中聲音語調和肢體動作的變化，進而改善和調整自己的聲音與肢體動作，也能在正式錄影時更有餘裕，不會手足無措。

當然，也可以將錄影檔案分享給親朋好友觀看，且最好是分屬不同年齡層、不同社群平台的使用者，這樣就可以得到更全面完整的回饋。

 ## 對著身邊的人練習

在正式錄影前，可以先對著自己的家人、好友、寵物練習。對著親友練習的好處是，可以直接獲得他們的回饋。因為親朋好友不僅是最熟悉你缺點的人，也是可以最毫不顧忌提供意見給你的人。

美國前總統羅斯福曾說：「我認為克服恐懼最好的辦法應是面對內心所恐懼的事情，勇往直前地去做，直到成功為止。」若想要克服上台、在鏡頭前說話的恐懼，就需要不斷練習面對恐懼，直到覺得自在為止。準備好上述所說的重點整理，然後不斷練習，最終一定可以順利在不看手稿的情況下，在鏡頭面前發自內心地表達自己想說的話。

放慢呼吸節奏、說話速度

在錄影的過程中,如果太興奮或太緊張,有的人會不由自主地加快呼吸節奏和講話速度而不自知,這時觀眾會聽的很吃力,錄製者也會因為生理和心理交互影響,而越來越緊張。

所以,務必練習放慢講話的速度,同時放慢自己的呼吸節奏。這樣不僅可以消除自己的恐懼和緊張,更加放鬆安定,最重要的是,可以讓聽眾聽得更為清楚。

 將緊張化為動力

緊張感其實就是腎上腺素上升產生的一種現象,所以我們也可以將緊張感視為鼓勵自己的正能量,藉由這股緊張的興奮感充滿熱情地錄製今天的影片,就像參加一場運動比賽,將身體的緊張感轉化為自己的動力一樣,讓這個弱點轉化為自己的強項。

 把心中的焦點放在要傳遞的訊息上

當你嘗試了上述幾種方法,卻仍無法消除心中的恐懼時,筆者在這裡分享一個釜底抽薪的辦法,那就是記得將自己心中的焦點放在——我正在傳遞一個我覺得非常重要的訊息。不要覺得螢幕前的觀眾會想要挑出你的錯誤,或是想看到你的失敗。對觀眾來說,他們想要看到的只是這部影片要傳達的觀點,所以請將心中的焦點放在「重要的訊息」上,只管義無反顧地說吧!自反而縮,雖千萬人吾往矣!

如果你還想了解更多上台不緊張的秘訣,讓你在鏡頭面前開口就能說,且條理分明、言之有物、創造個人舞台魅力和感染力,可上新絲路網路書店查詢更多公眾演說精采課

程，或直接搜尋「新絲路 公眾演說」，亦可掃描 QR Code 了解課程。

🔍 忘詞了怎麼辦？講不出話怎麼辦？

曾為《財星》五百大企業的執行長、專業創意人士和 TED 演說者提供指導的龐傑斯認為，如果你想到要上台報告，就緊張的想吐，那這個讓人緊張到崩潰的原因正是——「太想控制一切」。這裡的控制一切包括很多面向，除了心中對自己的高標準要求，希望整場演講皆非常完美外，還有不能有觀眾問奇怪的問題、不能忘詞、不能講超出自己講稿之外的東西、不能咳嗽、不能露出奇怪的表情……等等。

我們對於在眾人面前說話的自己，往往有著異於常人的要求，希望可以控制台上的一切，但我們都知道那是不可能的，我們不可能同時掌控這麼多不可控的因素。同理，「忘詞」這件事情也是如此。因為我們努力準備了逐字稿，在錄影之前一字一句地熬夜數個禮拜修改，每一個字都是錙銖必較、細細斟酌，只希望在正式錄影當天一字不漏地將自己的逐字稿講出來。但就是因為這樣「太想控制一切」的想法，導致我們更加緊張、更加無法從容，只要中間講錯了一個字就開始無所適從，越來越手足無措，最後因為巨大壓力而無法繼續錄製影片。

所以，我們應該做的就是，先寫好逐字稿，然後再拋開逐字稿。讓自己不再拘泥於逐字稿上的文字，而是聚焦在自己想表達的重點上，這樣就不容易產生忘詞的狀況。世新大學口語傳播暨社群媒體系教授游梓翔舉例：「武俠小說裡，練功時是一招一招跟著師傅打，但如果正式上場後，還呆板地按招式來，未能思考如何才能擊敗對手，就很難打贏。」如果將這個道理套用在說話上，意思就是——上台就要忘記「我講得好不好」，只要記得自己想和大家分享的想法。

　　游梓翔教授認為，站在眾人面前說話的關鍵在於講者想要傳達的想法，如果無法專注在想法上，想的都是台下觀眾怎麼看自己、自己好像沒有講到逐字稿上該講的，就很容易緊張。還有很重要的一點是，在傳遞想法時，一定要先讓自己對這個想法有熱情、有信心，用分享的熱情帶動自己的表現，若對想傳達、分享的事物懷抱熱情，恐懼就會自然降低。

　　另外，還有一個擺脫忘詞的小撇步，那就是將紙上的文字轉換為口語上的邏輯。許多人總困擾於「話講不清楚」，若想讓口語表達更有條理，就必須了解「文字邏輯」和「口語邏輯」的差異。文字表達的特徵是多層次且結構嚴謹；口語表達則以段落為主，前後連接少有層次。

　　例如，若一份文件有三個重點，我們可能會將內容分為「1 → 2.1 → 2.2.1 → 2.2.2 → 2.3 → 3.1 → 3.2」等層次，而閱讀文章的讀者也會認為這是一篇結構嚴謹的好文章；但若將相同的結構套用在口語表達上，反而會讓觀眾混淆。

　　口語表達的方式應該是「發生了什麼、然後因此發生什麼、發生什麼轉變、再造成什麼結果……」，也就是起承轉合。因此，在練習時可以先準備起承轉合，每個段落各用一句話摘要，然後找出更多說明與解釋（例如數據資料、實際案例、相關故事等），就可以錄製一段精彩的影片了。

🔍 不可不知的拍攝小技巧

　　在解決緊張、忘詞等問題後，接下來就要正式拍攝啦！影片拍攝的初學者對於光圈、構圖、近景遠景等專業術語的拿捏通常一竅不通，但在這個人人都可以拍影片的時代，這些專業技能對一般人來說其實也不是那麼重要。所以，如果你不是想要鑽研專業的攝影技巧的話，就只要多著墨於影片內容，再適時注意幾個小技巧，就可以拍出優秀的影片囉！

以下筆者就分享 TikTok 官方列舉的影片類別中的拍攝小技巧，幫助大家針對影片的類型掌握拍攝要點。

 美食類

- **挑選當季食物：**較容易引起觀眾共鳴，例如冬天拍攝熱湯圓、薑母鴨；夏天拍攝霜淇淋、剉冰。
- **網紅食物：**跟上流行，搶先拍攝最新的網紅美食、網美餐廳，影片會更吸睛。
- **療癒抒壓：**療癒畫面會讓影片更加受到歡迎，也可以適度增加 ASMR。例如重點拍攝舒芙蕾翻面時的軟嫩畫面。
- **重點呈現：**每個製作步驟或餐點都點到為止即可，太冗長容易分散觀眾注意力，也讓他們沒有耐心看完整部影片。
- **完整性：**切勿只拍製作過程，也要拍到成品，還可以適當拍攝食物剖面等，影片才會更加完整。

2 知識類

在知識類型的影片中，可以用「疑問→解釋→結論→互動」的架構來進行，這樣的影片架構不僅完整，更能勾起觀眾的好奇心以及繼續觀看影片的渴望。

- **疑問：**「據說康熙皇帝不是要傳位給第四子雍正，而是要傳為給十四子胤禵，只因為遺詔被人為竄改？」
- **解釋：**「其實這樣的謠言在坊間已流傳許久，今天我就來告訴你康熙皇帝到底是要傳位給誰？誰才是真正的下一任皇帝呢？其

實⋯⋯」

> **結論：**「所以，下次如果有人再跟你說這個謠言，或是詢問你這個問題，你就可以毫不猶豫告訴他們，純屬子虛烏有！」

> **互動：**「你還想知道哪些關於歷史上的謠言呢？在評論區留言讓我知道吧！如果你想了解更多歷史小知識，別忘了按讚、訂閱、分享，並且開啟小鈴鐺哦！」

3 運動類

> **生活化：**主題應貼近日常生活，更容易獲得觀眾好感和共鳴。例如，整天坐辦公室小心屁股變大，十分鐘讓你維持好身材！

> **簡單：**讓非專業人士一看也覺得自己可以做得到，使影片內容平易近人。例如，在家不用器材，十天就能練出腹肌！

> **專業技術：**例如高空彈跳、潛水、跑酷（將各種建築設施當作障礙物或輔助，在其間迅速跑跳穿行）等，拍攝一些酷炫的畫面，絕對會很吸睛。

✈ **專業：**運用自己的專業知識，拍攝比賽分析、講解等相關內容。

4 開箱類

✈ **影片結構：**開頭介紹、中間說明、結尾結論。

✈ **重點呈現：**為了避免觀眾失去耐心，產品的亮點應盡早出現，不要拖到影片中後段才開始介紹。

✈ **粉絲互動：**適當在結尾增添互動語句，如「你們吃過嗎？覺得如何？」、「看完影片，你們會不會想試試呢？」等，吸引觀眾留言互動。

5 搞笑類

✈ **腳本：**即便是最簡單的短劇拍攝，筆者還是建議先寫好腳本，因為梗的鋪陳和每一橋段的時間分配都相當重要，拿捏好才能獲得最佳效果。

✈ **音效：**配合劇情適時搭配輕快的背景音樂、罐頭笑聲等音效，會使影片更為豐富完整。

✈ **鏡位：**適時特寫搞笑表情或場景，能讓畫面更加分。

✈ **設備道具：**如果影片中有對白，要注意收音需清楚，不宜有太多雜音，需要時也可以使用小道具讓畫面更豐富有趣。

若想了解更多關於拍攝上的技巧，尤其是針對 TikTok 這個未來的兵家必爭之地，提前掌握未來年輕族群的市場，可上新絲路網路書店查詢更多相關課程資訊，或直接搜尋「泰倫斯魔法抖音」，亦可掃描 QR Code 參考相關課程。

手機就可以剪輯影片

在使用相機或手機拍攝完影片之後，接著就要進行另一個重要步驟，那就是剪輯後製了。剪輯後製其實是一項非常專業的技能，電視節目的幕後就有一大批工作人員專門負責影片剪輯。對於拍攝影片的初學者來說，要達到像電視節目甚至電影那樣的後製效果，可能需要尋求專業團隊的幫助；但如果只要影片簡單清晰、美觀易懂的話，那自己就可以獨立完成了。而且在現在這個手持裝置當道的時代，我們可以直接用手機拍攝影片，然後直接使用手機剪輯 App 後製，所有步驟都可以在手機上完成，是不是非常方便呢？

以下筆者分別介紹兩款推薦給手機族使用的剪輯軟體，另外也推薦幾款電腦剪輯軟體，讓還是習慣使用電腦作業的影片創作者們使用。

1 IOS 系統：iMovie

iMovie 為 Apple IOS 系統專用的軟體，以畫面乾淨簡潔、操作簡單為特色，有電腦和手機版本，這裡僅介紹手機版。首先，剪輯影片的第一步是新增計畫案。當你第一次打開 iMovie 時，會看到「計畫案」的畫面，可以選擇「新增」，創建一個新的「影片」或是「預告片」。

影片就是一般的影片剪輯模式，形式可以是影音或照片。預告片則包含一些內建模板，可以製作各種具有專業品質的影片，主題涵蓋了冒險、羅曼史、友情和劇情片等，每個模板皆可自訂文字，並加入自己拍攝的影片。

第二步是匯入拍攝的影片。依照自己的想法匯入拍攝好的影片、照片或是網路上的各式素材。

第三步就是剪輯影片，可以依照自己的想法，剪去非必要的片段，

適時加入其他素材，增添影片的豐富度。而在影片當中，音樂是影響觀眾情緒起伏的一大重點，只要音樂選得好，就可以為你的影片大大加分。iMovie 也有許多內建音效與音樂可以選擇，也可自行下載免版權的音樂作為背景音樂使用。

另外，iMovie 中也內建了許多簡單但富有質感的轉場動畫，只要在剪輯影片時穿插幾個轉場動畫，就能帶動觀眾的情緒起伏，並將影片中的畫面連貫起來，讓觀眾彷彿身歷其境一般。

Android 系統：小影

小影 App 為適合 Android 系統手機族使用的剪輯軟體，它的功能非常齊全，且具有各式各樣的濾鏡和素材，使用這個手機軟體即可剪輯出媲美專業的影片。

首先，剪輯影片的第一步是按下影片剪輯，就可以新增自己想要後製的相關影片。

第二步，插入自己拍攝的影片或是相關素材，可以一次選取單個，或是一次選取多個。

第三步，開始剪輯影片。下方的功能列具有各式各樣的功能，利用此App 即可完成相當具有水準的影片了。

2 PC 專用：威力導演、final cat、premiere

若習慣在電腦上剪輯後製，則建議使用威力導演、final cat、premiere 這三個軟體，對於初學者來說比較好上手，也能夠剪輯出效果絕佳的影片。

偷吃步快速上字幕

在台灣不管是手持裝置上的影片，還是電視裡的傳統節目，幾乎所

有影都是有字幕的。而絕大多數的影片創作者只要聽到「上字幕」三個字，可能就開始愁雲慘霧，眼睛前方一片漆黑。為什麼呢？因為上字幕是一項非常繁瑣的工作，除了聽打文字，還必須校對文字，最後更要將文字和聲音整合地分秒不差，是一項極耗費時間與精力的任務。

那有人會想問，既然這麼麻煩，一定要上字幕嗎？不能直接將影片上架嗎？其實這是習慣問題，在台灣觀看影片時，不管綜藝節目或是電影，人們都習慣看中文字幕，但歐美國家其實都沒有上字幕的習慣，所以上不上字幕是見仁見智。像許多剛起步的影片創作者，因為沒有團隊可以分擔工作，所以常常沒有上字幕，僅專注於影片的內容和質量。

但是，既然我們的影片要投放於中文市場，那就必須符合受眾的需求，所以筆者仍建議大家上字幕。而且對於一些在公共場合無法開聲音觀看的觀眾，如果上了字幕，就可以吸引他們收看，進而增加點閱率。另外，如果是想要經營 YouTube 的影片創作者，就更要上傳 YouTube 的 CC 字幕了，因為上傳的 CC 字幕也可以成為該隻影片的關鍵字，讓觀眾更容易搜尋到我們的影片，進而增加曝光率和點閱率。以下就推薦一個筆者自己操作多次，且認為最快速上字幕的方法。

1 影片與聲音分離

首先，我們必須先將拍攝好的影片中的音軌分離出來，我們才能將聲音丟進其他軟體中識別文字。而這個分離聲音的功能在各大剪輯軟體（威力導演、final cat、premiere）都有，這裡就不再贅述。

2 建立文字的檔案

將影片與聲音分離之後，筆者推薦大家使用 pyTranscriber 這個免費

軟體，可以將影片內的聲音轉成文字檔，直接於電腦中搜尋 pyTranscriber 下載就可以了。

下載並開啟軟體之後，按下左上方的 Select files，選擇剛剛分離好的聲音檔（MP4 或 MP3 格式）。

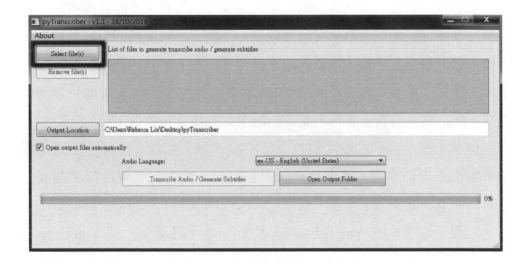

接著按下視窗下方的 Audio Language，選擇這部影片的主要語言，大部份應該都是選擇繁體中文。如果一部影片的主要語言是中文，但裡面會參雜一些英文，還是可以選擇繁體中文。

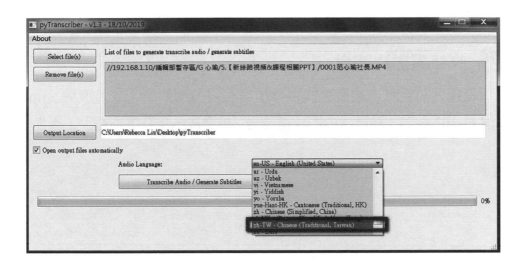

最後按下 Transcribe Audio / Generate Subtitles，就可以開始產生字幕檔案了。

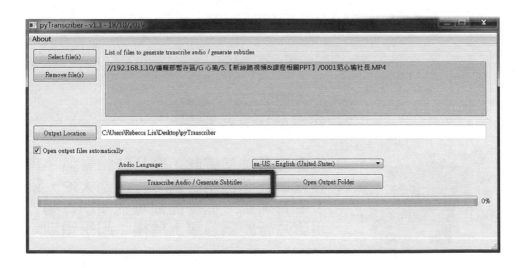

pyTranscriber 產生的字幕檔案，除了會有文字之外，還會產生時間軸，中文辨識的結果雖然可能有些許文字上的錯誤，但仍是可接受的，最

後只要花一點兒時間校對即可。

 文字與影片結合

　　最後，只要將上述產生的字幕檔案利用剪輯軟體（威力導演、final cat、premiere 等）與原本的影片檔結合，就完成上字幕這項浩大工程啦！

魔法影音行銷班

行動流量強勢崛起，影片行銷當道，現在就拿起手機拍影片，打造個人IP，跟上影音浪潮，從被動觀看到積極行動，用影片行銷讓您讓上層樓！超乎預期！

趕緊掃描QR Code，
一支手機，
就讓全世界看到您！

 **粉絲變現、導引流量**

「演算法」這三個字在近幾年非常火熱，常常會聽聞 YouTube、Facebook 又改演算法，許多粉絲專頁、YouTuber 紛紛跳腳的新聞；還有人工智慧圍棋軟體 Alpha Go 一戰成名後，也很常聽見大家討論人工智慧演算法等等。

🔍 博大精深的平台演算法

那演算法究竟是什麼呢？這跟影片拍攝有什麼關係嗎？

從定義上來說，演算法就是「由有限步驟所構成的集合，可以用於解決某一個特定的問題」，聽起來很深奧對吧！

舉例來說，如果我們今天想要解決一個特定的問題，例如煎一顆荷包蛋，那就會產生以下幾個步驟：

- ✈ 從冰箱拿出一顆雞蛋。
- ✈ 簡單清洗雞蛋。
- ✈ 拿出煎鍋和鍋鏟。
- ✈ 將適量的油倒入鍋中。
- ✈ 將雞蛋打入鍋中。
- ✈ 待雞蛋一面大致煎熟後，用鍋鏟將雞蛋翻面。
- ✈ 待雞蛋兩面皆熟透後，用鍋鏟將雞蛋鏟入盤子。

　　上述七個步驟就是「煎一顆荷包蛋」這一特定問題的演算法。而在電腦網路的領域也是如此，我們透過設計一連串的指令、動作，然後讓電腦執行，以協助我們解決許多大大小小的問題。其實，演算法就是一種解決問題的邏輯思維，而這樣的思維邏輯可以像上述所說的用文字表達，也可以透過代碼、流程圖、電子電路、數學等方式描述。

　　若將這個演算法運用在各大影片平台上，影片平台就可以藉由演算法，推薦觀眾他們感興趣的影片，或是推薦觀眾平台想要用戶看到的影片。因此，若你想要讓自己的影片更容易出現在推薦首頁上，那就必須先了解演算法的運作方式。

 **YouTube**

　　Google Taiwan 官方曾在一次線上媒體聚會「Decode Google ──解密 YouTube」中，詳細解說關於 YouTube 演算法的許多細節。

　　Google Taiwan 表示 YouTube 演算法是依「觀眾觀看行為」而改變，為了持續提供觀眾安全的社群環境及喜愛的影片類型內容，YouTube 建立了演算法協助推薦平台上的影片。演算法會依照觀眾的觀看行為進行影片推薦，綜合考量影片觀看次數、被觀看的長度、觀眾參與度、觀眾過去搜尋的內容等因素。當觀眾的喜好變動反映在具體觀看行為上時，演算法也會跟著動態調整，以確保推薦影片能持續滿足觀眾的喜好。

　　另外，目前的 YouTube 有「黃標」機制，很多 YouTuber 認為該影片被黃標，就代表著該影片無法安插廣告，進而導致該影片無法獲利。其實，Google Taiwan 表示黃標機制的宗旨是為了提醒創作者，如果影片違反暴力、仇恨、菸草等十二項不宜放送廣告的內容主題，該影片內容將不適合廣告主投放廣告。然而，每個廣告主皆有不同的投放需求及偏好，部

份廣告主可能願意投放廣告在某些被黃標的影片類型，所以黃標分為「不能營利」與「部份營利」兩種。

那要怎麼做才可以讓自己拍攝的影片不被黃標政策影響呢？遺憾的是，目前沒有什麼具體的方法，只能遵照 YouTube 的遊戲規則。但我們可以在上傳影片時，先將瀏覽權限設為「不公開」，確認影片的營利狀態後再公開發布；若為黃色圖示，創作者可以在公開發布前提出申訴，或是編輯修正內容，避免發生黃標問題，影響到發布規劃；若顯示綠色圖示，則可立即公開發布影片。

2 TikTok

TikTok 曾於部落格發表「How TikTok recommends videos #ForYou」，公布該平台「為你推薦」（For you）的運作機制，也就是平台演算法的操作方式。

近年來，TikTok 之所以能夠異軍突起，在全球火紅的關鍵原因之一就是，當用戶點開 TikTok 後，「為你推薦」頁面會出現一連串瀑布流式的短影片，然後藉著客製化推薦判斷該用戶可能喜歡的內容，且這些內容不一定是用戶已追蹤或關注的帳號，讓用戶欲罷不能地一直划、一直划、一直划，藉此創造極高的黏著度。

TikTok 透露，「為你推薦」頁面會基於計算用戶與 TikTok 的互動使用情形，決定推薦影片出現的順序，通常主要考量用戶是否對該類影片按讚或評論、用戶追蹤哪些帳號、用戶拍攝哪類影片等，以及其他因素，例如使用語言、地區、裝置等，以確保 TikTok 能客製化推薦用戶會喜歡的影片內容。TikTok 也會針對用戶提出的負面回饋作為推薦因素之一，如果用戶點擊「不感興趣」，或是對影片選擇隱藏，TikTok 則會減少該

類影片出現的機率。所以，筆者建議大家若想要經營 TikTok，單個帳號的影片類型最好一致，這樣演算法才更容易辨別帳號的影片類型，當有人喜愛該類型時，演算法便會優先推薦那些影片類型明確的帳號。

而 TikTok 的搜尋機制以標籤為主，和 Instagram 差不多。但影片標籤建議以四個為限，不用太多，過多的標籤不僅無法增加影片流量，還可能讓系統無法將影片推播給精準受眾。另外，TikTok 的標籤選擇有一個特殊的機制，那就是可以搜尋該標籤的觀看數。所以在選擇標籤前，建議先搜尋該標籤，然後以最熱門、觀看數越多的標籤為主。

〈	發佈	
#正能量		
# 標籤　@好友		選取封面
#正能量		385.4M 次觀看
#正能量女孩		16.4M 次觀看
#正能量家族		17.1M 次觀看
#正能量語錄		4.8M 次觀看
#正能量语录		3.5M 次觀看
#正能量視頻		606 次觀看
#正能量傳遞		4.5M 次觀看
#正能量传递		4.5M 次觀看
#正能量笑容		3.5M 次觀看
#正能量勵志		601K 次觀看

當然，TikTok 上傳影片的時間也非常重要，以筆者經營 TikTok 的經驗來看，中午十二點、下午五點、晚上九點這三個時段是線上人數最多的時候，所以建議在這幾個時間點上傳影片，才能有效增加曝光量。

若你想了解更多 TikTok 的演算法秘辛，或是經營 TikTok 帳號的實務經驗，讓帳號在短短一個月便衝破百萬觀看次數，可上新絲路網路書店查詢更多相關課程資訊，或直接搜尋「泰倫斯魔法抖音」，亦可掃描 QR Code 參考相關課程。

3 **Instagram**

根據 Instagram 官方表示，總共有六個主要因素會影響 Instagram 上的內容排序，分別為興趣（Interest）、關係（Relationship）、時效性（Timeliness）、頻率（Frequency）、追蹤（Following）、使用度（Usage），其中三個是筆者認為想要經營 Instagram 者需要特別注意的：

✈ **興趣（Interest）**：演算法會預測使用者對這個主題內容的感興趣程度。當 Instagram 認為使用者喜歡什麼樣的內容，同類型的內容就越容易出現在動態消息上。而該計算方式是透過使用者過去在 Instagram 上的行為以及統計資料推算的，行為則包含各種面向，例如在誰的貼文下留言、點了誰的愛心、被標記在什麼樣的貼文下、看了什麼限時動態、跟哪一個朋友互動最緊密……等等。

✈ **關係（Relationship）**：演算法會統計使用者與追蹤者間關係連結的程度。為了顯示使用者最在意的貼文內容，Instagram 會計算使用者的所有互動，了解哪個帳號跟該用戶的關係最為緊密。例如，如果 A 很常在 B 的貼文下留言或很常被 B 標注，那演算法就會把 A、B 帳號歸類在「很親近」的類別。所以，在經營 Instagram 帳號時，筆者建議定時發布限時動態或貼文，並想辦法創造高互動率，這樣才能確保你跟粉絲之間的關係緊密，讓演算法更容易將你的貼文出現在動態消息上。

✈ **時效性（Timeliness）**：演算法不只關注互動率，更會計算使用者多久前發布這篇貼文，因為他們想讓用戶接收到最即時的資訊。所以，筆者建議應該調查並確認自己希望經營的受眾，找出該群用戶哪個時間最常上線，然後在該時間點發布限時動態或貼文，如此一來就可以創造出較高的點閱率與互動率。

另外，Instagram 的搜尋通常也是以標籤為主。Instagram 的標籤是可以讓別人看到你文章的關鍵，所以可以盡量多放，能想得到的標籤通通都可以放上去，不管中文、英文，放就對了！

4 Facebook

Facebook 的社群黏著度非常高，Facebook 官方也曾宣布，相較於企業上傳的貼文，家人、朋友或社團上傳的貼文，更容易出現在使用者的動態時報上。而且，Facebook 的使用者可以將任何人上傳的貼文設定為隱藏或回報為垃圾訊息，一旦使用者利用這樣的功能，就表示該則被隱藏或回報為垃圾訊息的用戶所發布的訊息顯示優先度會降低，如果想要經營 Facebook 帳號，就必須特別注意。不過，這其實也只是構成演算法的要素之一，只要互動率高，還是能夠提高曝光，並且創造廣告機會。

筆者總結一下以上所提到的演算法，總而言之這些平台演算法不外乎

以下三點，發文頻率、發文內容、發文時間。只要有定量的發文，平台就容易將貼文露出在用戶主頁；只要發布用戶感興趣的主題，就容易增加互動率，進而讓平台主動推播你的貼文；只要觀察受眾的在線時間高峰，並且在該時間發布貼文，也就可以創造高互動率，進而提升廣告效率。

粉絲變現四大招

關於將自己的影片商業化，進而可以變現的這一條道路，筆者建議對於影片初學者來說，現階段最重要的還是應該優先產出好的內容，然後藉由好內容吸引粉絲、培養粉絲，最終在粉絲數以及訂閱量皆達到一定的成績時，再開始考慮利用連結或影片內置入行銷達到變現的成果。

千萬不要一開始就因噎廢食，馬上想著推廣告、推商品、推品牌，最重要的應該是回歸初衷產出優秀的內容，然後藉此吸引粉絲最終變現。而當前的網路變現方式有以下幾種：

1 平台分潤：YouTube

關於平台分潤，也就是當該平台有廣告商下廣告時，會將利潤分一部份給影片創作者，讓創作者和平台共榮共好。目前僅有 YouTube 有此制度，而 YouTube 的平台分潤方式有以下幾種：

- **廣告收益：**透過插入於影片前、影片中、影片後的廣告賺取廣告收益，而影片創作者可根據比例分潤。
- **頻道會員：**若粉絲定期支付月費，就能加入該頻道的會員，可享有該名 YouTuber 提供的特殊獎勵，通常為會員專屬影片、會員專用徽章等等，頻道也可因此分潤。

（此段為頁面小圖標）**商品專區：**用戶可瀏覽及選購該頻道頁面中的官方品牌商品。

超級留言、超級貼圖：粉絲可購買超級留言或超級貼圖，他們的訊息就會以醒目方式顯示在聊天室對話中，而頻道也可因此分潤。

YouTube Premium 收益：YouTube Premium 為 YouTube 的會員機制，與頻道會員不同，用戶定期支付月費，即可享受觀看任何影片皆沒有廣告的資格。如果訂閱 YouTube Premium 的觀眾觀看該頻道內容，該頻道亦可獲得訂閱費用分潤。

2 廣告置入：YouTube、TikTok

影片的廣告置入通常區分為兩種，一種是平台官方置入，一種是創作者自己置入的。平台官方的置入，如同上述所提到，目前僅有 YouTube 平台會將廣告的利潤分一部份給影片創作者。另一方面則是創作者本身自己置入的，很多創作者會設立自己的品牌或是商品，然後會在影片中或是影片結尾插入自己品牌的商品廣告，藉由本身頻道的流量還有粉絲對於自己的信任和忠誠度，推廣自身品牌或商品。

業配合作、活動邀約：YouTube、TikTok、Instagram、Facebook

　　我們可以藉由拍攝影片、經營頻道，當紛絲累積至一定數量時，就自然而然會有廠商接洽業配合作或是活動邀約。但在業配合作的時候，大家必須特別注意兩個部份，一是業配的頻率與在頻道影片中的占比，二是業配產品應直接表明為業配。

　　第一，業配的影片數量不能占頻道整體太多，且業配頻率不能過高，因為粉絲看你的影片，就是基於信任你或是喜歡你，希望了解你分享的事物。如果每天打開你的影片全都是業配，久而久之，粉絲漸漸對該頻道失去興趣。這樣的做法只會消耗該頻道和創作者的人氣和粉絲，雖然業配能讓你在短期內獲得高收益，但無法維持長期穩健的發展。

　　第二，現階段業配大多會直接表明為業配，以避免消耗該創作者在粉絲面前的信任度。就像韓國 YouTuber 業配事件一樣，韓國女團成員 Davichi 姜珉炅與女星韓惠妍在 YouTube 影片中露出特定商品，並談到使用感受，但卻隱瞞該產品是廠商付費合作的事實。而後，一位擁有一百三十萬訂閱的 YouTuber 拍影片質疑其他 YouTuber 在進行不實業配，有許多 YouTuber 接二連三地出面致歉、宣布暫停頻道更新或關閉頻道，且個個皆是擁有百萬訂閱以上的高人氣 YouTuber。所以我們應該引以為戒，當廠商想要業配卻要求創作者隱瞞時，務必思考清楚，到底是愛惜羽毛重要，還是賺一時快錢比較重要，孰輕孰重要能分辨。

直播帶貨：Instagram、Facebook

　　Facebook 創辦人馬克・祖克柏在 2010 年時曾說：「我猜測下一個爆炸性成長的領域將會是『社群電商』。」如今，在 Instagram、

Facebook、TikTok 等社群平台直播帶貨，確實已成為常態。這樣不僅可以讓使用者看完直播後直接透過「社群電商」購物，還可以藉由社群的傳播力，讓買家彼此之間交換消費體驗，有助於廠商的口碑行銷操作。

直播帶貨最具代表性的人物非「口紅一哥」李佳琦莫屬，他曾與阿里巴巴創辦人馬雲進行直播 PK 賽，創下一分鐘賣出一萬四千支口紅的記錄，也證明直播帶貨這一變現模式的經濟價值不容小覷。

有人將李佳琦與其他同為淘寶直播主的網紅進行比較，認為李佳琦與他人最大的不同來自於「多平台經營」，他跳脫侷限於淘寶的框架，根據不同平台的特性，經營不同的內容，不讓自己侷限在單一平台中，成為他成功的關鍵。我們可能無法學習李佳琦這樣的直播帶貨方式，但卻可以借鑒他的精神，在現今這個變化萬千的網路時代，讓自己具有彈性，根據不同平台經營不同內容，適應性極強；我們亦可以學習李佳琦的「變色龍精神」，套用在其他各大平台，讓我們的影片創作之路更為順遂。

綜合上述幾種粉絲變現模式，筆者認為最重要的應該仍是先鑄出優秀的內容，然後將自己打造成具有流量的網紅、KOL、影片創作者，然後才在與粉絲建立的信任機制下，向粉絲推薦自己的產品、業配的產品、帶貨的產品，將自身具備的流量變成金光閃閃的商機。

🔍 品牌、商品置入法則

前述文章已介紹過廣告置入、業配合作等粉絲變現的方式，那接下來筆者就要跟大家分享，影片創作者該如何置入自己的品牌，或是與廠商配合的廣告商品呢？以下幾個置入廣告的方向供讀者們參考。

為商品打造專屬角色

若想要置入的物品贏得觀眾的心，最有效的作法就是配合頻道屬性，尋找正確的品牌或商品投其所好，然後為商品在節目中設計一個專屬的角色。針對粉絲的興趣，挖掘消費者的潛在需求，為品牌定位戲劇角色，讓商品自然而然地成為影片中的一份子。

例如，拍攝一段在松山機場搭乘國內線的旅遊影片時，過馬路步行至機場時，旅行箱不甚被機車擦撞，旅行箱雖然倒了卻沒有絲毫刮痕。整部影片沒有提及旅行箱的耐刮耐磨程度，但觀眾卻能經由這個影片了解——旅行箱就是大家出遊最佳的必備良伴。

2 營造影片氛圍

在拍攝置入廣告時，可以在影片中營造適合該商品的氛圍，有助於讓觀看者身歷其境並感同身受，進而對品牌產生認同及好感度，也就是將對的產品放在對的地方，就能抓住潛在消費者的目光。

例如在業配酒精類飲品的時候，與好友小酌暢聊，話題可以較為深入內心，創造一種與好友深夜談心時就該搭配這一款飲品的氛圍。

3 以故事包裝商品

利用影片的內容講述一個兼具生活感與幸福感且具共鳴的故事，藉由人與人之間關心、體貼的提醒，適切地傳遞商品或品牌的價值，如此便能有效吸引觀眾注意，擊中觀眾內心。

4 讓觀眾自願被洗腦

若能正確掌握商品的特性，然後再透過影片主持人備受喜歡的特點借

力使力，那即便是「硬置入」廣告進行品牌洗腦，觀眾照樣無法抗拒，捨不得略過，進而開創銷售商機。

例如知名 YouTuber「HowHow」，他的業配影片就結合「以故事包裝商品」和「讓觀眾自願被洗腦」兩個要點。他的業配商品影片，皆以幽默搞笑的故事為主，透過有趣生動的劇情，讓觀眾不自覺地一直看下去，也自願被他洗腦。

 搭配社群互動

想要抓住現代網路時代人們的眼球，就要善加利用社群互動，除了在平台上發布影片之外，更應該在後續與社群持續互動，讓該商品的話題持續發酵。

這樣不僅能增加商品討論度及能見度，更能藉此帶起社群互動、引發話題，甚至進一步與粉絲對話，將商品或品牌價值傳達給消費者，為該次業配產品加分。

5　影片到聲音的革命：Podcast

2019 年起，全球最大串流音樂服務平台之一的 Spotify 開始積極搶攻 Podcast 市場，掀起 Podcast 狂潮。自此 Spotify 不再只與唱片公司合作，大肆收購多家 Podcast 公司，是少數同時具備歌曲及 Podcast 音檔內容的平台。

2020 年，美國 Podcast 王牌節目《The Joe Rogan Experience》獨家授權在 Spotify 播放，合約金逾億美元。此外，美國新聞界的「奧斯卡金像獎」普立茲獎也於 2020 年新闢「聲音報導獎」（Audio Reporting），台灣卓越新聞獎也宣布增設「Podcast 新聞節目獎」。

🔍 廣播版 YouTube：Podcast

有人把 Podcast 形容成「聲音的 YouTube」，雖然有些 Podcast 也有影像，但大多數 Podcaster 更著重如何藉由聲音呈現內容，讓聽眾聚焦在談話的部份，類似廣播和電視的區別。

由於 Podcast 跟廣播一樣只需要用聽的，所以在無法一直盯著螢幕的狀態下（例如開車、跑步等等），收聽 Podcast 可達到消磨時間，又寓教於樂的功能。

台灣的 Podcast 從 2019 年下半年開始爆炸性成長，2020 年因為 COVID-19 疫情的影響，大眾減少外出選擇待在室內，再加上各路人馬紛紛加入搶食 Podcast 大餅，所以 2020 年又被視為台灣 Podcast 元年。在 Google 搜尋趨勢上，Podcast 的關鍵字搜尋量在 2020 年 8 月達到最

高峰。根據台灣 Podcast hosting 平台（Podcast 代管平台）Firstory 調查顯示，2020 年上半年，Podcast 中文節目數量的成長率就高達 2100％，從 2020 年 4 月開始，每個月就有超過百檔以上的新節目開播。

而台灣 Podcast 平台 Sound On 發布的首篇《2020 H1 Podcast 產業調查報告》指出，台灣 Podcast 節目聽眾的男女為四比六，未婚與無子女者占大多數，達 80％以上。有六成聽眾為二十三至三十二歲的職場新鮮人，近 95％的聽眾擁有大學以上學歷，月收入達五萬以上的高含金量族群更占近四分之一。從這裡可以看出， Podcast 不僅跟影片一樣可以提高自身流量，背後所帶來的商機也相當可觀。

據調查，有近 50％的聽眾曾於收聽 Podcast 時有過付費行為，近 15％聽眾購買過節目中的廣告商品，有 30％以上的聽眾表示未來願意付費購買節目中的廣告商品、訂閱播放器或參加線下活動。在用眼睛看的影音經濟已趨近紅海的情況下，不妨考慮用耳朵聽的聲音經濟，這塊領域依舊是藍海等待我們逐步挖掘。

1 Podcast 是什麼？

Podcast，是由 Apple 公司的產品「iPod」（可攜式多功能數位播放器）和「broadcast」（廣播）混成而成的單詞。

Podcast 作為一種媒體形式，是由節目主持人或 Podcast 製作者先錄製好音檔，然後放在各大 Podcast 平台上，供聽眾隨時隨地下載聆聽。Podcast 最大的特色之一便是使用「聆聽」的方式，以因應現代人忙碌的生活模式，隨時隨地都需要接收各式各樣不同的資訊，必須同時做兩件事情，甚至是三件事情。因此，只需要使用耳朵的 Podcast 廣受大家喜愛，讓現代人可以一邊做家事、開車、運動、工作，一邊享受 Podcast 的陪

伴，快速在市場中竄出。

而 Podcast 又跟傳統的廣播有什麼不一樣呢？ Podcast 不同於傳統廣播的幾個特點有，第一，Podcast 可以下載離線收聽，讓聽眾可以在收訊不好的地方，或是搭飛機等不適合使用網路的地點收聽。第二，Podcast 沒有固定的時間表，可以隨時隨地想聽就聽。

Podcast 與傳統廣播最大的不同便在於沒有固定的時間表，不用在固定時間打開廣播收聽心儀的節目，它就像一集一集的（聲音）影片，可以隨時隨地享受，不受任何時間和空間的限制。

🔍 台灣 Podcast 三本柱

根據台灣 Podcast 平台 Sound On 發布的首篇《2020 H1 Podcast 產業調查報告》指出，自 2000 年起就有 Podcast 節目開始設立，但跟 YouTube 相比，每年的數量不多，直至 2019 年有近三百個節目開設，2020 上半年就有八百多個節目開設，2020 年 4 月起每月有超過一百檔以上節目開設，且數量持續攀升中。而聽眾收聽 Podcast 的目的前三名為——娛樂休閒、找跟興趣相符的題材、提升專業領域知識；偏好的節目主題前三名則為——社會與文化、新聞時事與政治、娛樂八卦，80％以上聽眾偏好聊天類型的節目型態。

目前被稱為「台灣 Podcast 三本柱（日文中指稱能支撐建築物的主柱）」的節目，分別為《Gooaye 股癌》、《百靈果 News》、《台灣通勤第一品牌》，三者長期盤據各大 Podcast 收聽平台前三名。若你也想加入 Podcast 的行列，那就一定要觀摩一下優秀前輩的作品，截長補短，創造出屬於自己的 Podcast ！

百靈果 News

《百靈果 News》是以國際新聞起家的，以訪談風格嗆辣知名，其靈魂人物為有 Podcast 界教父、教母之稱的 Ken 與 Kylie，他們不但節目受歡迎、圈粉無數，也帶動許多上過節目的來賓成為 Podcast 界網紅，有如 Podcast 圈的人才培育基地。

其實 Ken 和 Kylie 一開始經營的不是 Podcast，而是 YouTube。當時他們的名字也不叫《百靈果 NEWS》，而是《國際狗語日報》，由 Kylie 帶著自家狗狗 Pom 醬，在朋友的咖啡廳裡講述國際新聞。2015 年 1 月，Ken 與 Kylie 上傳第一支影片，當時的兩個人都沒有想到，五年後自己會成為收聽次數破百萬的 Podcast 知名主持人。

Ken 與 Kylie 都是海外歸國學子，Kylie 在美國讀口譯，Ken 則在中國讀商管，兩人回台後在扶輪社結識。2014 年太陽花學運時，兩人感嘆台灣人對國際局勢的理解不夠，於是決定製作國際新聞節目。兩人做了許多嘗試，做過直播、街訪、拍攝影片，最後因為與廣播電台簽約開設節目《百靈果 News》，開啟他們進入 Podcast 的契機。Ken 表示：「其實我們一開始的初衷，是讓大家更理解國際新聞，但透過做這件事，我們讓更多人發現自己並不是一個人，這是讓我覺得很感動的一件事情。」

《百靈果 News》每次節目的開頭都有「華語界最自由的雙語國際新聞」這句話，不僅是節目開場，也是他們對於該節目的信念。筆者認為，如果你也想經營此類型的 Podcast 或影片，可以參考《百靈果 News》的精神，他們希望不管是社會議題、國際關係或個人私事，都可以傳達不一樣的思辨式價值觀——並非說服聽眾接受他們的看法，而是提供聽眾一個不一樣的視野和想法，在哈哈大笑之餘，也可以隨著他們一同成長，思考不同議題背後的意義。

評分： 4.7 顆星，共 7889 則評分。　　　　　　　**節目小簡介**

（以下評分皆採用 Apple Podcast 為基準，因 Apple Podcast 為目前 Podcast 各平台唯一具有評分欄目，因此採用該評分提供讀者參考。）

節目介紹： 在這裡，Kylie 跟 Ken 用雙語的對話包裝知識，用輕鬆的口吻胡說八道。我們閒聊也談正經事，將生硬的國際大事變得鬆軟好入口；歡迎你加入這外表看似嘴砲，內容卻異於常人的有料聊天。台灣的 Podcast，我們的 Podcast。

② 台灣通勤第一品牌

　　《台灣通勤第一品牌》是一個無厘頭閒聊的節目，對比其他兩檔盤踞排行前三的節目——做國際新聞的《百靈果 News》、談股市財經的《Gooaye 股癌》，《台灣通勤第一品牌》的節目內容顯得非常奇怪，單純就是兩位男主持人李毅誠、張家倫的閒話家常。每天都可以閒話家常一個多小時，說他們是當前台灣閒聊界的高手，絕對不為過。

　　那大家可能會很好奇，聽眾為什麼會想聽兩個男生聊天一小時呢？李毅誠和張家倫有什麼聊贏過別人的地方呢？

　　第一，節奏緊湊。李毅誠曾說：「你花三十分鐘講的東西，我五分鐘就講完了。」對於適應快節奏網路時代的人來說，已經沒有興趣且沒有時間聽那些發散的內容，所以節奏緊湊是抓住聽眾的一大要件。只要打開《台灣通勤第一品牌》三十秒，聽眾就一定知道他們在講什麼，且可以快速進入狀況。

　　第二，垂直聊法。李毅誠認為聊天的時候，不能只針對單一主題閒聊，應該針對這個主題再延伸至其他主題，將聊天內容加深加廣，才可以

讓節目內容具有深度，而不是只談論淺薄的話題。

第三，不談不懂的東西。如果真的有不懂的地方，就邀請來賓接受訪問，而不是不懂裝懂。

對台通粉（《台灣通勤第一品牌》的粉絲）來說，聽李毅誠、張家倫兩個人一搭一唱，就像是兩位最好的朋友在耳邊陪伴你一樣。那對張家倫和李毅誠而言，《台灣通勤第一品牌》又是怎樣的存在呢？

在《數位時代》的採訪中，他們提到：「我希望它可以當台灣的公約數，當一個台灣人的平均值，全台灣都可以接受的人。比如說你鄰居的小孩很皮，但你不會討厭他，過年還是會包六百塊給他那種。有時候覺得我們很煩，但有時候會覺得：『好啦，好像有時候還是要一個啦。』就跟班上總是要有一兩個胖子，不會特別想起，但也不會忘記他們。我們很樂於當那個胖子。」

評分： 4.8 顆星，共 8017 則評分。

節目小簡介

節目介紹： 短期目標更動為錄音清晰音量宜人既往追究。本節目各大平台均有上架，感謝支持。各類合作請丟 commuteforme@gmail.com，目前臉書收件匣被各式聊天仔灌爆中。

3 Gooaye 股癌

「多擲幾次骰子，總是有擲到豹子（四顆骰子正面均相同）的時候。」2020 年初，《Gooaye 股癌》在短短一個月內就殺進 Apple Podcast 排行榜第一，擠下蟬聯約兩年的冠軍《百靈果 News》。一夕之間，這位半路殺出的 Podcast 新秀成了眾人口中爭相討論的話題，紛紛

問：「你有聽《股癌》嗎？」

面對突如其來的爆紅，《Gooaye 股癌》主持人謝孟恭用擲骰子形容自己的人生。謝孟恭的人生做過許多決定，但總擲出許多零，例如考進輔大法律系，卻發現自己根本不喜歡法律；新工作到職第一天就被炒魷魚，至今仍不知道原因是什麼；努力考試成為機師，但航空公司卻因虧損而倒閉，連資遣費都沒有拿到。這些經歷啟發了謝孟恭：「很多嘗試到最後就是會無疾而終嘛，這很正常。」

而《Gooaye 股癌》的熱度和流量也讓許多廣告商開始將眼光放到過去從沒有考慮過的 Podcast 市場上。其中最有遠見的，莫過於《Gooaye 股癌》的第一個廣告主，寢具新創品牌「眠豆腐」的創辦人張育豪。

張育豪在《數位時代》的採訪中提到：「3 月底的時候我們向《Gooaye 股癌》買了第一次廣告，並透過折扣代碼追蹤。沒想到 4 月底結算的時候成效破百萬，我想說很不錯嘛，就又買了第二次廣告。結果 5 月底時成績竟然破四百萬！」

樂天 Kobo 電子書也證明了 Podcast 的廣告市場已逐漸成熟。當時，謝孟恭在節目上推薦的幾本電子書迅速竄上樂天排行榜，且前三名全部包辦，對於較難追蹤數據成效的 Podcast 廣告來說，排行榜的名次讓《Gooaye 股癌》的廣告力有目共睹。

從《Gooaye 股癌》的例子中，我們可以看到 Podcast 未來的潛在商機，所以筆者建議大家在經營影片平台時，務必順手兼顧音頻檔的品質，這樣就可以一次掌握影片加聲音兩個兵家必爭之地。

節目小簡介

評分： 4.9 顆星，共 7558 則評分。

節目介紹： 晦澀金融投資知識直白講，重要海內外時事輕鬆談；不管老
司機還是菜雞，散戶們都進來取暖，也在這裡找到樂趣。

🔍 自由自在的 Podcast 平台

Podcast 不像 YouTube 影片一樣，是因為 YouTube 的成立而發展出
來的社群，所以只能在 YouTube 這個平台上發行，Podcast 更像是一種
音檔格式，只要製作完成就可以發布到任何可以發布的 App 上，聽眾則
可以自由選擇自己喜歡的 App 收聽。

而這樣的形式既是優點也是缺點，這讓 Podcast 更加自由、無拘無
束，但也因此缺乏一個統一的數據和平台供聽眾或廣告商參考。以下就
分享《KEYPO 大數據關鍵引擎》統計之自 2018 到 2020 年最受歡迎的
Podcast App，提供大家可以上架的平台資訊。

1 Apple Podcast

Apple Podcast 是 ios 系統內建的 App，上述也提到 Podcast 一詞的
由來，是結合 Apple 公司旗下產品 iPod 和 broadcast（廣播）所產生的，
也是目前最多人使用的 Podcast App。

雖然是免費的系統內建 App，不過基本功能仍都具備，節目簡介也
十分完整，且是目前唯一有評分機制的 App，可提供廣告商和聽眾參考。
不過分集查詢的功能較薄弱，也沒有社群相關功能。

2 Sound Cloud

Sound Cloud 是一個總部位於德國柏林的線上音樂分享平台,允許合作、交流和分享原創音樂,由亞歷山大‧埃里恩和埃里克‧華爾福斯於 2007 年創立,現已發展成全球最大的音樂串流媒體服務商之一,每月服務用戶超過一億七千人。Sound Cloud 原以音樂平台知名,但其中也有許多優秀的 Podcast 節目。

但使用介面皆為英文,對於不擅長英文的使用者來說,要自行發掘優秀的新節目會比較困難。

3 Spotify

Spotify 是一家線上音樂串流服務平台,2006 年由 Daniel Ek 和 Martin Lorentzon 在瑞典創立,是目前全球最大的串流音樂服務商之一,與環球音樂集團、索尼音樂娛樂、華納音樂集團三大唱片公司及其它唱片公司合作授權、由數位版權管理保護的音樂平台,用戶已有二億五千人。

2020 年 2 月,Spotify 以近二億美元的天價收購運動類 Podcast 節目的網站 The Ringer,又於 5 月以一億美元簽下脫口秀喜劇演員出身的 Podcast 主持人 Joe Rogan,並和美國名媛 Kim Kardashian、前任美國總統歐巴馬等簽訂獨家節目合約,希望成為聲音界的 Netflix,算是投注大量資金經營 Podcast 市場的世界級平台。

4 Google Podcast

Google Podcast 是由 Google 推出的 App,只要登入 Google 帳號就可以訂閱和儲存,非常適合使用 Google 系列 App 的用戶無縫接軌。節目內容亦相當多元,不論是網頁版或是 App 都屬於簡潔設計。如果是

Android 系統的手機，本身具有 Google 助理，那不需要額外下載 App 就可以打開 Google Podcast，是 Android 系統手機族的無痛選擇。

 ## Cast box

Cast box 是一款由香港團隊開發的 Podcast 整合平台，收錄各種語言及許多平台的節目，包含媒體、廣播節目、有聲書，例如 TED Talks 等。Cast box 不同於其他 Podcast 平台的地方，它所提供的搜索服務，不只是搜索標題與說明而已，更把聲音內容文字化，就如同 YouTube 可以搜尋到 CC 字幕一樣，讓聽眾更容易搜尋，也讓 Podcast 主的節目更容易被看見，另外也提供使用者個性化的音頻推薦，不必擔心找不到自己感興趣的內容。

 ## Sound on

由台灣團隊打造的 Sound On 成立於 2019 年 5 月，由 Uber 前任總經理顧立楷攜手曾任悠遊卡公司董事長、現任流線傳媒社長的戴季全，以及同集團總主筆張育寧共同創辦，是個非常年輕的平台。

Sound On 具有中文介面和專屬節目，非常適合中文用戶使用。Sound On 也積極開拓中文 Podcast 市場，像是網紅丹妮婊姐、立委林昶佐 Freddy、人渣文本、國立故宮博物院都有節目在該平台上架，且都引起不少討論，可以說是台灣 Podcast 的第一平台。

Firstory

Firstory 是一款由台灣新創公司打造的 Podcast 製作平台，當然它也可以收聽節目，不過 Firstory 最大的特色就是，它是一款中文 Podcast 製

作平台。該平台可以讓想要製作 Podcast 或上架 Podcast 的製作者，透過這個平台操作。Firstory 的口號是：「我們相信每個人都是故事人，相信聲音和分享的力量。只需簡單錄製，剩下發布就交給 Firstory，我們是 Podcaster 最強的後盾。」

Firstory 還會自動幫創作者建立一個網站，該網站除了呈現其所有 Podcast 節目與評分外，還有留言區，彌補 Podcast 互動不足的缺點，讓創作者與粉絲的互動性提高。

🔍 懶癌患者專屬的 Podcast 錄製

由於收聽 Podcast 節目就像收聽傳統廣播一樣，不需要用眼睛看，與其他的 YouTube、社群影音內容不同，適合手邊有其他工作事項的使用者，因此具有獨特的「陪伴」功能，填補目前其他數位工具沒有照顧到的使用者需求。所以，對於 Podcast 來說，聲音就是全部，除了必須言之有物、咬字清晰外，收音設備和錄音環境更是比 YouTube 等影片錄製更為要求。

但從另一方面來說，錄製 Podcast 也只需要搞定聲音就可以了，非常單純，甚至可以在錄製影片的同時順手搞定 Podcast 音頻，但這就必須在錄製影片時，特別注重相關錄音設備和錄音環境。筆者接下來就和大家介紹錄製 Podcast 時需要注意的事項，與後續如何上架等問題。

1 錄音

在錄製 Podcast 的時候，有三個部份需要特別注意，分別是錄音環境、錄音工具（麥克風）、錄音軟體。

首先，錄音環境務必在安靜、無雜音、無回音的空間，只要選對地

點，就算你的麥克風只是中低價位，那也可以生產品質不錯的 Podcast。開始錄製後，錄製者應盡量不要移動麥克風，避免發出巨大雜音，讓後續編輯變得困難，也請注意保持嘴巴與麥克風之間固定的距離，時近時遠會讓錄製的聲音忽大忽小，造成聽眾的收聽感受不佳。

第二，關於錄音的麥克風。如果選擇的是較便宜的麥克風，或是直接使用手機錄製，那可能在後製方面就需要花較多的時間在處理雜音；如果是選擇比較高階的麥克風，雖然能夠產生高質量的 Podcast，但相對地，就會面臨預算的問題。根據 Podcast 平台 the podcast 統計，關於錄製 Podcast 時的麥克風選擇，Rode 是最多人選擇使用的品牌，約佔兩成，其次是 Blue、Shure、Audio-Technica 等等。大家可以根據自己的預算來考量，購買自己需要的麥克風。

第三，關於錄音的軟體，筆者推薦直接使用電腦的內建錄音軟體，例如 Mac 內建的 Garage Band、Windows 內建的 Audacity，這兩個軟體都同時具有錄音和剪輯的功能，而且可以免費使用。

2 後製

對於首次製作 Podcast 的嘗試者來說，其實不需要太過複雜花俏的剪輯，只要確保 Podcast 聽起來通順、沒有過多停頓與雜音就可以了。因為 Podcast 和影片不一樣，容許保留一些口誤、換氣聲、咳嗽聲的空間，這會讓 Podcast 聽起來更有親和力、與聽眾更貼近。

因此，推薦使用上述提到的免費錄音軟體 Garage Band 和 Audacity，這對初學者來說就已經非常足夠了。

3 上架

Podcast 的上架對於初次接觸的人來說，可能有一點複雜，因為它與我們以往接觸的影音上傳方式不同。Podcast 的上架分為兩個部份。

✈ 將音檔上傳到 Podcast hosting。

✈ 透過 RSS FEED 推廣。

這整個流程可以比喻為某天我們生產了一批商品，但沒有空間可以存放，於是租了一個倉儲空間放置產品，房東給了我們一個專屬房號，然後我們就可以四處張貼房號訊息，讓大家時不時來看看這個房號有沒有新貨放進去。

第一個步驟，將錄製好的音檔上傳到 Podcast hosting，這裡的 Podcast hosting 就是房東。而 Podcast 的房東有很多，如上述提到的台灣品牌 Firstory，還有 Sound Cloud 等都是 Podcast hosting，大家可以選擇使用自己使用得順手的 Podcast hosting。

第二個步驟，透過 RSS FEED 推廣，這裡的 RSS FEED 便是專屬房號，在取得 RSS FEED 後，便可以將 Podcast 透過 RSS FEED 上架至各大 Podcast 平台，讓聽眾隨時來看看你有沒有新節目上架。

🔍 金光閃閃的 Podcast 未來

《百靈果 News》的主持人 Kylie 曾對當紅 Podcast 有一番分析，她認為「真誠」跟「有趣」是許多當紅 Podcast 兩大成功關鍵。透過主持人幽默的風格、獨特的個人魅力，提供輕薄短小、深入淺出，既娛樂又帶點知識性質的節目內容，就可一窺為何 Podcast 會突然在台灣爆紅，以及為

什麼 Podcast 這樣的聲音媒介會成為網路內容產業下一個必爭之地。

根據台灣 Podcast 平台 Sound On 發布的首篇《2020 H1 Podcast 產業調查報告》指出，85％以上的聽眾支持 Podcast 廣告置入的獲利模式；60％以上的聽眾支持付費訂閱型態的獲利模式。聽眾偏好的廣告型態前三名依序為：節目主持人口播廣告、節目冠名、圍繞品牌或產品展開的節目內容；聽眾偏好的廣告位置前三名依序為：片頭、片中、片尾。

有近 50％的聽眾曾經於 Podcast 有過付費行為，近 15％的聽眾有購買過節目中的廣告商品。30％以上的聽眾未來願意付費購買節目中的廣告商品、訂閱播放器或參加線下活動。而 Podcast 平均完聽率介於 60％至 80％，與 YouTube 影片平均續看率相比高出約 20％。

從上述調查結果來看，Podcast 聽眾非常樂見其商業化的發展，節目流量也正以驚人的速度成長。雖然目前台灣的 Podcast 產業尚未完全成熟，但成長勢態與聽眾對於商業化的高度支持，這展現在耳朵裡的金礦並非海市蜃樓，而是近在眼前的趨勢啊！

找到神人級導師與團隊，成功借力

- 你成功靠的是什麼
- 環境的重要
- 如何擁有神人級導師和團隊
- 圈子改變命運
- 找到神人級導師及團隊，改變你的一生

1 你成功靠的是什麼

我們每個人心中，都會替自己訂定一個或數個偉大的夢想、目標，但如何達到這個目標？又該走哪條路呢？面對叉路口時，該如何選擇？哪條路會比較平順而沒有陷阱？我們事前其實並不會知道。

就好比你要去參加同學會，大家約定的餐廳你從沒去過，前往時一定會開啟 Google map 導航，指引你行於正確且最快速的道路，你甚至可以透過網路地圖，知道途中是否有加油站？附近有無停車場？以及路況分析，由導航判斷該路段是否會塞車，替你選擇第二條路線，甚至連這間餐廳的營業時間、評價、特色菜等，這些資訊你都可以藉由神通廣大的網路取得，以確保你能準時赴約。

再請各位試想看看，在早些根本沒有網路的年代，我們會怎麼做，要如何抵達聚餐地點？想必是查看紙本地圖，看看餐廳的位置在哪，看要開哪條路過去，並將行車路線寫在一張紙上。

例如：上國道一號下圓山交流道，然後沿著路線行駛於建國高架橋上，再下至忠孝東路出口，在光復南路口右轉，行至信義路後左轉，然後在第三條巷口右轉。以上這個行車路線，就是沒有 Google map 的做法，且還要擔心找不到、彎不進那條巷子，實際情況往往與現實事與願違。

想想路上有多少風險可能導致你遲到，甚至要花上很多成本才能到餐

廳，但現在有 Google map 的協助，我們得以用最快速且安全的路線抵達目的地。而我們人生的目標，就如同我們要到達的餐廳；在旁輔助你的導航，就好比是你的導師和團隊。

人生最可怕的堅持，便是不斷堅持走在錯的道路上！所以如果有指引，那我們當然要選擇指引的正確方向前行，聽取前輩的經驗、建議，避免許多不必要的錯誤及可能損失的成本，這些省下的成本，可以替我們創造更精采、更有價值的人生，不亦樂乎？

筆者跟各位分享一則故事。

西遊記中，唐僧師徒等人經歷九九八十一難，終於取得真經，一行人回到大唐後，太宗李世民命人擺酒接風，宴席間，李世民問……

問唐僧：「你今天成功靠的是什麼？」

唐僧答：「我靠的是信念，我告訴自己只要不死，定能取得真經。」

問孫悟空：「你靠的是什麼？」

孫悟空答：「我靠的是能力和人脈，我沒辦法堅持下去的時候，我會借力。」

問豬八戒：「你動不動就摔耙子，又怎麼能成功呢？」

豬八戒答：「因為我選對團隊，一路上有人幫我、教我、帶領著我，不成功都難！」

最後問沙悟淨：「你為人愚忠又過於老實，怎麼也能成功？」

沙悟淨答道：「因為我簡單、聽話，照做！」

有人說一生是這麼發展的……二十歲靠自己，三十歲靠技術和人脈，四十歲後靠人脈，每個人的成功都不盡相同，在面對時代趨勢和環境所投來的變化球，該如何才能不被二振？在漫漫人生中，誰都想成功，但大多數人都沒有時間和精力去落實真正的成功，這時「借力」便不失為一個好

方法，假如你能主動一些，對外尋求人脈的幫助，那你將會為自己創造出更多勝出的機會。

在華人社會裡談到人脈，很多人都認為這是「講人情、走後門」的同義詞，致使學校教育只重視專業技能，而忽略人際關係的教育，形成所謂「知識的巨人，人際的白癡」之現象。

哈佛大學為了解人際能力對一個人的成就所扮演的角色，曾針對貝爾實驗室內的頂尖研究員進行調查。他們發現，被大家認同的傑出人才，專業能力往往不是重點，關鍵在於「頂尖人才懂得採用不同的人際策略，他們會花時間與那些在關鍵時刻可能有幫助的人培養良好關係，未來面臨問題或危機時便容易化險為夷」。

哈佛學者分析，當一位表現平平的實驗員遇到棘手的問題時，會努力去請教專家，之後卻往往因苦候沒有回音，而白白浪費時間；但頂尖人才很少碰到這種問題，因為他們平時就已經建立起豐富的資源網，一旦有事立刻便能得到有效的答案。

這份研究報告指出，人脈資源網絡深具彈性，每一次的溝通都是在為這個複雜的資源網多織一條線，漸漸形成牢不可破的網絡，可見找到對的人、對的團隊借力，絕對能促成一個人快速的成功。

🔍 你無法想像沒看過或體驗過的東西

我們對於從沒體驗過或是看過的東西，大多無法憑空想像出來，因為畫面過於抽象，無法產生正確的認知，所以我們永遠無法賺到超出自身認知範圍外的財富，除非憑著運氣，趁勢而行，但靠運氣賺到的錢，往往又會被自己虧掉，因為那本就不是靠實力得來的，這是必然的過程。

因此，我們所賺的每一分錢，都是根據你對這個世界的認知所產生的

變現；而你虧的每一分錢，則是基於對這世界認知的匱乏所造成的損失。當一個人的財富大於自己的認知時，世界萬物會自行發動機制，不斷地導正，直至你的認知與財富相匹配為止。

所以，我們一定要懂得借力，讓看過的人來告訴你、協助你，尤其是那些成功人士來指導你，這樣你就可以避開不必要的危險。

千萬別像瞎子摸象一樣，憑著自己的感覺去認識世界，因為現今世界的變化速度之快，有時候你的資料庫會來不及更新或是接觸到這領域的資訊，導致你做出錯誤決定。

人一生中要面對的問題很多，這時如果有位神人級導師在旁獻策、指引，又有一群優秀的團隊吳越同舟，那你將能走得又遠又長。團隊打拼來的勝利，遠比一人獨自完成的結果更有意義，且團隊合作還有以下三大優勢。

1　廣納意見

在發想文案或執行企劃時，難免可能想法枯竭，必須和不同領域的人討論，這時團隊成員就顯得非常重要，一群人集思廣益，言談中的靈光一閃，都可能創造出有意思的答案或策略，平時在閒暇時也能腦力激盪、刺激靈感，有更多的機會接觸不同的意見，創造新刺激，綜效（Synergy）是也。

2　互補性

人並非萬能，不可能完美無缺，團隊的好處在於，可以用他人的專長

來彌補自己的不足，讓劣勢降低，打造出一個實力堅強的團隊。

③ 事半功倍的效果

在執行相同工作的前提下，獨自一人完成任務所需耗費的時間，絕對長於團隊分工合作的時間，所以經由團隊的分工互助，各自發揮所長，可以縮短工作時間，創造出截然不同的價值。

試著運用團隊的力量，多討論、傾聽，工作將事半功倍，絕對比你單打獨鬥、憑一己之力來得更多元且有效。

🔍 借力使力不費力

比爾・蓋茲說：「聰明的企業家都善於借助別人的力量，因為這可以大大加快你成功的速度。」古往今來，透過借力成功的人不在少數，花最少力氣，賺最多錢，不是投機取巧，而是靠智慧。猶太人也說過：「善於借助別人的力，就能成就一番事業。」

筆者用幾則故事向各位說明借力使力不費力的奧妙之處在哪裡。

① 善於尋求幫助，整合身邊的資源

一名小男孩在後院搬一塊石頭，父親在旁邊鼓勵：「孩子，只要你全力以赴，一定搬得起來！」但石頭太重了，最終還是沒能搬起來，男孩告訴父親：「這顆石頭對我來說實在太重了，我已經用盡全力！」父親說：「不，你沒有用盡全力。」小男孩不解，父親微笑著說：「因為我在你旁邊，你都沒有請求我的幫助！」

很多時候，我們就是那個小男孩，判斷一件事情能否做到，往往只看自己能力夠不夠，但其實並非一定要靠自己的力量來完成，因為眾人在審視事情時，最先看到的是結果，而非過程。

很多成功者之所以能成功，並不是他的能力有多強，而是他能將手邊的資源整合起來，透過別人替自己完成任務。

❷ 最擅於借力的人──諸葛亮

一天，周瑜對諸葛亮說：「三天之內打造出十萬支箭。」這根本是不可能的任務，但諸葛亮還是一口答應了，為什麼呢？因為沒有人說箭羽只能靠國內的工匠打造呀，無法及時打造出來，那就用借的！

在一個霧濛濛的清晨，諸葛亮在二十艘船上布屬了三十名士兵，將船用青布蓋起來，並在船的兩邊紮上一千多個草捆，佯裝要進軍攻打曹營的樣子。

曹將一看到，便馬上命令所有弓箭手朝著敵船攻擊，一聲令下萬箭齊發，每支箭羽都射到那一綑綑的稻草上，不到一個時辰，諸葛亮就載著曹軍送來的十萬支箭羽回營，這就是歷史上著名的「草船借箭」。

誰說借力只能尋求周遭的同事、朋友或親人呢？有時候競爭對手也是很好的借力對象，突破「我」的設限，世界才會更寬廣。

❸ 大英圖書館

大英圖書館是世界上最大的學術圖書館之一，裡面的藏書非常豐富，館藏超過上億件，有一次，新圖書館落成，眾人籌劃著如何將舊館的書搬至新館，因為光搬運就要花幾百萬元，圖書館根本就沒有這麼多預算可以使用，怎麼辦呢？搬遷日期又非常急迫，這時有人主動向館長獻了個計

策。

　　圖書館在報上刊登一則啟示：「即日起，每位市民都可以免費從大英圖書館借閱十本書。」

　　市民看到後蜂擁而至，沒幾天就把圖書館的書都借光了。那書借出去了然後呢？原來館長請大家還書時，直接至新館還書。

　　就這樣，大英圖書館借用眾人之力，利用「四兩撥千斤」的原理，成功將這浩大的工程簡單化。如果你能發現自己的「四兩之力」，並且敢於把「四兩之力」用出去，一切就都不是問題，你會發現「給予」，有時也是一種借力。

4 烏鴉吃核桃

　　有個盛產核桃的村子，每年秋末冬初，總會有成群的烏鴉來到這裡，到果園裡撿拾那些被果農們遺落的核桃。核桃仁雖然美味，但外殼十分堅硬，烏鴉要如何才能吃到呢？原來聰明的烏鴉將核桃叼起，然後飛到樹枝上，再將核桃摔下去，核桃落到堅硬的地面上，被撞破了，這樣烏鴉就能吃到那美味的核桃仁了。

　　可是核桃從高空墜落，核桃殼成功破裂的機率很低，很多時候烏鴉都是望而興嘆。然而，這點困難並未將烏鴉打倒，牠們又發明一種更有效的方法：村子附近有一條環山公路，來來往往的車子很多，於是烏鴉轉而將核桃摔至公路上，經過的車輛便會將核桃殼軋碎，烏鴉只要等車子過去後，飛過去將果仁叼走，便能品嚐美食。

　　順天應人，懂得發現自身所處環境的特點，也能使自己事半功倍，烏鴉只是把核桃叼到公路上而已，就能輕鬆享用核桃。借力，不只侷限於人與人之間，也可以向環境「借」力。

🔍 財富也是借出來的

有個窮人因為吃不飽穿不暖，跑到神仙面前訴苦，說自己生活有多艱苦，每天工作累得半死，卻掙不來幾個錢，哭了半晌情緒仍無法平撫。

他埋怨道：「這個社會太不公平了，為什麼富人天天悠閒自在，窮人卻得天天吃苦受累？」

神仙微笑問：「那要怎麼樣你才覺得公平呢？」

窮人急忙說：「讓富人和我一樣窮，做一樣的苦力活，如果富人還能成為富人，那我就不再埋怨了。」

神仙點頭說：「好吧！」說完便把一位富人變成和窮人一樣窮的人，並給他們一人一座煤山，每天可以把挖出來的煤賣掉買食物，限期一個月之內挖光。

窮人和富人一起開挖，窮人平常做慣了粗活，挖煤對他就是小菜一碟，很快就挖滿一車，隨即拉到市集上販售，用這些錢買了好吃的，拿回家讓老婆孩子溫飽一頓。

而富人平時沒做過苦力，挖十分鐘就要休息二十分鐘，累得滿頭大汗，直到太陽快下山才勉強挖滿一車，趕緊拉至市集上賣。與窮人不同的是，富人只買了幾顆饅頭，其餘的錢都留了起來。第二天，窮人早早起來開始挖煤，富人卻先去逛市集，不一會兒便帶回兩名工人，工人的體型壯碩，看起來孔武有力，二話不說就開始替富人挖煤，而富人站在一邊指手畫腳的監督著。

才過了一上午，那兩位工人就輕而易舉地挖出好幾車煤礦，富人把煤賣掉之後，又增添了幾名工人，一天下來，扣除他付給工人的工錢，剩下的錢還比窮人自行挖煤礦賺的錢多了好幾倍。

一個月很快過去了，窮人只挖了煤山的一角，每天賺來的錢都用來買

山珍海味，基本沒有剩餘。而富人早就指揮工人把煤山挖光了，賺了不少的錢，他用這些錢投資做起買賣，很快又成為富人。

所謂借力，其實就是突破自身條件，將資源整合、然後實現資源最大化。對於身在職場中的我們，善於借力不僅是一種能力，也是一種勇氣，更是一種智慧，需要我們細細地琢磨和實踐。

《有錢人和你想的不一樣》作者哈福‧艾克曾說過一個故事，描述一個沒有任何資源的人，如何靠著異業合作，在三年內賺到人生的第一桶金，故事是這樣的……

有位名叫凱恩的年輕人，一無所有，沒有存款、工作經驗貧乏，也沒背景、缺人脈，就是個人生輸家，可他偏偏有個遠大的夢想，他想要創業，想變成百萬富翁，那他可以怎麼做呢？

他開始審視自己具備什麼專長，發現自己除了喜歡粉刷房子外，並沒有其他擅長的，於是他試著用「粉刷房子」這個興趣賺錢試看看。

他思考著可以怎麼運用？若單純幫人粉刷油漆，要賺到一百萬相當困難，就算拼死拼活、努力工作一百年，也無法賺到那麼多錢，於是他反向思考，或許他可以「教」別人粉刷房子。他發現美國其實有很多人想DIY粉刷房子，卻不知道怎樣才刷得好看，是個很有潛力的市場。

但一對一教學、開班授課這樣賺錢的速度太慢了，於是他想了個好辦法──販賣「DVD教學光碟」。他以極低的成本，請朋友將他刷油漆的過程拍下來，燒錄成光碟片，但這時問題又產生了，光碟該賣給誰？又要怎麼賣呢？他不想成為推銷員，一片一片的兜售教學光碟，所以他想到可以去找與「粉刷房子的人」有最大交集的商家來幫忙販售，於是他找到了

油漆經銷商。

經銷商抱著嘗試的消極態度幫凱恩代銷，一個月好不容易賣出幾張光碟，賺了幾百塊錢，但這距離百萬富翁的夢想還是太遙遠了，所以他直接去找當地最大的油漆供應商合作，不料油漆商老闆一口回絕說：「我對銷售教學 DVD 沒興趣。」

凱恩換個說法說道：「我不是來賣 DVD 的，我是來幫你們銷售更多油漆產品的。」這麼一說，老闆就有興趣了，繼續聽他說下去。

原來，凱恩為油漆廠商想了一個促銷策略，只要客戶一次購買五加侖的油漆，就贈送對方一片「粉刷房子教學」的 DVD，這樣老闆就願意為這個點子買單了！油漆供應商老闆早就對油漆銷售量下滑困擾很久，正巧凱恩提了這個點子，以教學 DVD 吸引客戶購買油漆這個構想，馬上就打動了老闆的心。

凱恩與油漆供應商簽訂了一份十萬美元的合約，由凱恩負責壓製光碟給油漆廠做為促銷贈品，他只找了一名客戶，就賺了十萬美元。

故事還沒完！由於銷售反應不錯，於是他又繼續拍了：如何粉刷外牆、修剪草坪、維護屋頂等系列教學影片，那些看過「粉刷房子」的顧客，都相當有興趣，又向他購買其他產品，三年後，凱恩果真成為百萬富翁了。

如果你想縮短成功的時間，就得學會如何整合他人的資源。若把「魚」比喻成客戶，「魚池」比喻成市場，凱恩就是沒有「魚池」的人，與其自己一條魚、一條魚地累積，不如直接把別人「魚池」裡的魚，變成自己的魚，將自己的產品、品牌或價值形象，與別人的服務、通路結合，借用他人之手，進入別人的市場。

要成功整合資源，使企業突破現有格局，就必須掌握以下關鍵：尋找

與自己「目標客群」相同的合作夥伴，例如：咖啡店與書店。而要促成合作，請先問自己：「我可以如何幫合作方解決問題？」然後找出合作對象迫切想解決的問題，再以雙方的合作做為解決方案。

案例中的油漆供應商，向凱恩購買的不是 DVD 教學影片，而是「以 DVD 做為油漆促銷的贈品，順利讓油漆銷售額成長」的解決方案。

🔍 環境 VS. 位置

大陸新浪網的微博人力資源部有位員工叫申晨。2012 年時，他在微博上發表貼文，說自己因為工作因素，經常搭飛機前往各處，搭飛機的途中，他觀察到一個有趣的現象，頭等艙旅客往往在「看書」；公務艙旅客大多在「看雜誌、用筆電辦公」；經濟艙旅客看的則是機上提供的報紙，要不就是看電影、玩遊戲和聊天。

在機場內觀察到的狀況也差不多，VIP 貴賓廳裡面的人大多在閱讀，一般候機室裡的乘客全都在「玩手機」，最後他問：「到底是位置影響了行為，還是行為影響了位置？」閱讀本書的你認為呢？而這答案早已在 2019 年被證實。

人為什麼會貧窮？我們過往會認為，一個人之所以貧窮，應該就是因為他懶惰、不求上進；缺乏理財相關的知識；沒有升官加薪的機會。當然，也有那種很聰明，卻沒錢投資的人，有人甚至說他投錯胎，要是投胎至馬雲或郭台銘家裡，一出生就含著金湯匙，還會怕沒錢嗎？但以上這些假設，根據 2019 年諾貝爾經濟學得主們的研究結果，都已證明不是造成貧窮的主要原因。

香港有個真人秀節目「窮富翁大作戰」，專門邀請富豪來體驗窮人的日常生活，有一集他們找來香港區全國人大代表及 G2000 集團創辦人──田北辰。

他在參加前，發表了對於窮人為何而窮這件事的看法，他提到自己成功的法則時說道：「如果你有鬥志，即使是弱者，亦可以變成強者。」

出生豪門的田北辰只花了短短一天，便對所謂「窮人」的印象從此改觀，他說：「我從來沒有時間坐下來好好休息，永遠都在思考下一步怎麼走、下一餐在哪裡。」在住了一天的籠屋，體驗最底層清潔工的辛酸後，他說出一句令人痛心的感悟：「社會正在嚴厲懲罰沒辦法贏的人。在強弱懸殊的情況下，只有弱者越弱，越來越慘！」對自己原先的想法徹底改觀。

他認為，要脫離貧窮絕不是靠努力工作可以達到的，身為人生勝利組的他，深深了解到現在的社會只會讓弱者「越來越慘」。

🔍 成功八法

你認為成功是什麼？大多數人應該是回答：「有錢就是成功！」這確實是很多人的答案，我們無法予以否認，但對於「富有」就等於「成功」的這個觀念，只能說你對「成功」的定義太狹隘了。

那成功的要點究竟是什麼呢？ TED 講者理查・聖約翰曾花了近七年的時間，訪問超過五百名各行各業的成功人士，他日以繼夜地分析出幾百萬字的訪談結果後，整合各行業各領域的成功因素，得出以下八點成功要素，這八點在成功路上絕對不可少！

✈ **熱情（Passion）**：熱愛你所做的事，用熱情去支撐，整個過程都

會是快樂的。

🛩 **努力工作（Work hard）**：對工作持以認真的態度，無論這項工作結果如何，過程一定很值得回味。

🛩 **專注（Focus）**：專心在一件事上，可以讓你事半功倍！

🛩 **推自己一把（Push）**：不斷鞭策自己，不要停下來。

🛩 **好點子（Ideas）**：讓自己腦袋不斷有「點子」，然後想辦法執行它。

🛩 **改進自己（Improve）**：精益求精，好還要更好，一件事好好做，不求超越別人，只求超越自己。

🛩 **熱心助人（Serve）**：不管有多大成就，保持一份善心助人，才值得尊敬。

🛩 **堅持（Persist）**：沒有失敗的人，只有放棄嘗試的人！一件事，要堅持非常不容易，所以成功路上並不擁擠，因為堅持的人太少了。

以上便是成功人士共同擁有的八大特質或個性，也是在任何領域中成功卓越的關鍵。

② 環境的重要

　　跟著百萬賺十萬，跟著千萬賺百萬，跟著億萬賺千萬，正所謂一根稻草不值錢，綁在白菜上，就是白菜的價錢，綁在大閘蟹上就是大閘蟹的價格；還有另一個說法是跟著蒼蠅進廁所，跟著蜂蜜找花朵。所以，請審視自己所在的環境，看看是否需要改變？若在錯誤的環境，那要想提升自己也是不可能的。

　　現實生活中，你和誰在一起非常重要，甚至能改變你的成長軌跡，決定你的人生成敗。和什麼樣的人在一起，就有什麼樣的人生，和勤奮的人在一起，你不會懶惰；和積極的人在一起，你不會消沉；與智者同行，你將不同凡響；與高人為伍，你能登上巔峰。

🔍 貧窮的本質

　　2019 年諾貝爾經濟學獎授予印度裔美國學者阿比吉特・班納吉、法裔經濟學家埃斯特・迪弗洛、美國學者邁克爾・克雷默三人，以表彰他們「在減輕全球貧窮方面所提出的實驗性方案」。

　　阿比吉特・班納吉和埃斯特・迪弗洛將研究成果寫成《貧窮的本質：我們為什麼擺脫不了貧窮》一書，揭示出懶惰是對窮人的刻板印象之真相。

　　他們透過研究實證出貧窮的根源，發現處在貧窮狀態中的人和普通人在欲望、弱點及理性的層面，實則差別不大，區別在於貧窮的境遇，會導致窮人接受資訊的管道受限，造成許多小錯誤，形成惡性循環。

比如沒有工作，自然沒有退休計畫，不識字所以無法看懂保險產品……等，普通人所忽略的小消費、小障礙和小錯誤，在窮人的生活中可能成為關鍵問題。因此，要變富有就必須先改變你所處的環境，那環境究竟有多重要呢？

三位諾貝爾經濟學得主證明貧窮的本質便是環境所造就的，他們用十五年的時間踏遍全球五大洲、十八個國家和最貧窮的地區，經實驗及研究調查結果發現——貧窮並非因為「懶惰」，而是窮人活在一個「貧窮」的環境而已。

在貧窮的環境裡，他們沒有辦法獲得足夠的訊息，以至於無法作出正確的選擇，所謂環境不對努力白費，貧窮只是一個結果的呈現罷了！

埃斯特・迪弗洛也曾對印度進行接種疫苗問題深入研究，他困惑為什麼在疫苗能有效防止傳染病的前提下，窮人的接種率卻只有 5％，是因為疫苗過於昂貴？還是有別的原因？

透過和當地村落的溝通，發現疫苗的成本其實已被壓得很低，但窮人仍不積極進行接種，選擇先忙於其他事情，不把接種疫苗看作一件緊急事件。於是他挑選了一百二十個村落進行隨機對照試驗。其中，部份村落沒有任何干預措施，部份村落採取極少量的干預措施來進行推動，部份村落干預措施強度則更大。

試驗結果顯示，只要進行極少量的干預，村落疫苗接種率就有明顯提高，而強度略大的村落接種率甚至能提升到 37％。

對普通人來說，接種疫苗並不會讓他們覺得怎麼樣，因為大多數人都接種過了。但對窮人而言，由於獲得資訊的受限，因此需要更多的技能和更強的意志力，才能承擔更多的義務。

雖然在現實上要擺脫貧窮並不容易，但三位獲獎人的研究表明，只要

一點兒援助、一些訊息，或者一些輕微的政策，就可以產生意想不到的積極效果。

因此，一個人處在貧窮的環境，就會有貧窮的思維，最終造就貧窮的結果。行動造成結果，而行動是經由我們的思維才產生，思維則受到環境所影響，簡言之，前因後果是環境造就思維，思維產生行動，行動造成結果，所以要變富有，就要先改變你所處的環境。

如果只是不斷更改結果，例如給窮人一筆錢，讓窮人暫時有錢，你會發現沒多久他又會變成窮人。又如果你給窮人上課，教育他們，教他們怎麼賺錢、投資、如何做生意等，一開始可能真的有機會賺錢，但日子久了一樣會回到窮人的日子，因為他們思維沒有改變。思維是由環境造成的，所以若想賺錢，就要先改變你的環境，朝富人圈與知識圈靠近。

除此之外，我們還必須學習富人的觀念和語言系統，富人會傳播有價值的資訊，窮人卻只會傳播負能量，或是一些無聊透頂的八卦，浪費時間外，一毛錢也賺不到。

只要經常跟一些有錢人打交道，賺錢觀念也會由此改變。以往你可能認為賺錢非常困難，但現在可能會覺得賺錢非常簡單，且窮人總守著自己的一畝三分地、不思進取，每個月靠著微薄的工資而活。

在這個社會，總有一群人，自以為自己什麼都了解，簡直是萬事通，可為什麼這類人還是這麼窮呢？因為他們喜歡八卦，喜歡浪費時間聊一些和自己無關的事，整天高談闊論著馬雲、郭台銘、貝佐斯的財富，聊別人怎麼成功，自己卻什麼都沒變，還是一事無成，所以我們要時刻告誡自己，遠離這類人。

窮者思變，一個人會窮，就是因為他滿腦子消極思想，所以才會過著底層人生。若想要做富人，就得先改變你的觀念。若心中的思維皆是落後

觀念，要怎麼讓自己成為富人呢？跟著富人生活，改變環境，之後便水到渠成，只要明白這些道理，財富就來了。

🔍 孟母三遷

有句話是這樣說的：「你常跟誰混在一起，將決定你未來的成就為何。」也有人說：「把你最好的五個朋友薪水加起來，平均後就差不多是你薪水的頂峰。」為什麼會有這些話呢？因為環境會改變你的一切。

環境對人的一生影響甚大，古有孟母三遷，今有天價學區房，都是為了讓孩子有更好的成長環境，讓孩子贏在起跑線上。戰國時期，有位偉大的學問家孟子，他小時候很貪玩，模仿性很強。他家最初住在墳地附近，耳濡目染下，常常玩築墓或學別人哭拜的遊戲，孟母認為這樣很不好，就搬家了。他們把家搬到市集屠宰場附近，孟子又玩起模仿別人做生意和殺豬的遊戲，孟母覺得這樣的居住環境也不大理想，又把家搬到學堂旁邊。孟子跟以前一樣，看到什麼學什麼，但由於環境的轉變，他除了跟著學習與讀書外，對於那些每月初一、十五進文廟的官員也學習起行禮跪拜、揖讓進退的禮節，孟母看了心裡很高興，覺得這才是孩子應該學習的，便不再搬家了。

這就是歷史上著名的「孟母三遷」，可見良好的人文環境對人的成長及品格的養成至關重要。

環境對人的影響也是積極主動的，人們總是受到周圍各種環境的影響，同時也改變著周圍的環境，並在改造環境的過程中改變著自己。所以家庭、學校和社會環境對學生的將來有著深遠地影響。

一個家庭中，家長的生活習慣、行為及思想觀念，對子女有著直接的影響；學校教師的言行舉止，對學生也有直接的影響；社會上一些學生可

見、可聞、可感謝的事物，對學生價值觀的形成也有很大的影響。

物以類聚，人以群分

「物以類聚，人以群分」出自《周易・繫辭上》，比喻同類的東西常聚在一起，志同道合的人相聚成群，反之就分開，是門當戶對、志同道合的統稱。

戰國時期，齊國有位著名的學者淳于髡，他博學多才、能言善辯，被任命為齊國的大夫。他經常利用寓言故事、民間傳說、山野軼聞來勸諫齊王，而不是講大道理來說服齊王，此方法也確實產生意想不到的效果，這就是說故事的力量。

有一次，齊宣王發兵攻打魏國，積極調動軍隊，徵集糧草補充兵源支援前方，使得後方國庫空虛，百姓窮困，許多百姓都逃到其它國家去了。

淳于髡對此十分憂慮，他去求見齊宣王，齊宣王愛聽故事，淳于髡便投其所好地說：「臣最近聽到一個故事，想講給大王聽。」

齊宣王說：「好啊，寡人好久沒聽先生講故事了。」

淳于髡說：「有一條叫韓子盧的黑狗，是天下跑得最快的狗。有一隻叫東郭逡的兔子，是四海內最狡猾的兔子。一天，韓子盧追逐東郭逡，繞著山跑了三圈，翻山越嶺來回追了五趟，兔子在前面跑得精疲力盡，狗在後面追得力盡精疲，雙雙累死在山腰，一名農夫看見了，沒花一點力氣就得到這個便宜。」

齊宣王聽出淳于髡語中有話，就笑著說：「先生想教我什麼呢？」

淳于髡說：「現在齊、魏兩國僵持不下，雙方軍隊都很疲憊，兩國的

百姓深受其害，恐怕秦、楚等強國正在後面等著，像老農一樣準備撿便宜呢。」齊宣公聽了，認為很有道理，就下令停止進攻魏國。

齊宣王喜歡招賢納士，於是讓淳于髡舉薦人才。淳于髡在一天內接連向齊宣王推薦了七位賢士，齊宣王很驚訝，就問淳于髡說：「寡人聽說人才是很難得的，如果一千年之內能找到一位賢人，那賢人就好像多得像肩並肩站著一樣；如果一百年能出現一個聖人，那聖人就像腳跟挨著腳跟來到一樣。現在，你一天就推薦了七個賢士，那賢士豈不太多了？」

淳于髡回答說：「不能這樣說。要知道，同類的鳥兒總聚在一起飛翔；同類的野獸總聚在一起行動。人們要尋找柴胡、桔梗這類藥材，如果到水澤窪地去找，恐怕永遠也找不到；要是到梁文山的背面去找，那就可以成車地找到，這是因為天下同類的事物，總是要相聚在一起的。我淳于髡也算個賢士，所以我舉薦賢士，就如同在黃河裡取水，在燧石中取火一樣容易，我還要再給您推薦一些賢士，何止這七個！」

物以類聚，人以群分，你身邊人的格局決定了你看問題的高度。在一個班級裡，成績好的同學會聚在一起討論這題數學怎麼解，調皮搗蛋的同學則喜歡湊在一起商量怎麼作弄別人。

之所以有孟母三遷的故事，是因為孟子總是會被身邊的人事物影響，不能專心讀書。畢竟小孩都是貪玩的，而且習慣模仿和盲從，直到孟母遷至學堂附近，孟子每天都能聽見讀書聲，自然也會去模仿學習。

如果身邊的朋友各個愛學習、成績優異，不擅讀書的你可能根本無法融入，因為別人在學習的時候，你不知道神遊去哪，漸漸地，你可能孤獨，甚至羨慕別人的優秀，你渴望像他們一樣得到父母的稱讚，因而開始努力、奮鬥，這就是環境帶給你的影響。

反之，小朋友的自控力較為不足，當身邊的夥伴都在玩耍，就算他再

熱愛學習，也沒法靜下心來，所謂雄鷹在雞窩裡長大，就會失去飛翔的本領；野狼在羊群裡成長，也會愛上羊，就是這個道理。

人們常說近朱者赤，近墨者黑，跟什麼樣的人在一起，就受什麼人影響，人的高度是受環境影響的，試想，假如周圍都是一群大老闆、一群億萬富翁，你又豈會太差呢？至少也能成為個千萬富豪吧！

但如果你周遭充斥著一群不思進取的人，你每天想的不也是如何偷懶、偷閒，怎麼減少付出，多得到回報。可你有想過嗎？雖然你上班偷閒、打混摸魚，公司照樣會發薪給你，但你的格局就只值那個層級，你的薪資水平也不會再高了！因為你的高度不夠，而這是你要的嗎？

所以，多出去走走、多出去看看，和一些檔次比你高的人相處，和一些比你有涵養的人、成功的人在一起，那你的涵養、高度、格局將是另一個樣子。

優秀者身上強大的磁場不僅會影響你，更會使你的磁場放大。好好珍惜那些願意給你提出意見的人，好好珍惜那些願意和你交談的人，哪怕你不喜歡他，覺得彼此間有差距，也不要拒絕和他們相處，因為他們會使你變得強大，連你自己都覺得不可思議。

🔍 父母的影響

對孩子而言，父母是他生命中的第一任老師，那這任老師有多重要？答案是非常、非常、非常重要，因為他們決定了一個孩子的「出廠值」，在潛移默化中，父母的價值觀給孩子的人生植入了最原始，最能影響其一生的資訊。

價值觀本質的定義，是基於人一定思維感官之上

所作出的認知、理解、判斷或抉擇，也就是我們認定事物、辨定是非的一種思維或取向，從而體現出人、事、物的價值或作用；在階級社會中，不同階級自然有不同的價值觀。

可見，從最初的認知、理解、判斷……等所有意識上的影響，父母會直接灌輸給心智等各方面不成熟、正在成長中的孩子。因此，父母的一言一行、處事方式，都會在無形中被孩子接收，對他們產生影響。

孩子就是一張白紙，父母可以在教育過程中進行「創作」，美好的環境會給我們一個燦爛的明天，消極的環境會讓我們陷入極端的負面情緒。父母的一言一行對孩子的影響程度甚大，如果我們在一個幸福的家庭成長，那長大後也會同等地覺得自己幸福，懷抱著感恩的心回報父母。

孩子在學校學習文化知識，在家中養成習慣，老師雖然是專業負責教育的人，但一個孩子能否取得優秀的成績，家庭因素才是關鍵。

父母在家庭中對孩子價值觀的養成起到至關重要的作用，學校只不過是放大家庭對孩子影響的場所。父母會影響孩子的學習動力，研究結果表明，刺激學生學習動力的「家長期望」，對孩子學習動力的激發效果最好，其次是自我激勵，最後才是師長。

因此，父母的價值觀是影響學生學習動力的第一因子，也充分說明父母對孩子學習的重要性。

父母的性格影響孩子的一生，在生活中，很多父母遇事愛抱怨、易怒，站在一旁的孩子都把這一切記下了，並在心中深深植入一顆種子，之後他也會像父母一樣遇事易怒、愛抱怨，而不是在第一時間想方設法去找解決辦法。

因為父母是孩子本能模仿的尋求對象，如果在日常生活裡面遇到一點小事，就跟別人發脾氣、計較，有時候說不對就動手的話，那孩子的暴躁

脾氣也有可能會被激發。所以，如果想要孩子擁有一個好的性格，父母最好在日常生活中做出好榜樣。

在家庭教育中，父母的性格可以造就出孩子的性格，正確的關愛和指引能讓孩子的一生受益。但現今父母大多以工作為重，早早便把小孩送至幼兒園或托嬰中心，社會的轉變使得老師的重要性又再次被提出來討論，所以筆者認為，現在幼稚園老師的薪資應該要大幅調漲，因為他們負責孩子們的啟蒙教育，將影響孩子的一生。

待孩子長大開始讀書後，成就便在於個人，能否將內容融會貫通，就看自己是否願意花時間學習，所以傳授高等教育的教授們，其薪資水平其實不用那麼高，因為一名學生的成材與否全看他自己，相形之下，幼稚園與小學的教育反而更重要。

環境決定性格

俗語說：「三歲定八十。」這句話並非沒有道理，孩子三歲、七歲、十歲的時候，是成長過程中重要的三個關鍵點，他的身體、智力以及心理，甚至影響他一生的生活習慣，都會在這個時候養成。

一個人的出生，不能說有性格，但是有「脾氣」，這是自然對性格的影響，心理學家巴夫洛夫對人格生理基礎的研究，被認為是一個有價值的參考。

例如有的寶寶剛出生時，吃東西比較安靜、不太愛哭，對新奇的事物也不太感興趣，容易覺得乏味；有的孩子則活潑好動、愛吵鬧，對新事物相當好奇；有的寶寶則可能焦慮難耐，坐立不安等等，這是受遺傳因素影響的人格層面。

所謂環境決定性格，這裡的環境包括先天環境、後天環境，一個人性

格的形成與天生的性格有關，也與後天環境有關。
人是相當複雜的動物，可以很快適應一種新的環
境，接受環境所帶來的影響，且人的學習能力特
別強，所以後天環境會間接影響人的性格，一個
人性格的形成雖是天生的，但也會被後天生活的
環境所改變。

後天生活的環境對性格的養成很重要，它可
以讓人磨滅之前尖銳的性格從而變得圓融，每個人都有天生和受後天環境
影響的性格，正是這兩種因素的結合，一個人真正的性格才被塑造出來。

每個人性格的不同，在接受新事物和新環境的能力也就不同，性格分
好多種，也可以說我們每個人都會有好幾種性格，只是我們經常表露出來
的性格只有一種。

如果一個人的性格天生內向，只要將他放在一個人多的環境，每天和
許多人接觸，性格便會慢慢變得外向，但人群少的時候，他顯現出的性格
仍會是內向的，可見外在環境會帶來多大的性格變化。

人有好幾個面相，面對不同的人，就有著不同的一面，同時表現出不
同的性格。俗話說：「江山易改，本性難移。」指天生性格很難改變，但
其實並不然，雖然很難改變，但如果後天環境發生變化，那性格也會產生
變化，沒有什麼東西是永遠一成不變的。

「龍生龍，鳳生鳳，老鼠的兒子會打洞」或許就是這個道理，人的性
格是與生俱來的，很難改變，但社會環境的復雜，生活環境的多變，我們
會為了更好的適應社會、面對生活，致使性格產生改變。一旦性格發生變
化，就會影響思維，而思維受到影響後，就會改變行動，最後行動造就各
種結果，一環接著一環，人生的風景也就此不同了！

3 如何擁有優質團隊及神人級的導師

　　成功的人生，需要我們主動出擊，積極的人才有未來，才能走的更遠！成功是透過主動爭取獲得的，消極等待的人，只能品嚐失敗的滋味，唯有主動出擊才會獲得更多成功的機會。成功的關鍵在於行動，在於積極主動的態度，熱切地衝向成功，它不僅不會躲開你，還會向你張開雙臂。所以，若想擁有神人級導師及優質團隊就要主動尋找，積極對接。

　　很多人在處理事情的時候，往往會產生一種被動的等待心理，認為神人級導師會主動找上門，因而與成功擦肩而過。又好比早上鬧鐘鈴鈴作響，應該起床了，有的人卻是伸手將鬧鐘關掉，心想著：「還有一些時間，再睡一會兒……」結果不小心睡過頭；有的人則是已經到辦公室，但仍不慌不忙地品茗，做自己的事情，未進入工作狀態。

　　試問這樣的人能做好事情嗎？消極的態度只能換來可憐的業績，唯有積極主動的人，才能有好的成績，取得較大的成功。因此，我們時刻都要保持一顆積極的向上之心！消極等待是成功最大的障礙物，無論何時何地，我們都要抓緊時間，主動出擊，努力替自己爭取，不等待、不拖延，為自己創造更多成功的機會。

🔍 團隊、導師的重要

　　有句話說：「讀萬卷書，不如行萬里路；行萬里路，不如閱人無數；

閱人無數，不如名師指路；名師指路，不如貴人相助；貴人相助，不如自我覺悟。」

這是很多讀書無用論者慣用的口號，原因和我們現在的教育制度有關。很多大學生畢業後找不到理想工作，或是工作和自己所學的專業並不契合，這時就會有人感嘆了：百無一用是書生啊！

其實讀書最重要的是培養獨立思維，進學致和，行方思遠，其次才是學習知識。所以，對於這句話的理解應該是這樣的：「已經讀萬卷書了，再讀下去可能對自己並沒有多大的幫助，不如行萬里路吧，世界那麼大，我想去看看。」

假如你已經行萬里路，眼界相當開闊了，那不如多和人打交道，握有人脈，在關鍵時刻絕對能派上用場。但在與很多人打交道的過程中，如果沒有人對你的將來加以指引，這樣效果可能會不如預期，所以我們不如找個人來為自己指條明路。

擁有名師指路，未來辦事就相對容易多了，接著你可以再利用身邊一切的資源，組成團隊來助你一臂之力，成為在背後支持著你的貴人。知識有了，眼界開闊了，團隊有了，神人級導師有了，如果全部具備後，你還不能鼓起勇氣去完成夢想、達成目標，那你所做的準備就全白費了。

千萬記得將「讀萬卷書，行萬里路，閱人無數，名師指路，貴人相助，自我覺悟。」這二十四個字串聯起來，相輔相成，相信成功一定離我們不遠了。

🔍 神人級導師在哪？

在尋找神人級導師前，你必須非常清楚地知道「你要的是什麼」，這樣子才可以依據你的需求，去找尋神人級導師，那重點來了，請問神人級

導師到底在哪裡呢？

下面與讀者分享尋找神人級導師需具備的要素，能提升你遇到神人級導師的機率，讓你找到神人級導師的機會大增。

 ## 富含感恩的心

有些人心中飽含感恩的心，其所散發的潛意識，會使神人級導師覺得幫助他，有極高的價值。感恩的心不能理解為口頭上說謝謝，而是要打從內心深處真的感謝他人，如果只是表面感恩戴德，內心刻薄怨恨，那散發出的氣場、潛意識溝通仍舊是負面的！

假如你是滿腹牢騷、思維負面，總抱怨不停的人，那神人級導師容易對你敬而遠之，有意無意地覺得和你相處不舒服，這種感覺受到潛意識影響，意識層面說不清楚，反而會漸行漸遠。

成就欲望大

神人級導師也是一般百姓，並非聖人，什麼回報都不要的神人級導師實際是不存在的，給予協助後，可能會要求物質回報或是精神回報，如果你成就欲望小，那神人級導師的回報也就沒希望了，所以成就欲望大的人，才容易遇到神人級導師。

聰明的人

聰明的人考量的層面較廣，事業相對容易成功，神人級導師得到回報的可能性才大，因此聰明的人更容易遇到神人級導師。

4 大氣的人

　　神人級導師從自身經驗知道，小氣的人事業不容易成功，大氣的人事業容易成功，所以貴人總喜歡幫助大氣的人，幫助這樣的人才有價值。若你總愛斤斤計較，內心情緒容易受到波動，過於好面子（好面子的人做事縮手縮腳，而且不喜於承認別人對他的幫助），相對地，他們的抗挫折能力也差，因而不太容易吸引到神人級導師的親近。

5 交際面廣的人

　　這就是機率問題了，喜歡進行大量社交活動，結交人際關係的人，會比一般下班就回家的人，來得更有機會遇到神人級導師。

6 創新能力強的人

　　創新力強會給人一種解決問題能力強的暗示，而且創新力強的人特別引人注目，容易吸引神人級導師的興趣，感覺這類人的事業較容易成功，值得幫助。

7 行動力高的人

　　所謂行動力高就是有想法，很快就能付出行動，而不是左思右想，瞻前顧後。神人級導師從他過往的社會經驗可以推斷出：行動力高的人，事業容易成功，所以行動力高的人，一般較容易遇到神人級導師。

8 開心的人

　　開心的人容易讓別人開心，正如前面所述，神人級導師也是一般人，所以同樣會有逃避痛苦、走向幸福的想法，喜歡和開心的人待在一起，這

樣他們自己也開心，幸福感也更強，因而喜於和正能量的人，也就是開心的人相處。

⑨ 魔法講盟這兒就有

魔法講盟身為台灣最大的成人培訓機構，魔法弟子團隊人才濟濟，有各大公司的高管和各產業老闆，最重要的是他們都非常熱心，喜於幫助有需要的人，並與之合作互利。

魔法講盟開設的課程眾多，加入的人可以藉由這個平台學習到許多不同領域的知識，且加入魔法講盟還有個最重要的重點，就是可以透過魔法講盟與筆者接觸，加入魔法弟子，筆者與其他大師們就是你最佳的神人級導師，不僅為你指點迷津，更為你鋪設康莊大道。

成為弟子可謂一項保證獲益的投資，要知道在外找尋頂級顧問諮詢，一小時收費超過三萬元，有些知名顧問的價格更高得嚇人，但向筆者及魔法顧問團諮詢終身受用，無任何時間限制，且魔法講盟臥虎藏龍，加入弟子成為魔法一員，便可共享現成的團隊資源，真是打著燈籠沒處找。

相信大家都有在外汲汲營營找尋貴人的經驗，當你以為自己好不容易發現貴人的時候卻是一場空，這時你浪費的不只是時間，更是這段時間內可能錯失的各種寶貴機會。錢財沒有了可以慢慢賺，可一旦機會喪失，那就永不復返了，人的一生中有三至五次翻身的機會，為什麼有的人可以乘著風口翻身致富，有的人卻一輩子在尋找機會呢？

這一切都可以歸因於沒有神人級導師帶領，沒有團隊可以相互借力，助你往風口上躍進，所以，倘若你這兩項背景都沒有，那翻身的機會自然

是微乎其微。

馬雲曾說，很多人輸就輸在他對於新興事物及機會的掌握，第一他看不見，第二他看不起，第三他看不懂，第四他來不及。

可以試著回想一下，是不是每個成功人士都是：當別人不明白的時候，只有他明白自己在做什麼；當別人不理解的時候，只有他理解自己在做什麼；當別人明白了，他已經富有；當別人理解了，他早已成功。

任何一次機遇的到來，必將經歷四階段：「看不見」、「看不起」、「看不懂」、「來不及」；任何一次財富的締造，必將經歷一個過程：「先知先覺經營者；後知後覺跟隨者；不知不覺消費者！」

人們常說眼界決定一個人的高度，可什麼是眼界呢？國語辭典解釋為：視力所及的界限，亦指經歷事物的範圍。但在筆者看來，比起見識的廣度，眼界更是一個人看世界的深度，一個人的眼界與年齡無關，與見識有關。並非年齡增長後，一個人的眼界就得以開拓，一名深居山林的老翁，其見識寬度不一定比得上在都市生活的兒童。

一代比一代強的原因就是獲取的資訊日趨豐富，站在前輩們的肩膀上，晚輩們可以盡可能避開其走過的彎路，在已知的領域繼往開來，在新鮮領域開創新的天地。

現在市場的變化速度有多快？從第一台電腦誕生到網路被發明出來，不過四十餘年的時間；從一般的網頁瀏覽到電子商務的崛起，也不過二十年；從智慧型手機普及到網商遍地，不過十餘年。

在變化快速的年代下力求發展著實不容易，不可能所有的知識、機會、新玩意都要親自去了解，魔法講盟身為一間知識服務機構，自然網羅了世界級的人才、最新的商業模式、最佳的投資機會，是擁有最多貴人的地方，賺錢機會最多的項目魔法講盟也都有，所以如果你需要團隊，遠

在天邊，近在眼前，歡迎加入魔法講盟這個大家庭，也期待你成為魔法弟子，由筆者及其他大師共同擔任你的神人級導師。

🔍 最好的團隊應具備哪些特質

「真正的團隊」意思是一群人以任務為中心，互相合作，每個人都把個人的智慧、能力和力量貢獻給自己正在從事的工作。

那究竟最棒的團隊是由哪些元素組成呢？又或者只是運氣好而已？經研究發現，其實擁有成功團隊的跨國企業，都大致擁有以下八大特質。

1 強烈的目標感

這是高效團隊首要的特徵。一支高效團隊，其成員要具有強烈的目標。所謂「強烈」，是指團隊成員不但清楚且認同團隊的目標，還具有非常強烈的行動力準備去實現，也就是「我要做」和「要我做」的巨大區別，OKR 系統是也！

2 歸屬感、認同感

團隊成員對自己所在的團隊，具有很強的歸屬感和認同感，進而產生凝聚力，彼此間容易精誠團結合作、齊心協力地克服困難，反之，「人在曹營心在漢」的隊員，就毫無歸屬感，別指望他們為團隊做出何種貢獻。

3 有建設性的衝突

在優秀的團隊中，成員之間不一定能完全同意彼此的意見或想法，但他們會以有建設性與尊重彼此的方式進行溝通協調，雖然較困難，但卻是必要的。

賈伯斯擔任 Apple 執行長時，他堅信「建設性的衝突」能為 Apple 帶來無比的力量，因為員工們能在溝通過程中激盪出火花，甚至激發出嶄新的商品或服務，因此他時常鼓勵 Apple 員工能對現有的想法進行精煉，以期得到更好的解方。

若團隊總是處於和諧的狀態，成員間不將心中的意見或疑問提出，那整個團隊的成長與創新想法將會停滯不前。

團隊成員彼此賞識

真正優秀的團隊，領導者與每位成員之間能欣賞彼此的優點與良好表現。研究指出，「團隊成員之間的彼此賞識」會對個人的工作表現產生極大影響，因為每位成員不同的觀點與專業技能，都受到其他人的尊重與賞識。

良好的人際關係

團隊成員間具有良好的人際關係，互相信任與尊重，則相處融洽，彼此溝通順暢，為完成任務提供了強而有力的合作基礎。

倘若台面上一團和氣，台下勾心鬥角，再有本事的團隊成員，不能形成合力，也很難發揮其作用，一切皆由團隊氛圍使然。

熟練的工作技能

這是解決問題、克服困難的直接所需，團隊成員們不僅知識豐富，而且技能高超，還能互補，這是高效團隊處理問題經常要運用到的。

成員有了技能，才能為團隊承擔責任、解決問題，為達成目標提供了可能。俗話說「學好數理化，走遍天下都不怕」、「萬貫家產不如一技傍

身」，雖然有它的片面性，但面對工作問題，技能確實是非常重要的。

7　統一的價值觀

團隊成員除言行相對規範、標準相對統一，價值觀也必須盡量統一，進而具有較高的使命感，為團隊的長久運行提供保障。所謂「精氣神」，就是團隊由內向外的展現，這也是高效團隊與普通工作群體的區別。

8　好的領導

團隊的領導是團隊成敗的關鍵。人們常說「一隻綿羊帶領一群獅子」，意思是領導不行，手下雖然有水平，但結果仍會是不好的；而「一隻獅子帶領一群綿羊」，意思是領導的作用非常關鍵，通常情況表現不錯，但如果起關鍵作用的領導人有了什麼意外，這對團隊也是極大的威脅，是一隱憂。

因此，我們要追求「一隻獅子王帶領一群獅子」，即俗語說「強將手下無弱兵」。高效團隊的領導往往會以群體的形式表現，比如領導層、領導核心骨幹、梯隊成員等，而不僅僅只有特定一人在領導。

總之，具備以上八大特質的高效團隊，就是管理者手中的制勝法寶，也是他們高水平管理的體現。

如何借力

小成功靠努力，大成功靠借力！借力，是最高明的處世之道，努力盡力不如借力！

什麼是槓桿？其原理就是「力」×「距」的概念。

「力」就是「量體」，量體越大，力量越大，通常有形或可計數，例

如：百萬會員、上億資金、每日千萬流量等；「距」就是「乘數」、「放大」的概念，通常是無形的資源或狀態，例如：權力、人脈、資訊不對稱、專業、機運。

當「力」與「距」交會，自然就能產出相當巨大的力量。這股力量，是每個人都需要學習如何應用的，任何人若能將「力」或「距」其中一項發展到一定水準，就能帶來可觀財富，二者兼備，發展無可限量。對一般人來說，正因為擁有的資源較少，因此「力」比較薄弱，這時候就更需要關注在「距」的乘數上。

也就是說，如果你擁有的「力」只有二分，那找到乘數十分的「距」，你就能擁有二十分的轉動能量；如果找到乘數五十分的「距」，你就擁有一百分的轉動能量，需要多少「距」，端視你想舉起的東西多重。

「人脈」是最典型的「距」，一件你做不到的事，但朋友一句話就幫你擺平，這就是槓桿點發揮了作用。

因為講一句話不用什麼成本，但可以發揮的效益卻很大。「權力」也是一種「距」，在你最需要的時候，即使只是個小獄卒，他也能決定你的生死。掌握權力，就有了扼守某種關卡的正當性，雖然權力是無形的，邊際成本往往也低，但往往能在關鍵時刻扮演最重要的角色。

那該如何應用槓桿為自己加值呢？你可以思考以下兩點。

▸ 我是否具有某種槓桿是他人沒有的？那我應該去找出需要的人，將槓桿借給他，換取雙贏。

▸ 我是否需要某種槓桿，是他人有而我沒有的？那我應該去找出擁有這種槓桿的人，跟他借來，共創雙贏。

如果說，「槓桿」是以小搏大的關鍵要素，那「借用」就是具體行動。商業上說的「Leverage」其實有兩種含義，一種是行為上的，一種是資源上的，前者是動詞，後者是名詞。

雖是如此，但「借」談何容易？其深入的核心精髓僅在「信任」二字而已。因此，為什麼商場說「無信不立」，那是因為「信任」是成就「借」最重要的要素；而「借」則是成就「槓桿」的具體行動。

做事情永遠不要單向思考，同樣做一件事，是產出一分的效果，還是產出十分的效果，全由你自己決定，其關鍵就在於槓桿的應用而已。不管你是上班族還是創業老闆，若能懂得槓桿的運作邏輯，自然可以幫助你把事情做得更快、更好。

子曰：「君子生非異也，善假於物也。」意思是說君子跟普通人在資源上沒什麼不同，只是君子善於借助外物罷了。所有賺大錢的人都是懂得借勢、借智、借力的高手，賺到大錢的富人一般都善於運用借力思維處理問題。

透過借力不斷整合資源把別人的結果直接拿來，轉身為己所用，從而快速成就自己，輕鬆賺取巨大財富。

世上 97％ 的普通人凡事事必躬親，喜歡從零開始努力，不懂得借力思維，結果最後大都一事無成，我們應該學會善於借助他人的力量，自己才有更多的時間和精力去處理更重要的事情。

在生活中，我們不能以自己的智慧代替所有人的智慧，要充分借助他人的力量來協助自己，針對不同的人，用不同的方法來借。懂得如何借力，借他人之力為己之力，這才是最高明的處世之道。

「弱者，無為而為；強者，順勢而為；智者，借力打力，當借力而行。」意思是說聰明的人，應該借助外力來尋求發展。當今社會競爭激

烈，要想擁有一席之地，在複雜的商戰中過得瀟灑，僅靠單槍匹馬是行不通的。

尤其現在更是講求合作共贏借力使力的時代，可以說一個人借力的能力，就是他賺錢的能力！富人之所以厲害，便是因為他們懂得借力，用自己的力量，你永遠只是一個人的力量，用一伙人的力量，那就是很強大的力量，所以我們應該學會「借力」，並善於「借力」。

與強者為伍

過農曆年回家時常常會有以下情況，一群三姑六婆圍著你，一個問你工作的薪水，另一個問你為什麼還沒有結婚，這樣的場景相信很多讀者都心有戚戚焉，還有更讓人不爽的，就是同齡之間的比較，尤其是當對方與你的背景、學歷、經驗接近時，對方取得了不俗的成就，相較之下你卻沒什麼成績，這種嫉妒、焦慮感會更加強烈。

又比如年底了，老闆給你加薪五千元，高興吧？肯定很高興，但如果你發現，老闆給另一個跟你同職位、同期進公司的同事加了七千元，這時你還會覺得高興嗎？可能就不會了吧。

憑什麼啊？明明兩個人職位一樣，平時業績也沒有比較好，憑什麼他的薪水比我高？不公平啊！

這種心理可以理解，人們經常會認為和自己相似的人，應當取得與自己同等的成就，一旦發現跟你差不多的人，取得的成就竟超越自己，內心的平衡很容易被打破。這種內心自認為的不公平感就像病毒一樣，不斷侵蝕一個人的身體，讓我們無法接受別人的成功。

明知嫉妒不好，卻情不自禁上癮，一次次加大劑量，別人必須不如我，只有跟比自己弱的人在一起，才充滿成就感，這就是窮人思維，弱者

的玩法，不敢承認自己的弱，反而抽刀鞭向更弱的人，一次比一次弱。

強者會怎麼做呢？強者會從嫉妒心中走出來，接受自己和他人之間的差距，學習他們的優秀之處，並爭取與其合作。就因為弱，所以要懂得「依」強，這才是變強的關鍵。筆者跟各位分享一則小故事……

大街上有一個人在耀武揚威地喊：「誰敢惹我？」但沒人理睬他。

這時有名壯漢走上前來，說了一句：「我敢惹你！」

你以為他在彪形大漢面前就弱下來了嗎？並沒有，這名耀武揚威的人馬上摟著壯漢的胳膊，更大聲地說：「現在誰敢惹我們倆！」

看到沒？承認自己的弱，然後找比你強的人，欣賞、學習、合作，這樣才能讓自己變得更強，這就是借力，聽起來好像很簡單，但做起來卻很難。那請問難在哪？難就難在與強者合作前，得先誠實地面對自己，承認自己不如別人之處，試問你能做到嗎？

還有一個真實的故事，關於著名物理學家法拉第和他的老師戴維師徒反目的事。法拉第還沒成為物理學家前，只是名書店員工，但他對物理有著濃厚的興趣，在某次偶然的機會下，他聽了當時人名鼎鼎的物理學家戴維在皇家學院的講座，因而萌生進入皇家學院的想法。

進入皇家學院是很困難的，你必須要有關係，不然就必須是一名天才，法拉第知道自己沒背景，更沒上過任何物理專業課程，若要實現這異想天開的想法，進入皇家學院，只能厚著臉皮到處請人幫忙。

他首先嘗試寫信給皇家學院，請求對方能給他一份工作，掃地、打雜……等什麼苦差事都行。好不容易進入皇家學院，有機會接觸到他心中的物理學大師，法拉第決定再賭一把，他把當時戴維在講座上演講的內容記下來，裝訂成精美冊子，鄭重地送到戴維家中。

附帶一封信，上面寫著：「我不奢求成為跟您一樣的科學家，但我

希望能向您一樣的科學家靠攏。經過再三考慮後，我鼓起勇氣寫這封信給您，並把演講的內容重新謄抄了一遍，以示對您的尊重。但願您能在百忙之中見我一面，聽聽一個喜歡科學的窮孩子那真切的想法，看到一個情真意切、初生之犢不怕虎的年輕人。」讀完信的戴維彷彿看到年輕時的自己，於是決定收法拉第為徒，讓他當自己的助手。

剛開始，師徒兩人的關係還算融洽，做實驗、拜訪學者、舉行講座……一切跟科學有關的活動，戴維都會帶上法拉第，而法拉第也非常珍惜這些機會，細心地準備資料，舉行講座時，他就在台下幫忙記錄，直到某天在幫老師整理資料時，偶然發現電與磁的關係還沒有被研究出來。

於是，法拉第開始查閱有關電與磁的文獻，不斷做實驗，最後透過簡陋的裝置，發明出世上第一台電動機，實現電與磁之間的相互轉變，並第一時間向外公布。戴維得知後火冒三丈，認為電磁學效應明明是自己最先研究的，法拉第只不過是一名小小的實驗員，怎麼可以比他還快研究出來，將風頭搶走，嫉妒之心就這麼在戴維心中萌芽。

戴維表面上仍和和氣氣，但內心已將法拉第視為自己最大的競爭對手，一心想把法拉第拉下來。而電動機的發明，讓年僅二十二歲的法拉第聲名大噪，皇家學院的同事對這位年輕人很是欣賞，舉薦他加入皇家學會，法拉第夢寐以求的一天終於到來，但戴維卻一盆冷水潑了下來說：「你才二十二歲，進入皇家學會還早呢，需要再磨練磨練」。

戴維身為皇家學會會長，還是法拉第的恩人，德高望重，自覺可以主宰學生的一切，但他錯了，法拉第還是決定試試看，這讓戴維相當不悅，心想若真讓你進了皇家學會，不就威脅到自己的位子了嗎？絕對不能這樣。

戴維說：「法拉第先生，我請你轉告那些提名你當候選人的皇家學會

會員，請他們撤回對你的推薦。」但沒有一個人聽他的話，大家反而認為戴維在無理取鬧，讓原先反對法拉第的會員們倒戈，轉而支持法拉第。

眼看怎麼也阻止不了這些會員，戴維只好以各種理由，推遲選舉會議，直到半年後才正式選舉，且只有一個人給法拉第投了反對票，那就是戴維。法拉第對戴維自始至終都是欣賞的態度，他知道自己不如老師，所以虛心學習，稱職地完成助手的工作，他也懂得只有和老師合作，才能收穫到更多；若合作不愉快，只會兩敗俱傷。

這就是強者思維，敢於承認自己的弱，並持續、努力地向強者學習、向強者靠近，與強者為伍。那要怎麼和強者合作呢？以互惠互利、利益共享、風險共擔為原則，相信這些實操技能大家都聽過，但比實操技能更難掌握的，其實是心理建設。

所謂的心理建設，就是欣賞強者，要知道人外有人，天外有天，可以全方位碾壓你的人可能不多，但能在單一、兩個方面碾壓你的人卻有一大群，且這群人中有的可能比你年輕，他們的經驗可能不如你豐富，見識或許也不夠你廣闊，但只要他有一項比你強，就值得去欣賞和學習。

比如很多熱愛跑步的人，會報名參加馬拉松，跟著一流的選手一起跑，不斷靠近第一名，因為這意味著自己正不斷進步。又好比打羽毛球，大家都喜歡找比自己打得好的人一起打，只有不停地切磋，才能提高自己的球技。換到學業、事業、愛情等方面也是如此，靠近那些比自己強的人，才能學到更多，自己才能變得更優秀。

而作為強者，也沒必要躲著弱者或輕視弱者，因為強和弱是相對的，在未來某一天，你當初認為的弱雞會迎頭趕上，說不定會成為某領域的佼佼者。

所謂三人行，必有我師焉，看看身邊不斷往上前進的人，哪個不是拚

命向強者靠齊，你現在還很菜，某些方面比不上別人，但沒關係，只要願意抓住機會向強者學習，與強者合作，總有一天你也能變強者，這種強者思維，才是最值錢的，不妄自菲薄，不嫉妒比你強的人，也不輕視弱者，這樣的人，才是真正打不倒的強者。

全球華語魔法講盟　兩岸知識服務領航家，開啟知識變現的斜槓志業！

魔法弟子享有多重資源與好處

01	過去、現在與未來課程永遠免費	06	搭建平台舞台，落實執行力
02	教學相長，亦師亦生，助人助己	07	商機決策教練團，自助互助
03	弟子圓桌會議&旅遊論劍	08	多元投資機會，增加被動收入
04	創業顧問個別諮詢	09	表現優異的弟子可參與豪宅分房
05	高端人脈取得資源	10	參與接班人秘訓，表現優異可成為企業接班人

**魔法講盟多元化培訓弟子，以創造個人價值，
擁有富足精神生活，實質提升生命與生活的品質為宗旨！**

圈子改變命運

圈子可以讓一個人做出不同的選擇，例如你手上有一個剛剛吃包子剩下的塑膠袋，正想著哪裡有垃圾桶可以丟掉，但如果你身處於一間五星級酒店，牆上掛者世界級的名畫，地上鋪著高級的波斯地毯，這時一定不會想把手中的塑膠袋隨意丟掉。

另一個場景是你在人潮很多且環境雜亂的夜市，垃圾丟得到處都是，我相信你也會很順手地將手邊的塑膠袋隨意亂丟，而且心裡不會因為亂丟而有一絲絲的罪惡感。同樣是手拿礙事的塑膠袋，但在不同場景就會做出不同的選擇，就如同你在成功者、有錢人的圈子容易成功；在貧窮者、常負面思考者的圈子中就容易失敗。

一個人的身份高低，由他周圍的朋友決定，朋友越多，即意味著你的價值越高，對你的事業幫助越大。朋友是你一生不可或缺的寶貴財富，因為朋友的相助和激勵，你才會戰無不勝，勇往直前。

科學家研究認為：「人是唯一能接受暗示的動物。」如果你想跟雄鷹一樣翱翔於天際，那就要和群鷹一起飛翔，而不是與燕雀為伍；如果你想跟野狼一樣馳騁於大地，那就要和狼群一起奔跑，而不能與鹿羊同行。有句話說：「畫眉麻雀不同嗓，金雞烏鴉不同窩。」可見潛移默化的力量和耳濡目染的作用有多麼深遠。

因此，生活圈子決定著你的命運，你接近什麼樣的人，就會走什麼樣的路，正所謂物以類聚，人與群分，在現實生活中，你和誰在一起相當重要，甚至能改變你生活的軌跡，決定你人生的成敗。

和勤奮的人在一起，你不會懶惰；和積極的人在一起，你不會消沉；與智者同行，你會不同凡響；與高人為伍，你能登上巔峰。同理，如果你想變得聰明，就要和聰明的人在一起，你才會更加睿智；如果你想優秀，就要和優秀的人在一起，你才會出類拔萃。

簡言之，要是你與狼在一起，終有一天會成為狼，與豬在一起，終有一天會成為豬！

🔍 跟對人，你就成功了一半

每當夜深人靜的時候，想著自己曾走過的路、見過的人及路過的風景，雖不常記起，卻也從未忘記。在人生前進的路上，勢必會與一些人在一起接觸、一起共事，但只要你跟對了人，就能少走彎路，成功了一半，可究竟要跟著誰呢？

俗話說：「名師出高徒，強將無弱兵。」做人不能太懶，要跟著名師、強將，力求進步，敢於打拼，人生才會有出息，永遠要記住，你是誰並不重要，關鍵是你決定跟誰，同在哪支隊伍上，而別人又是否願意和你一同努力呢？

試問，誰是你想要學習的人生導師呢？想成功，先為自己找對方向吧！

窮人只能教你如何縮衣節食，小人只會教你如何坑蒙拐騙，牌友只記得約你打牌，酒肉朋友只曉得催你乾杯，但成功的人卻會教你如何成功。

世界行銷之神傑・亞伯拉罕，他不僅是亞伯拉罕集團的創始人兼執行長，更是具有傳奇色彩的營銷大師，被譽為「世上最偉大的市場行銷智囊」、「直接營銷鬼才」、「零售領域獨一無二的專家」、「國際第一營銷管理大師」。

輔導過五百多種不同的行業、萬家企業，個人諮詢收入更超過一億美金，被《財富》及《富比士》雜誌評選為全美最偉大的五位商業決策教練之一，至今接觸過的成功人士有上萬名，以上經歷讓他發現成功人士的共通點就是——擁有一位人生導師。

而他便是別人的人生導師，其中包括 IBM、微軟、花旗銀行、聯邦快遞等知名跨國企業。《成功雜誌》、《美國畫報》、《企業家》、《華盛頓郵報》、《芝加哥論壇報》、《紐約時報》及《洛杉磯時報》均曾專文介紹亞伯拉罕的故事。

就連世界第一名的潛能開發大師安東尼·羅賓，也同樣遵循著傑·亞伯拉罕的行銷策略，使自己瀕臨倒閉的公司起死重生，在一年內成為世界第一名、暢銷書作者、億萬富翁。聯邦快遞創辦人麥克爾·巴斯也說：「傑·亞伯拉罕教給我們的行銷技巧和策略，好學、好用、好賺，三輩子都用不完。」

可見，跟對了人等於成功了一半，但另一半還是得靠自己的悟性跟行動力，經常和成功者在一起，得到高人、貴人的指點提攜，再加上你的努力，相信你的視野定會更加開闊，事業從此蒸蒸日上。

當然，打鐵還須自身硬，千萬不要為人蠅頭小利、斤斤計較，做人就要大度、有氣量，站得高才能望得遠，記得筆者曾聽過一句話：「有些人活得如魚得水，有些人過得寸步難行。」其中意涵應該就是如此吧？

其實，我們每個人都有一把鋤頭，只是究竟適合在哪一塊土地「施展武藝」，這還得問問我們自己。所以，人要成功就必須先從挑選「人生導師」開始，那該如何挑選「人生導師」呢？

想讓人生隨心所欲的首要條件便是——選擇對的人生導師。若一開始

就選錯，一步錯、步步錯，你的人生因此不進反退。而選擇導師，你可以從五個方向思考。

1 從工作領域找頂尖人物

工作達到一定成果後，才有可能擁有理想的生活方式，而且必須在你想從事的行業中，挑選出一名頂尖的人物，並預期他三年後還會持續活躍，他才有資格列入考量。

2 擁有五本以上著作的人

出版社編輯是辨識一流人才的專家，選擇出過五本書以上的人作為你的導師，可以降低選錯的風險。

3 經歷過嚴重挫敗並東山再起的人

在慘痛的情況下能夠重新站起來，且現在過著理想生活的人，是真正值得學習的導師，因為這樣的人能理解身陷困境的心理，也因為有過挫折經驗，所以能傳授谷底翻身的密技，與你分享確實有用的經驗之談。

4 不以前輩或上司為導師

找身邊的人當導師，或許能在現階段使你帶來益處，但可能無法實現你的理想，即便他是業界翹楚、權威，因為與你越親近的人，有時候很多話反而不好意思說。

5 不可找已故人物

歷史人物必然有其學習之處，但礙於時空背景不同，當時的想法與觀

念無法相提並論，更別說要運用在現代了。我們應當與時俱進，和現在最具代表性的人物學習才對，畢竟趨勢不同，以往的作法到現代，很有可能已被淘汰。

例如你學習某銷售高手的做法，挨家挨戶進行推銷，要將自己打造成陌開高手，但現今很多銷售都在網路上進行，而且人與人之間的相處，早已沒有以往那種信任關係，你上門叨擾吃閉門羹的機率非常高，所以，若能以更省力的方式成交，又為什麼要選擇較辛苦且成交率低的方式呢？

那選定後，要如何向他們學習？

找到合適人選，接著就是一步步地模仿、複製他的思維與模式，最重要的是與他親近，而最完美的方式即是──你的生活中有他，他的生活中有你。

你可以開始閱讀導師的著作，理解思維與行動，至少要讀完導師的書，且從舊作讀起，如此一來能依時序得知導師的生命故事，並了解他為何轉變。

再來就是參加導師的演講，近距離與之接觸，參加演講、研討會，學習導師的談吐。最好可以找大型活動參加，因為人數愈多，講者就必須更努力表現，提高大家的滿意度，同時也可增進自己的人脈圈；其次是找其著作相關的活動，藉此加深對書籍的理解。

在市場上有非常多這樣的人，總吹捧自己有多麼厲害，但真正的神人級導師有著貨真價實的學問，除了滿腹經綸足以為你領航外，背後更有著許多實質資源能幫助你，而不是出一張嘴，大肆吹噓、高來高去。

筆者就看過太多自稱董事長的人，看似光鮮亮麗，但臨時跟他借一、兩萬現金救急，卻拿不出來，我並不是說一個人是否為神人級導師，要看他的財力，而是身為一名神人級導師，就應當言行一致，做事可以高調，

但做人必須低調，倘若導師只會說大話，要如何取得他人的信服，在他的帶領下，你的成功可能也會打折扣。

所以，你要依照自己的需求，去尋找適合你的神人級導師，比如想要賺大錢致富，那神人級導師的資產，至少就要是億萬富翁等級，這樣你才有機會賺千萬；又比如你想要站上國際舞台，那你找尋的神人級導師，最好要擁有這方面的資源；又比如你要找的是能讓你身材更好的導師，那你的導師就必須擁有一身完美的身材、強健的體魄。

因為唯有已達成類似目標的神人級導師，才知道那條路怎麼走，而魔法講盟便擁有諸多資源能夠提供，只要成為魔法弟子，筆者也會釋出手中的資源，弟子們飛黃騰達，我樂觀其成，所謂內舉不避親，加入魔法講盟，絕對能改變你的一生。

趨勢創造財富

限制自身發展的主要因素無關智商或學歷，而是我們的生活圈和工作圈以及身邊的朋友，若你的生活圈只是每天周而復始的上班、下班，重複著一樣的模式，那你的發展必定受限。

大家常說要找到趨勢，且順應趨勢，但你知道嗎？趨勢其實也是一個圈子，而這個圈子必須要借團隊或導師之力才有機會進入。

小米老闆雷軍曾說：「豬在風口上都可以起飛。」每個時代都有不同的成功人士，在農工業時代的世界首富，是擁有最多重資產的鋼鐵大王安德魯‧卡內基，但從農工業時代轉變為電腦科技時代時，成功人士和世界首富又跟農工業時代完全不同了，成功人士和富豪大多是與科技產業有關的鉅子，例如當時的世界首富就是微軟公司的比爾‧蓋茲。

之後又演進到智慧型手機時代，這時候世界首富又從比爾‧蓋茲變

成亞馬遜的貝佐斯，因為手機盛行，大家上網的首選已不再是電腦，微軟的 Windows 系統使用率自然下降，大家改為使用較便利的行動裝置來上網購物，所以亞馬遜這間現今最大的電商自然得利。

而當下雖還是手機時代，但世界趨勢其實早已悄悄產生變化，漸漸往 5G 及區塊鏈發展。在區塊鏈領域中，已創造好幾位富豪，在 2017 年中國胡潤排行榜，雖仍由馬雲穩坐榜首，但值得關注的是，胡潤富豪榜上開始有許多搭著區塊鏈列車上榜的人，且上榜人數達十三人之多，身家之和高達一千一百億，平均年齡更只有三十六歲，

其中年齡最長的為四十六歲，最小的是二十六歲，令人瞠目結舌。

再將時序拉到現在，2020 年發布的胡潤全球富豪榜中，區塊鏈行業六人上榜，趙長鵬為最大贏家，在中國，新興行業比例逐漸上升。全球富豪榜中，透過新興行業積累財富的中國企業家佔比達 32%，其中來自先進製造業的人數便超過百位。

區塊鏈作為新興產業之一，共有六位資產破十億美金的企業家上榜，主要來自加密貨幣交易所和比特幣礦商。他們分別是：幣安創始人趙長鵬、OK Coin 徐明星、Ripple 創始人克里斯‧拉森、Coinbase 創始人布萊恩‧阿姆斯壯、比特大陸的詹克團、火幣的李林。

所以我們可以很明確地得知現在正是區塊鏈時代，但你有沒有一個團隊及導師，可以協助你站在區塊鏈的風口上呢？魔法講盟便是能夠提供區塊鏈資源的培訓平台，擁有區塊鏈證照班；區塊鏈講師培訓班；區塊鏈商業模式應用班；區塊鏈創業班；區塊鏈顧問輔導班，掃瞄 QR Code 便可得知更多區塊鏈課程資訊，無論

哪個班，都可以協助你站上區塊鏈風口，創造屬於你的區塊鏈世代。

人生最大的幸運，遇見願意指引你的導師

人生最大的運氣不是撿到錢也不是中大獎，而是有人願意花時間指引你、幫助你，神人級導師不僅是你的指路人，還會協助你完成人生中最重要的三件事，讓人生獲得最大的價值。

筆者曾看過一部電影《裸歸》，講述一位名叫秦軍的農民殺死人，他的母親得知後，不想讓兒子去自首，選擇包庇他，逼他潛逃到外地，秦軍的命運因此發生轉變。他逃到一座大城市，進入一家公司上班，受到董事長的重用，最後成為集團總裁。農民變為殺人犯的例子並不多見，從殺人犯變為總裁的例子更微乎其微，那位董事長是他人生最落魄時遇到的貴人，所幸最終讓他等到柳暗花明的那一天。

能讓你在最落魄時得到幫助的人，在你困頓時拉你一把的人，才是你生命中的貴人。著名作家莫言說：「我遠離兩種人，一種是遇到好事就伸手的人；另一種是碰到難處就閃躲的人。」很多人會以為，貴人就是自己的好兄弟、好姊妹，但你必須有錢，那些貴人才會站出來幫你，真正的貴人不是這樣的，真正的貴人絕不會在你困頓時袖手旁觀或落井下石，他們會在第一時間義無反顧地幫你；真正的貴人，會在你最困頓時，在行動上扶你一把，無論如何也不讓你的人生沉淪下去。

所謂神人級導師並不是直接給予你資金的人，而是開闊你的眼界，糾正你的格局，給你正能量的人，並且幫助你激發出潛能。黑澤明在自傳《蛤蟆的油》中，提到自己從小體質虛弱，不能和男生一同玩遊戲，只能和女孩子待在一起，因而經常成為同學們開玩笑的對象。小學二年級時，同學清一色都是光頭、穿和服，只有他留著長髮，一身西裝革履，和同學

在一起顯得格格不入。

黑澤明看上去就像文弱書生，但這麼一位不受同學歡迎的人，竟有著非凡的繪畫天賦。黑澤明在繪畫上重拾信心，不僅如此，繪畫也讓他其他的學科取得進步，更被選為班長，還成為學生代表出席小學畢業典禮，發表演講。

當初幫助黑澤明走出困境的繪畫老師名叫立川，他是黑澤明的貴人，將他挖掘出來，並打磨、拋光，直至他發光發亮，成為知名畫家。

導師敢於直接說出你的缺點！現在很多人都喜歡聽好話，但好話雖然中聽，卻容易讓人陷入迷茫之中，無法明辨是非，因為還是那句老話「忠言逆耳利於行」，只有狠狠被別人說出自身的缺點，內心的印象才會深刻，才能夠真正去改正。

讚美的話聽起來很美好，人人都愛被別人讚美，這也是人之常情，但如果人人都沉浸在虛假的讚美中，內心就會逐漸變得空洞，讓自己的內心迷失方向。只有真正的貴人，敢於將你的缺點毫不保留地說出來，提醒你改正，這樣你以後就不會再犯。

著名心理學家佛洛伊德說人生有兩大悲劇，一種是沒有得到你心愛的東西，另一種則是得到了你心愛的東西。那些礙於面子、怕得罪，甚至只是為了奉承你的人，他們說的讚美之詞，其實是慢性毒藥，唯有敢於大膽指出你錯誤的人，才是生命中真正的貴人。

但你也別忘了，導師雖然能幫助你，但師父領進門，修行在個人，最終是否能做得好，還得看自己的修行，人生還是必須由自己走出來。

5 找到神人級導師及團隊，改變你的一生

投資界有句話是這麼說的：「好的老師帶你上天堂，不好的老師帶你住套房。」試問，人生中又何嘗不是如此呢？擁有好的導師能讓你快速成功，若沒有導師則可能多走冤枉路，這是不爭的事實，你我身邊其實已有許多案例，只是你未將其聯想為導師與團隊的功勞。

以下舉出五個因為環境或找到神人級導師、團隊而改變一生的例子。

🔍 跟隨導師成功致富

世界上有許多汲汲營營想要賺大錢的人，但忙碌一生始終沒有達成他的夢想，而有的人並沒有立下賺大錢的夢想，最終賺到的財富卻比汲汲營營者還要多，歸咎最終原因是有沒有一個成功者讓其學習模仿。有的能力是與生俱來的，好比不用刻意練習，就天生擁有絕對音感，有的人卻是學了數十年，在音準的判斷還是存有相當的誤差。

既然自己的能力有限，就一定要懂得借力。網路上有個故事是這麼說的……

李嘉誠的司機替李嘉誠開了三十多年的車後計畫離職，李嘉誠看他兢兢業業當差這麼多年，擔心他沒工作後收入就斷了，為了讓他安度晚年，簽了張兩百萬的支票給他。

司機看到後，笑笑地拒絕老闆的好意，表示自己有一、兩千萬的存款，李嘉誠聞言相當詫異，

問：「你每個月薪資只有五、六千元，怎麼能存下這麼多？」

司機回答：「開車時候，聽到您在後面打電話說買哪個地方的地皮好，我就會去買一點；您說哪支股票可以買的時候，我也會去買幾張，跟著您投資到現在，已賺到一、兩千萬的資產！」

這是一個無心插柳柳成蔭的例子。司機對投資其實並不在行，但他有一個香港首富當他的投資導師，那司機只要跟著模仿，老師賺取數十億甚至百億的話，他至少也能賺進數百萬至千萬，可謂一人成道雞犬升天。

李嘉誠對商機有著敏銳的嗅覺，他也非常懂得如何借力。李嘉誠有一部專線專門撥給長和集團聯席董事總經理霍建寧，他既是李嘉誠的朋友，更是他的老師，人稱最強「打工皇帝」、李嘉誠背後的「隱形英雄」，曾靠一筆買賣，便幫李嘉誠淨賺千億。

多年來，霍建寧為老闆兩肋插刀，處理無數棘手的交易，李嘉誠之所以有現在的成功，霍建寧居首功。如果將長和集團比為一部電影，李嘉誠是導演，負責天馬行空；霍建寧則是製片人，負責腳踏實地，共同創造不可思議的成績。

霍建寧於 1952 年在香港出生，先後在美國、澳大利亞留學，取得文學學士學位以及多國會計師資格。1979 年學成歸國後，便進入長江實業擔任會計主任。在長江實業工作三年後，霍建寧選擇辭職創業，與友人合資創立會計師事務所。但不久後，霍建寧便重回長江實業，因為他想要的不是船，而是航行。回到長江實業後，霍建寧不再動搖，憑藉自己的才幹和能力，一路青雲直上。

十九世紀八〇年代後期，李嘉誠正處於拓展事業的重要時期，霍建寧接連在幾椿大單中屢建奇功。當時受海外業務虧損拖累，李嘉誠旗下的和記黃埔公司股價始終處於低水平，霍建寧接手後，不斷改組、收購合併，

最終成功將公司營運轉虧為盈。

李嘉誠曾說：「成功的管理者都應是伯樂，要甄選、延攬、模仿，更要向那些比他聰明的人才學習。」所謂公為青山，我為松柏，李嘉誠知人善用，霍建寧知恩圖報，究竟是誰成就了誰無法評斷，只能說是環境改變了彼此。這對黃金搭檔，是所有老闆和員工的典範，他們的故事無論放在哪個年代，都令人敬佩，值得學習借鑒。

我們可以將導師看作一棵庇蔭著你我的樹。霍建寧和李嘉誠之間亦師亦友，每一步都走得充滿智慧與膽識，且霍建寧有著一顆堅定不移的決心，他明白自己的長處，更知道在什麼樣的舞台，能將自己的優勢發揮得淋漓盡致，所以他最後寧願不做老闆，選擇李嘉誠這位導師、長江集團這個環境來發展。

科學家研究發現：「人是唯一能接受暗示的動物。」積極的暗示，會對人的情緒和生理狀態產生良好的影響，激發內在潛能，發揮超常水平，使人進取、奮進。

有人說，人生有三大幸運，一是上學時遇到一位好老師；二是工作時遇到一位好師父；三是成家時遇到一名好伴侶，有時他們一個甜美的笑容，一句溫馨的問候，就能使你的人生與眾不同、光彩照人，千萬別讓身邊缺乏積極進取的人，缺少遠見卓識的人，使人生變得平庸而黯然無光。

🔍 導師與團隊，環境可影響萬物

幼時環境與經驗對動物行為的影響，東方人是「由小看大」，西方人認為「兒童是成人的縮影」。有不少科學家對孩童如何轉變為今日大人很感興趣，做了不少研究，但能得到的知識、科學根據還是相當缺乏。

舉例，智慧到底是透過遺傳取得，還是經由環境便能改變呢？許多專

家研究、討論過這個問題，但至今仍沒有定論，只知道兒童人格與情緒模式的形成，跟所在的環境有著絕對的影響。

但在較低等動物的研究，我們有得出一些清楚而明確的資料，雖然動物表現的行為與人不太相同，卻還是有助於我們了解生物體對環境的基本反應。例如恐懼始終被認為是一種「條件性」的情緒反應，好比一項物品或事件與巨響、疼痛或下墜產生關聯後，小孩未來碰到同樣的東西或事件，便會直覺地產生恐懼，即便它已被證實是無害的。

但現在有許多心理學家認為，「恐懼」並不能完全解釋為條件性的，恐懼可能是因為「不尋常」或「沒有想到」而引起。例如，當你一個人走在漆黑的鄉村小路上，忽然一片葉子飄下打到你的臉；在夜晚聽見敲打窗戶的聲音；或其他神秘事件、神秘行為的發生，都會令你感到害怕。

筆者看過一個心理學個案，有個三歲的孩子看到父親為了討他歡心，假扮成一隻大象，但心中卻感到極端的恐懼，即便他知道那只是父親假扮的。

又有個實驗以各種不同種類，且在正常環境下長大的狗為對象，當這些狗面臨一些無害但可以引起情緒反應的東西時，實驗發現各種不同種類的狗，對同樣的東西有著不同的反應，可見情緒行為必定有遺傳的因素在影響。

因此，我們很難假設動物生下來就對某些人事物產生懼怕感，反之，動物往往會根據自己的經驗，來決定什麼是尋常什麼是不尋常。在狗的實驗中，牠們早期經驗是極其貧乏的，所以我們才會有一個極好的機會去研究遺傳及學習，探究兩者的交互作用如何決定情緒行為。

　　實驗最終清楚指出：一個具有刺激性的幼年環境，對正常的發展是很重要的，如果在此關鍵時期有經驗上的限制，將導致其心理發育遲緩。

　　電影《超越巔峰》中，描述一對老先生和他的孫女在郊外農場看到一隻「怪雞」，這隻「怪雞」原來應該是隻在天上飛的雄鷹，但從小被豢養在雞籠裡，與一群雞生活，所以老鷹從小就認為自己跟雞沒什麼區別，行為舉止也跟雞一模一樣，除了外表有所不同外。

　　看到這隻雞，老先生想起他的職業棒球生涯，從小加入球隊但屢遭挫折，是父親一直在旁邊鼓勵，他才得以成為眾所矚目的棒球明星。

　　於是，他向農場主人買下這隻「怪雞」，希望可以讓鷹重回天空翱翔。在草原平地，鷹無法順利起飛，於是老先生將鷹帶到半山腰，認為高一點或許就能讓鷹順利飛上去，可是鷹還是飛不起來。

　　最後，祖孫兩人登上更高的山峰，老先生跟鷹說：「你是鷹，不是雞！」這時候，風吹過昂然的鷹首，鷹頸的羽毛顫立起來，牠的翅膀感受到風鼓動的力量，呼嘯一聲，這隻「怪雞」就展翅飛翔起來，重歸天空。孫女驚訝地問道：「爺爺！你是怎樣讓鷹飛起來的？」老先生回答：「哦！不是我讓牠飛起來的，是牠自己飛起來的！」

　　有些人一輩子像「怪雞」，因為環境的關係，處於安逸的籠子裡，不愁吃喝。問題是，你是隻鷹，不是雞，本就屬於天空。給你機會飛翔時，你說我不願意，要回到雞籠裡去，這就違反了你的本性。

　　一個人的潛能就像鷹的本能，是要翱翔在天際的，不管我們是在雞籠裡，還是在其他環境中，我們也要展現出本性。鷹只是一種比喻，人雖不像鷹一樣可以飛翔，但人的潛能，只要在對的環境，我們就可能展現出來。我們只需要一種正面且積極的肯定，我們的能量就會蓄勢待發。

🔍 跟對老闆賺大錢

史丹佛研究中心曾發表一份報告，指出：「一個人賺的錢，有12.5％來自知識，87.5％來自關係。」

請問什麼是關係？關係即我們提到的人脈。人脈雖不能直接轉化為財富，但它卻是一種潛在的無形資產，窮人不知道累積人脈的重要性，所以從不會為此投資；富人卻時刻傾力於打造人脈圈，這也是為什麼富人越來越富，窮人越來越窮的原因。

因此，窮人要想富裕起來，就要先想辦法使自己的門前熱鬧起來，讓自己的人脈資源變得豐富，而交往的對象也不再只是窮人，要改為結交富人。

社會上有這麼一種人，他們能力超群、見解獨特，才華橫溢，本以為可以飛黃騰達，卻偏偏過著清苦的日子，是為什麼呢？因為這些人雖然具備才華，但是卻恃才傲物，認為自己比別人優秀，是世上不可多得的人才，因而狂妄自大，無法與周圍的人良好相處。

就這樣，當初優秀的人因為沒有人脈，最後連才華都被埋沒了，所以我們說，沒有人脈資源從旁協助，光有才華也不可能發財的，要想擁有財富，還是需要仰仗人脈、跟對人。所以，有錢人越來越有錢的關鍵秘訣，光有才華是遠遠不能解釋的！

網傳一段視訊，一名身著紅色衣服的大嬸，說明自己先前在阿里巴巴公司擔任清潔阿姨，說馬雲剛開始創業時，騎著腳踏車到處叫人投資阿里巴巴，但沒人願意，但阿姨她卻相信了馬雲的話，投了一萬元，之後阿里巴巴成長卓越，阿姨的收益達到近三百二十億。

無論這段故事是真是假，那名清潔阿姨因為剛好是阿里巴巴的員工，這麼恰好身處於對的環境，因而能在阿里巴巴草創時期便投入資金，率先

取得這個投資機會。

環境會帶給人莫名地致富機會，小米老闆雷軍曾說過：「豬在風口都能起飛。」即使你不會投資、不懂得操作，但只要在一個經濟起飛的大環境，隨隨便便都能賺到一筆可觀的財富，好比早期台灣八〇年代，台灣錢淹腳目的年代，即便閉著眼睛隨便買股票，你也能賺進很多財富，而這就是因為你處於一個大風口。

環境對了，一切就對了，倘若環境不對，無論你是多厲害的投資高手，仍舊無法賺錢，因為趨勢永遠大於一切，就好比你跟對了團隊，那注定是要成功的，反之，跟錯團隊，那即便再努力，也注定失敗，環境就是那麼的重要。

選你所愛、愛你所選，慎選老闆及公司，選擇王永慶與王又曾結果大不同，當初如果一名大學畢業的新鮮人畢業後有兩個工作機會，一是台塑集團王永慶創辦的集團任職，另一個則是王又曾所創辦的力霸集團，十年後，你當初若作對選擇，現在已成為國內知名企業的小主管，而做錯選擇的話，公司可能被淘空下市，負責人也逃亡海外，更不用提自己有什麼未來性，由此可見選對公司有多重要。

🔍 擴大圈子打造團隊

有史以來最成功、又最廣為人知的團隊，非西遊記中唐三藏、孫悟空等四人莫屬，一路上碰到重重阻礙，最後披荊斬棘度過各式難關，順利完成西方取經的艱難任務。團員們最後很幸運地各個升天成佛，但令人不解的是，豬八戒竟也跟著成佛了！

帶隊的唐三藏成佛是應該的，他是一個擁有使命的偉大領導者，靠著堅毅不拔的精神一路向前，帶領著團隊取經成功，是這個團隊最大的功勞

者，所以西方取經後理應成佛。

孫悟空成佛也理所當然，一路上飛天遁地、降妖除魔，用他高強的武藝擊退沿路所有危害，可說是不折不扣的業務高手，所以孫悟空在完成任務後成佛也是理所當然。

至於沙悟淨成佛也實屬正常，他一路上背負著眾人的行囊，就算沒有功勞也有苦勞，而且沙悟淨為人忠厚老實，對領導的指揮更是百依百順，所以取經的功勞佔了蠻大一部份，達成任務後成佛也是自然的。

但豬八戒成佛，想必讀者們就不理解了，好吃懶惰又好色，只要唐僧遇難被妖精抓走，豬八戒就說：「猴哥我們散夥吧！」但他最終還是成佛了，是不是讓人憤憤不平，不曉得究竟是為什麼？

只因為一件事，那就是跟對了團隊，團隊從一開始的參與到最後成功，自然會算上他的一份，所以西遊記的故事告訴我們，哪怕你是頭豬八戒，跟對團隊你也可以成佛。

一個人若想成功，要嘛組建團隊，要嘛加入團隊！在現今瞬息萬變的世界裡，單打獨鬥者的路只會越走越窄，因此選擇志同道合的夥伴，等同於選擇了成功。

所以，親愛的讀者們，趕緊用夢想去組建一個團隊，用團隊去實現一個夢想吧！人，因夢想而偉大；因團隊而卓越；因感恩而幸福；因學習而改變；因行動而成功。一個人是誰並不重要，重要的是他站著的時候，他身後站著怎麼樣的一群人。所以，自身能力固然重要，跟對團隊更為重要，懂得藉由團隊的力量去達成目標，比自己苦幹來得輕鬆，而且成功率大為提升，因此你必須要找到好的團隊並加入他們。

團隊最大的好處就是，你可以擁有許多機遇，交往越廣泛，遇到機遇的概率就越高。有許多機遇就是在各種人脈圈（例如魔法講盟的大咖聚與

各類課程）的交往中出現的，有時甚至在漫不經心中，朋友的一席話、幫助、關心等都可能化為難得的機遇。

在很多情況下，就是靠朋友推薦、提供的資訊和其他多方面的幫助，我們才能獲得難得的機遇。因此，我們可以說交往廣泛的人，機遇就多，但切記不可急功近利。有許多機遇是在交往中實現的，而在初步交往中，人們很可能沒有看出這種機遇，在這個時候，不要因為沒有看到交往的價值，就漠視彼此之間的關係，因為誰能知道與誰的交往，將來可能替你帶來多大的機遇呢？

有的人可能會覺得自己社交圈太窄，認識的人太少，但其實你的「圈子」遠比你意識到的要來得廣大。你實際擁有的圈子延伸到你每天都有聯絡的人外，更多的聯絡包括你先前共同工作和曾經一同工作過的朋友、以前的同學和朋友，甚至是家庭成員，又或是你遇到過的孩子的父母，參加研討會或其他會議時遇到的人，這些人都可能成為你圈子中的一員，只要你能努力處理好與他們的關係，你就一定會找到成功的機會。

每位成功者的背後，都有另一名成功的推手，沒有人能單憑一己之力達到事業頂峰，所以，從現在開始，你要努力打造人脈，廣結大量可能對你有幫助的人，構建出一個有助於你事業與人生發展的人脈圈。

最佳見證——魔法講盟 CEO 吳宥忠

以下文章由筆者得意門生，魔法講盟 CEO 吳宥忠撰寫，他一聽到我準備出版本書時，便主動表示希望能向讀者分享個人在尋找導師及團隊的經驗，而這是一件將正能量廣為傳播的事情，我自然是欣然同意。

大家好，我是魔法講盟 CEO 吳宥忠，因為找到神人級導師、跟對團

隊，人生徹底改變。我在唸書時，便一心想要成
功、賺大錢，畢業後積極從事各種不同的工作，
從作業員、開貨車、擺地攤、賣雞排到做保險等，
也曾創立過數間公司，從事過逾二十種行業。

　　每當覺得自己嗅到某產業的商機，相當值得
發展時，我就會全力以赴地去做，但到後期，發
現並非當初想像的那樣美好時，又會當機立斷的
離場，繼續找尋另一個風口，因而不斷換工作、思考創業項目，直到近年
遇到一名神人級導師──王晴天博士。

　　認識王晴天博士後，他不吝給我很多指導與觀念，我吸收這些指導
與觀念也不過兩、三年的時間，卻遠遠勝過我先前努力打拼的那二、三十
年。他在我需要指引的時候，給予我明確的方向；在我需要幫助的時候，
大方給予我資源；更在我手足無措的時候，默默給予我穩定的力量，讓我
可以放心地不斷朝前邁進。

　　且透過學習王晴天博士的經驗、知識，讓我少走非常多的冤枉路，得
以開闢其他捷徑，博士也指導我該如何廣泛吸收新知，進行 T 型學習，
先找一個主題深度扎根，之後再進一步成就 π 型，於原先的專長外，另
找一個主題紮根，如此一來我就擁有兩個專長，競爭力遠高於其他人，現
在的我更開始朝第三個專長學習，未來的路肯定能走得更遠。

　　回頭審視三年前的自己，我發現有名師指路果然差別非常大，不只我
自己有深刻的體會，身邊那些許久不見的朋友，也都覺得我跟以前大不相
同，而且我以前汲汲營營追求的資源，現在也主動朝我奔來。

　　這些轉變讓我領悟到一個道理，就是選擇對的環境，資源自然來，
之前我拼命去結交、認識人脈；到處去推銷保險；從早到晚忙碌靠勞力賺

錢；被工作金錢所奴役（ES 象限）；人生目標賺三千萬（因為身邊的朋友最多的資產就是三千萬）；不斷找尋機會、創造機會，像顆陀螺一樣不停自轉，卻始終停留在原地。

但找到神人級導師及團隊後，任何優質人脈都會自動向我靠近；想買保險的人會主動與我聯繫；開始懂得運用借力來致富（貴人、趨勢）；創造財富（BI 象限）；人生目標更提升到一個月賺一千萬，因為我現在身邊有好多朋友都年收入破億。當一個人的格局、眼界提升，機會便自動靠過來，我就是那最佳見證！

我現在的身份完全不同，資源也提升到了完全不同的層次，結交的朋友也都是正面積極、樂觀進取、身價不凡的人。人生產生轉變後，相對的也讓我擁有與以往不同的幾個身份，例如我曾為好幾間公司進行營運諮詢，其中幾間更是上市公司，而我也是暢銷書作者，現擔任魔法講盟 CEO、阿爾發學院的總導師、2018 年亞洲八大名師、2020 年世界八大明師等等，在區塊鏈領域也有小小成就。

而這都歸功於環境的改變，因為環境改變了，讓我能認識一個優質的魔法團隊，而團隊領頭羊王晴天博士，不吝與眾人分享經驗及資源，盡力輔導大家，團隊之間彼此互相借力，只要有好的商機便會互相引薦，因而創造了許多致富的項目，也讓我在短時間內，賺到豐碩的財富。

這一切並不是我的能力特別強，也不是我特別努力，要說努力，之前創業的我，遠比現在的我努力太多太多了，差別在於，現在的我是輕輕鬆鬆借力致富，雙腳站在巨人的肩膀上，雙手搭在團隊的背上，跟著神人級導師指引的方向前進，安全且快速地達成目標。

筆者對於魔法弟子們的成長，感到十分欣慰，一個人的成功模式，其

實很難 100％複製並執行，因為經驗值不一樣，資金大小不一樣，受過的訓練也不一樣，結果自然也不一樣。這世界上有五種類型的人比較容易賺到錢，或在某域發光發熱……

- **創意者：** 有想法、有平台，於是改變了世界、同時賺到了錢，如阿里巴巴的馬雲，特斯拉創辦人馬斯克等。
- **銷售者：** 透過銷售，收入無上限。房地產銷售員、保險經紀人、642 直銷領導者都是這類型的代表。
- **專業者：** 花大量時間工作，但同時能賺取大量的金錢，醫生、律師都是經典的專業者。
- **投資者：** 利用錢來賺錢，如重視現金流的股神巴菲特。
- **借力者：** 利用導師及團隊的資源為己所用，如微軟共同創辦人保羅・艾倫、魔法弟子吳宥忠也是如此。

但無論你想成為這五種類型中的哪一種，都要先提高自己的專業能力、事業級別及人脈圈，這就等同於提高自己的賺錢能力，但如果都是紙上談兵、沒有真的去實施，又要怎麼產生轉變呢？

據統計以上五種類型較能賺到大錢，但我們常在 FB 或 IG 上看到類似下面這種「炫富文」，讓人誤以為這種模式才能賺到大錢。

- **第一種模式：**「你看我參加了某團隊、做了投資，六個月後，原本付不出房租的我，現在已經買了兩棟房！」
- **第二種模式：**「我去上某個老師的投資課之後，不要說賺很多，每天賺個一百元美金就夠我吃喝了」。

✈ **第三種模式**：「我參加了某某項目，不做任何事就輕鬆回本，每個月還可以分紅。」

這些內容一看，就算心裡知道詐騙的成分居多，但平時省吃儉用的你一看還是被吸引了，而且開始莫名焦慮，因為那是你心中一直渴望的夢想，於是開始懷疑這是不是自己一直在找的致富方法之同時，也把全部的家產孤注一擲，希望換來成為有錢人的資格。

很多人對於理財是無感的，或者感覺是比較偏向負面、沈重的，這時就要靠環境來影響你。舉例來說，如果身旁的好友都是愛玩手遊的人，相處久了，對於手遊自己多少會被影響；相對的，如果朋友圈都是喜歡研究如何創造更多現金流的人，有人帶動，自然會跟著做，你還需要建立自己的人脈圈，因為這也是高報酬低風險的事。

這裡所謂的「人脈」指的不只是人，還包括與人分享等等，不論和相識或不相識的朋友分享自己所學習的（例如一篇文章的感想），都能藉由分享這個動作連結彼此，進而建立人脈，一旦有了自己的人脈，學習、分享，甚至未來人生都會有所相關，創造現金流也是其中之一。

要有「開始」才會有未來，不去做就什麼都沒有，所以，請不要再等待了，開始親力親為，然後相信自己做得到，「以終為始」地規畫，享受努力的過程。這世界變化很快，隨時都有新趨勢在發生，你要隨時做好準備，不斷累積實力，等待機會來臨的那一刻，你就可以全力出擊了！

你要知道，不是你的能力決定了你的命運，而是你的決定改變了你的命運，歡迎你一起加入魔法講盟這個大家庭，加入魔法團隊，取得站在風口的頭等艙門票，成為魔法弟子，變成乘風而行的致富者！

打造自動賺錢機器，
建構被動收入流

- 建立被動收入系統
- 何謂自動賺錢機器
- 分析潛在客戶精準行銷
- 學會借力使力
- 成交後更要聯繫

1 建立被動收入系統

很多人都渴望建立一套被動收入系統，讓自己即使不工作，依然能有錢自動流進來。事實也證明這是確實可行的，因為許多的企業家都深信一個道理，用錢賺錢才能追求財富自由，所以我們先來探討一下被動收入。

被動收入是一種追求生命自由度的態度之展現，更是一種財務上的遠見。因為當你意識到生命的價值和意義有多重要，當你在乎生命的時間和自由有多珍貴時，你在乎的會是能否不被任何人、事、物束縛和綁住，享有生命完全的自由度和主控權！

但如果要做到不被束縛住，那就必須要有談判籌碼才能等價交換自由，這個籌碼就是你必須要先經濟獨立，並達到財務自由，才能沒有後顧之憂，甚至可以當別人可靠的金援後盾，幫家人或你想守護的人度過危機，支持他們。要完成以上的事情，就必須替自己打造被動收入系統，早點兒實現自由的人生。

世界理財大師羅伯特・G・艾倫認為人們不能只依靠一種收入過日子，要追求財務自由，創造多種收入流，也就是隱形收入流，實現「當你睡覺的時候，依然有現金持續進帳」。

未來真正值得我們羨慕的是「睡後收入」，也就是不需要花費多少時間，也不需要太多精力就可以自動獲得的收入。

擁有一份穩定的工作，並不會為你帶來財富，獲取收入流。相反地，它只會給你的老闆，你工作的公司創造財富和穩定的收入流。

如果你沒有被動收入系統，一輩子只靠主動收入賺錢，上班就是典型的主動收入，你賣專業、賣時間、賣勞力、賣技術、賣經驗給公司、給廠商、給政府、給老闆賺取金錢報酬。有上班才有錢，沒上班就沒錢，當行為停止的時候，收入來源就被切斷了。這種的收入來源只有一種，就是用勞力和時間來換取金錢！

這是一個非常冒險的行為，當你年紀大了、生病或發生意外導致無法繼續工作的時候，你的主動收入就中斷了，好一點的還能靠之前的存款老本與退休金過日子，沒存款又沒有其他收入來源的人就更慘了。

一個人要想真正獲得財務自由，就必須有多個收入管道。如果你只有單一個收入來源，意味著如果這條管道突然斷掉時，你就會失去了收入，生活就此失去保障。

大多數的父母和學校教育都是這樣教育下一代的：「好好讀書，有好的學歷才能進好的公司，享有高薪和好的職涯前景，然後順風順水地過一輩子！」但事實真的是如此嗎？努力工作、認真上班，就真的能得到你想要的生活了嗎？若你只有單一收入來源，你是否把自己置身於高風險的賺錢方式中呢？

傳統的觀念與教育導致大多數人選擇當個朝九晚五領薪水的上班族，把自己的主要收入交給別人掌控，一旦公司裁員或遇到不可抗力因素的危機時，這些人根本無法自保，更遑論去保護家人和守護自己的夢想。有些人可能看出其中端倪選擇自行創業，自己當老闆！這個想法很棒，但如果你沒有把商業模式系統化，自動創造被動收入，這些人的時間也只能被自己的店或事業綁死，每天坐等客戶上門。

猶記得當初在大學研究專題論文的時候，指導教授告訴我兩句話，到現在依然受用無窮：「Don't work hard, but work smart！」、「選擇做對的事情，而不是只想著把事情做對。」

當時太年輕不懂教授這兩句話的涵義，滿腦子只想著如何把教授交代的事情和論文完成，一股腦地努力做、認真做。畢業後，我時常想起教授說的這兩句話，而這些話也確實讓我避開很多冤枉路，也讓我遇到很多貴人提點。

「選對跑道再努力衝刺而不是在不對的跑道上努力衝刺，選錯跑道就算是衝第一名也沒用啊！」在這個瞬息萬變的時代，選擇比努力更重要，馬雲曾說過：「要成功，要懂得換道超車，但不是在彎道超車。」這個見解很適合用在這個新的時代。

很久以前，在義大利中部的小山村。有二位名叫柏波羅和布魯諾的年輕人，他們雄心勃勃，渴望透過某種方式，成為村裡最富有的人。

有一天，村裡決定聘請兩個人，把附近河裡的水運到村廣場的水缸裡去。這份工作委由柏波羅和布魯諾負責，他們抓起兩隻水桶奔向河邊。一天結束後，他們把鎮上的水缸都裝滿了，村裡的長輩按每桶一分錢的價格付錢給他們。

「我們的夢想實現了！」布魯諾大聲叫著：「我簡直無法相信自己有多好運。」但柏波羅卻沒有那麼開心，他的背又酸又痛，提那重重的大桶的手也起了泡，他想到明天早上起來又要去工作就感到苦惱，於是他思考著有沒有什麼更好的辦法，能將河裡的水運到村子裡？

第二天早上，柏波羅對布魯諾說：「一天才幾分錢的報酬，而且還要這樣來回提水，不如我們修一條管道將水從河裡引到村裡去吧。」

布魯諾愣住了，大聲嚷嚷著：「一條管道？誰聽說過這樣的事？柏

波羅，我們有一份不錯的工作。我一天可以提一百桶水，一桶一分錢，一天就是一元！我是富人了！一星期後，我就可以買雙新鞋。一個月後，我就可以買頭母牛。六個月後，我可以蓋一間新房子。我們有全鎮最好的工作，而且一週只需工作五天，每年有兩週的有薪假期，這樣的生活不是很好嗎？放棄你的管道計畫吧！」

但柏波羅不是輕易放棄的人，他將白天一部份的時間用來提桶運水，用另一部份時間及周末來建造管道，他始終相信自己的夢想終會實現。

當布魯諾晚上和周末睡在吊床上悠然自得時，柏波羅在挖他的管道。頭幾個月，柏波羅的努力並沒有多大的斬獲，他比布魯諾更辛苦，晚上和周末都在工作，但柏波羅不斷地給自己打氣，告訴自己明天夢想的實現，將建造在今天的犧牲上面。

一段時間過去了，某天柏波羅意識到管道已完成一半，這意味著他只需提桶走一半的路程！柏波羅繼續將心力投入至建造管道中，離完工的日期越來越近了！在他休息的時候，柏波羅看到布魯諾吃力地運水，他的背比以前更駝，由於過於勞累，走路的步伐也相對變慢許多，且現在布魯諾變得非常易怒，悶悶不樂，只要想到要一輩子運水，就覺得忿忿不平。

柏波羅的管道終於完工了！村民們簇擁著來看水從管道中流入水槽裡，現在村子有源源不絕的水了，附近其他村民都搬到這座村來，村子頓時繁榮起來，布魯諾也因此失業了！

管道一完工，柏波羅不用再提水桶了，無論他是否工作，水都會源源不絕地流入；他吃飯時，水在流入；他睡覺時，水在流入；他週末去釣魚時，水在流入，流入村子的水越多，流入柏波羅口袋裡的錢就越多。

管道讓柏波羅的名氣大增，人們稱他為奇蹟創造者，政客紛紛稱讚他有遠見，懇請他競選市長，但柏波羅明白他所完成的並不是奇蹟，且這只

是他夢想的第一步，柏波羅計畫在全世界建造管道！

　　所以我們要意識到建立被動收入系統這件事情，老實說並不容易，筆者在二十一歲時就知道了這件事情的重要性，但花了很多年的時間都無法建構一套完整的被動收入系統，直到筆者開始學習更多高深的商業知識後，才順利建立一條屬於自己的被動收入系統。

　　如同羅伯特・G・艾倫所說的達到「財務自由」是指「被動收入」大於「生活所必需的開銷」，現在筆者更擁有多條被動收入管道。

財務自由＝被動收入＞生活必須的開銷

　　而且當你達成財務自由後，你仍可以選擇繼續工作，此時賺到的收入可以讓你再投資，讓生活品質更加升級！財務自由並不是讓你很有錢，而是讓你不必被工作綁住，人生擁有更多的選擇權。

　　如果你也希望能獲得穩定的收入流，而且不希望每天被工作綁住的話，接下來的內容你可得看仔細些，了解什麼是被動收入以及如何創造被動收入。

🔍 十種創造被動收入的方法

　　「被動收入」就是不工作也能賺到的現金流收入，能夠為你帶來持續不斷的收入模式。筆者列舉十種創造被動收入的方法，希望對讀者朋友們能有所啟發。

1 組織行銷

　　筆者在 2020 年與 ×× 直銷團隊合作，感謝所有學員以及 ×× 團隊

的協助，短短不到一個月的時間，就創造超過七位數的獎金，更登上了紅寶石聘階。

為什麼成果相當不錯？因為筆者建立起一支組織行銷團隊，其中不乏企圖心強烈的夥伴，在我休息的時候，或是在忙其他事情的時候，他們依然在努力打拼事業，當然，只要他們是筆者團隊的夥伴，他們的銷售業績跟我就會有一定的關係。

2 線上課程

如果你有某方面的專業知識或可提供的服務，只要把它錄製成像是線上教科書一樣，分成好幾個章節，切成幾個片段並製作成影片，再把這些影片上架到網路上，讓客戶可以在網路上下單購買觀看，便能成為你另一個收入來源。

行銷大師傑亞伯拉罕曾來台舉辦「億萬富翁行銷學」課程，我們就可以將內容運用在自己的社群營銷上，或是當你去聽某場演講或課程時，可以試著把其中的部份錄製成線上影片、切成好幾個片段，因為不是每個人都有去上這個課程、知道這些資訊，但他們也渴望透過行銷，讓自身事業更上層樓。

這時你只要把課程資訊放在 Facebook 社團、Line 群組、甚至微信朋友圈宣傳，當有人詢問，你就將影片連結寄給他，並收取一些費用，幾個月下來也能收到不錯的業外收入。但在錄製課程時，要注意不能將整個演講內容都錄下來，避免涉及侵權等法律問題，得不償失。

③ 電子書

不喜歡看影片的可以看電子書，首先你需要有一個電子書的內容主題，這可以從擅長的項目來著手，像是你很會演講、很會健康管理、很會投資股票，那你就可以把電子書命名成：如何開口就收錢？如何在一個月內瘦八公斤？十堂投資新手必學的課程等等！

之後再上架到類似博客來的電子書平台就可以了，好處是不需要額外成本，屬於低成本的賺錢方法，只有初期投資自己的時間與精力，後續不需要太多的維護。筆者認為這是一個非常棒的被動收入管道來源，跟線上課程有異曲同工之妙，魔法講盟在招生時，除贈送實體書外，有時也會用電子書作為贈品，視情況而定，且電子書也是很棒的「誘餌」！

④ 房東

房東顧名思義就是去買一間房子，花錢裝修之後，再用適當的價位轉租給其他人，但前提是你要對房地產行情有一定的認知，並拿捏好裝修成本和後續出租成本，評估多久後可回本獲利。

筆者曾聽過有人就是找到銀行操作槓桿，在台北市買下一間房子，簡單裝潢後出租出去，現在每個月固定領超過六位數的被動收入，當然他有一個團隊與老師指導，且完成這件事的前提是你要有相關的專業知識與人脈，更重要的是有足夠的資金投入。

⑤ 廣告看板

你有看過大型廣告看板張貼在戶外的柱子上或透天厝的牆壁上嗎？只要你住的地方車流量大、有足夠面積可以張貼大型吸睛的廣告，就可以賺到這種廣告收入，而且非常被動。

　　一般在經營事業需要龐大的曝光量，前述組織行銷提到的 ×× 直銷團隊，就有提供在捷運站架設廣告看板，我們可以在那邊宣傳自身事業，如果你有這種資源，就可以建立被動式收入。另一種則是 Line 群組，只要購入一套自動貼文系統，設定每二小時發一次廣告，假設你有五百個群組，這五百個群組就會天天出現你指定的訊息，藉此來收廣告費用。

6 虛擬貨幣投資

　　相信有關注虛擬貨幣相關的人一定很熟悉，大家也把它稱為懶人投資法，你只需要購買幾顆虛擬貨幣像是比特幣或乙太幣，待它漲到高點再賣出就好。筆者對虛擬貨幣也有一定的研究，在比特幣剛出現於市場時，我就有投入，只可惜當時太早脫手，現在的價格跟以前可無法比，但筆者當時仍靠著虛擬貨幣賺了不少財富。目前可確定的訊息是，這些虛擬貨幣在近兩年可能不斷突破歷史新高，甚至是數十倍的漲幅！

　　而魔法講盟週五講座於每月第二個周五晚間，在魔法教室舉行虛擬貨幣教學培訓，只收場地費一百元，並贈書《虛擬貨幣暴利煉金術》，有興趣了解的讀者們歡迎參加，細節可掃描 QR Code 上新絲路網路書店查詢。

7 場地出租

　　這是近期很夯的一種被動收入模式，隨著科技的快速進步，坊間出現許多培訓企業，或是公司內訓活動等，都需要有場地上課。假設一般一層樓二十坪的辦公室，租金三萬，把它改造成舉辦課程講座的會議室，放入四十人座的椅子，準備相關設備，再將租借時間分為上午、下午及晚上，筆者試算如下：

平日一般時段收費	1,500 元
平日夜間跟假日收費	2,000 元
一週收入	10×1,500 ＋ 11 x 2,000 ＝ 37,000 元
一個月收入	148,000 元
＊但不可能天天滿租，儘管打個九折也有 133,200 元的收入＊	

　　魔法講盟舉辦大型課程時，就常向新店矽谷國際會議中心租場地，而且不一定租的到，因為太多人想使用他們的場地，可想而知他們每個月的場地租金收入有多驚人！

⑧ 菁英夥伴計畫

　　有些公司為了招攬新客戶，會設計一個推薦制度，假設我們為公司介紹客戶、創造績效，就可以拿到部份獎金。筆者以魔法講盟行銷長舉例，他在上一家公司同樣負責招生之工作，但公司獎金制度設計的非常特別！

　　假設今天招來一個客戶，學員報名五萬元的課程，他可以拿到 15％的獎金，也就是七千五百元左右，但還沒結束。如果客戶在參加課程的過程中，又消費了另一筆五萬的課程，那可以再拿一筆七千五百元的獎金。

　　即便離開上家公司，之後沒有在做任何的招生行為，卻仍是能收到該公司的獎金，為什麼呢？因為當初招的學員仍持續在消費。

⑨ 卡拉 OK

　　卡拉 OK 也屬於被動收入的一種，好處是它不用選擇要賣什麼產品，只要買好音響設備，讓客人投幣來唱歌，不用補貨也不用採購符合流行的商品，許多餐廳都會增設卡拉 OK，但它的投資金額比娃娃機還高上一

些，包含歌曲版權金、加盟金以及機台押金等，但唱歌是國人的最愛，很多人渴望站上舞台讓別人肯定，所以筆者認為卡拉 OK 有一定的市場。

⑩ 停車場

比起房子出租，筆者認為停車場出租更為簡單一些。雖然這需要考量地點及周遭是否有車位不足、是否有空閒的土地可租的問題，但是現在停車場有自動化的停車收費服務，不需要聘請員工來駐點管理，成本大大降低，可以達到幾乎完全被動的收入，所以問題不大。像筆者有間房子有多餘的停車位，在使用不到的情況下便出租出去，一個月還可以收二千五百元的停車費，不無小補。

🔍 善用網路創造財富

以下跟各位分享一個故事來強調打造自動賺錢機器的重要性，這是一個真實的案例，筆者舉世界級的理財大師羅伯特‧G‧艾倫的案例如下：

為什麼提到他？因為早在 2000 年時，全世界大部份人還不相信網路可以賺到大錢的時候，他就已經成功做到這件事了，而且賺到的錢還不是小數目，接近十萬美金。是的，你沒看錯，那他是在多久的時間內做到這件事呢？答案是不到二十四小時！

或許你還不太了解這號人物，先簡單介紹一下，羅伯特‧G‧艾倫是國際知名的暢銷書作者及優秀的企業家。他的第一本書《Nothing Down》是史上銷售量最高的房地產投資書籍，賣出超過一百二十五萬冊。第二本書《Creating Wealth》也是紐約時報排行榜第一名的暢銷書，銷售也超過百萬冊。之後他又寫了《Multiple Streams of Income》、《Multiple Streams of Internet Income》，同樣創下了不可思議的成績，

美國的《紐約時報》排行榜中，他的書籍都列為最暢銷書籍。

他還與暢銷書作家《心靈雞湯》的作者馬克・韓森一同寫了一本最新著作《一分鐘億萬富翁》，上市後也獲得全美暢銷書排行榜冠軍。

而羅伯特・G・艾倫的成就不只如此，他最大的成就在於幫助別人實現財富自由的夢想！他有非常多的管道，包含開設培訓課程、巡迴世界各地演說、銷售書籍、電子書和有聲書籍，他幫助過的學員更不計其數。

多元收入流（Multiple Streams of Income）便是羅伯特・G・艾倫創造的一套成功致富系統，將其多年的成功經驗與更多的人分享，進而幫助更多的人實現經濟獨立和財務自由。魔法講盟每年 12 月舉辦的 MSIR 課程，便邀請十數位被動收入大師教學員們如何建構 MSI 系統：Multiple Streams of Income System.

每個人的成功都是有跡可循的，羅伯特・G・艾倫也是，他曾說過：「我是 1974 年大學畢業的畢業生，我一開始也只是想追求穩定的收入而已！」他原本計畫大學畢業後找個安定的工作，一步一腳印地升職、加薪、退休。而讓他決定創業的關鍵因素跟我們亦有些相似，那就是遭逢當時經濟不景氣的衝擊。

「我把履歷寄給數十家大公司，卻一連收到多封拒絕信，這實在太令人難以接受了，我不敢相信這是真的……」羅伯特・G・艾倫在一個小鎮中長大，觀念相對傳統，始終認為只要找到一份穩定有前景的工作，人生就完美了，自楊百翰大學商學院畢業後，以為進入大企業工作就可以穩操勝算，沒想到求職之路到處受挫。

一般來說，年輕人面臨這種情況可能會大受打擊，羅伯特・G・艾倫卻因此奮發圖強，在心中默默告訴自己：「我以後一定要賺得比你們都多，讓你們後悔當初沒錄用我！」、「我不甘心，總有一天，我一定會賺

很多很多的錢，我會賺到你們幾十家企業的老闆的總收入加起來都不及予我！」

渴望成功的羅伯特・G・艾倫開始思考，到底什麼稱得上是成功？成功的定義是什麼？怎麼做才能成功呢？當時他到處去打聽，誰是非常成功的人物，他想知道成功的方法。於是他去拜訪鎮上一位身價超過百萬美元的成功人士，誠心地向這位成功人士表示他想學習所有可能成功的方法，這位老闆感受到艾倫老師的企圖心與熱情，答應了他的要求，並在這位老闆的耐心指導下，開始接觸房地產事業。

一次因緣際會羅伯特・G・艾倫遇到一位急著把房子賣出去的屋主，他看準對方急著想要賣掉房子的心態，告訴對方「我只能先給你一千美元的頭期款，但我承諾會幫你賣出一個好價格。」雙方相談甚歡，對方最後答應了。

買下這棟房子之後，羅伯特・G・艾倫才發現，原來還有另一位買家也看上這棟房子，只是運氣不好，被自己捷足先登搶走了。然後這位買家找上了他，最後成功以四倍價格將這棟房子轉手賣出。

以上便是羅伯特・G・艾倫第一個成功的案例，他是這樣認為的：「也許這是一個幸運的案例，但更重要的是，如果不是求職連續被拒絕的影響，我也不會走上房地產這條路；如果不是我有強烈的成功欲望，我不會堅持等到這個機會。」所以他認為，只要有足夠的企圖心，就能遇到讓你成功的機會。

沒有資源時，有錢人會這樣想：「其實到處都是機會，只是你必須下定決心找出它們！」、「如果我能經營好房地產事業，我的收入一週能翻四倍以上，我想我會喜歡上房地產業！」從這一刻開始，羅伯特・G・艾倫專注在房地產的領域發展，並在三十二歲出版了第一本書《零首付》。

羅伯特・G・艾倫的營銷案例

以「零首付房地產投資技巧」聞名於世的美國投資大師羅伯特・G・艾倫，於 1990 年代後期開始由房地產轉而研究「網路創富」，經過多年的學習，初試身手便大獲成功。

2000 年，某知名商業廣告製作人找上羅伯特・G・艾倫，他們想製作一期關於網路行銷的電視節目，為了增加收視率，羅伯特艾倫提出一個不可思議的想法：「讓我坐在世界上任何一部可以接入網路的電腦前，在二十四小時內，我至少能賺二萬四千美元。」這話一說出口，製作人被嚇壞了，紛紛極力勸阻他降低目標，因為這對於普通美國人來講並非小數目，但是他堅信自己可以達成這個目標！

2000 年 5 月 24 日，在加州伯克班的現場直播室裡，羅伯特・G・艾倫從中午 12：38 開始，向客戶發起「網路銷售攻勢」。四分鐘後，第一個訂單到達了，價值 2,991 美元，六小時後，總額達到 46,684.95 美元。二十四小時後，更是達到了驚人的 94,532 美元，遠遠超過最初二萬四千美元的「目標」，轟動一時！

即使是現在，只要上網搜尋這個故事，就會找到數不清的資料，但那大多數是模糊的，因此筆者想從專業的角度，與你分析這個個案能夠完成的原因。

首先，你要了解人性，當你去問任何做生意的人為什麼他們要去做生意，大多數人都會告訴你，他們想要賺錢，如果你再問更深一層，賺到錢後要做什麼？他們可能會回答你：想要人生自由，希望能在任何時間，任何地點和自己喜歡的人做自己喜歡做的事情，不需要擔心錢的問題！

再來你要懂一點行銷策略，永恆的行銷定律同樣適用於網路，行銷大師傑・亞伯拉罕曾給出這樣一個定理，任何一個企業想要增加業績，只

能從以下三點著手：

📨 增加你的客戶消費人數。

📨 增加你的客戶消費金額。

📨 增加你的客戶消費次數。

如果你能善用這個定律，你的生意就一定能夠做大，無論是否利用網路。

羅伯特‧G‧艾倫是一名房地產專家，他研究房地產已經有十多年的經驗，也有很多的客戶曾跟他交流且成交過。他有一萬多位準客戶，有一定的信任基礎，他用魚餌吸引潛在客戶，並對後續的成交做一定的舖墊，用最快的方式在短時間內抓取海量潛在客戶名單；找到一個訴求點，策劃一組引導認知的文章集中批量促銷。

他在 5 月 24 日寫了幾封 mail 給他的客戶，告訴他們：「為了今天的這場公開活動，我將提供平常不可能出現的優惠服務跟方案給你們，如果你們願意立刻購買的話，就可以享有極大的優惠方案。」

你關注過百貨公司的週年慶嗎？有沒有一些你平常就很中意的商品，到了週年慶就會有特別優惠的價格呢？同樣的道理，羅伯特‧G‧艾倫在 5 月 24 日之前，發了好幾封 mail 告訴他的學員：「請持續關注我的近況，我將在 5 月 24 日給你們一個不可思議的優惠方案！」

不知道讀完這個故事的你，是否有得到什麼啟發？後面筆者會分享更多打造自動賺錢機器的心法給各位讀者，在今日這個網路世代，人們對手

機與行動網路的依賴日益升高，網路購物便利、快速，為我們的生活帶來極大的樂趣，加上行動支付日趨成熟，行動購物更躍升為時下血拼主流。因此透過網路做生意已經是基本技能，馬雲曾經說過未來世界上只有兩種人：一種是在網路上買東西的人，一種是在網路上賣東西的人。如果你還不懂得如何透過網路做生意，那你更要繼續看下去。

　　此外，如果你想學習如何為自己創造多元的收入流，建議你可以來參加魔法講盟的經典課程「MSIR複酬者多元收入行銷戰鬥營」，一次讓您認識超過90％的多元收入方式，神人級財富教練手把手教你成就財富自由！

2 何謂自動賺錢機器

　　想像一下，當你有一個二十四小時幫你賺錢的機器，那是什麼感覺？如果你還沒有想像過這些畫面，那你一定要了解怎麼「打造自動賺錢機器」。

　　首先我們要先來研究什麼叫做賺錢機器，賺錢機器就像是一台幫你印鈔票的機器，一個「會自動產出收入」的工具，固定幫你賺錢，但你需要具備一些能力和一些方法，才有可能打造屬於你的賺錢機器。

　　自動賺錢機器講白了，就是設計一套銷售流程，讓系統自行幫你銷售、成交、收單，一切自動化，進一步開發源源不絕的客戶，二十四小時不間斷地成交訂單、創造可觀獲利。

　　成功人士固然有他們致富的方法，然而他人的成功是一回事，能夠有系統地教授並複製這條路給他人，才是真本事！《打造自動賺錢機器》教你「已經系統化且分析過的實戰經驗」，幫你省去走冤枉路的時間與金錢成本，輕鬆複製致富之路，短時間內成為百萬富翁！

　　筆者以魔法講盟行銷長來舉例，他經營網路行銷事業已有八年的時間，累積不少客戶跟粉絲。假設他現在要推出新產品，只要在網路上寫文章、發貼文、活動訊息，就可以立刻收到錢。

　　他上台演講、辦課程、辦分享會，就會有銷講收入；他寫書出書，在各大書店上架，透過金石堂、誠品、博客來等銷售管道賣書。而且，他還訓練了一批網路行銷教練，即便不在工作崗位上，教練們也會幫他開發客

戶、招生，自動幫他賺錢。

　　所以筆者想跟各位分享如何打造賺錢機器，但在分享這個主題前，要先跟各位深入討論被動收入這件事情，到底什麼是被動收入？簡言之就是你不工作，還是有收入進帳！

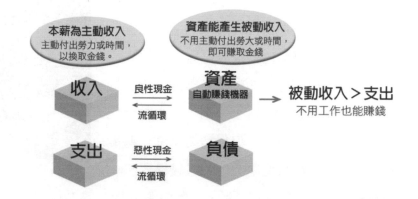

　　那在什麼樣的情況下能產生被動收入？例如買賣股票證券投資、房地產出租、投資保險基金、買儲蓄險、三節禮金、紅包、知識版權、網路商店……等等，很多都能創造出被動收入。而你在網路上搜尋「賺錢機器」，也會搜尋到很多的資料，像自動製酒、自動做豆腐、自動做包子，嚴格來說這是錯的，因為包子做好後，你必須拿去賣掉，才能賺到錢！

　　好，接下來筆者就要與你分享如何透過網路打造自動賺錢機器。

　　首先我們來思考一下，一般上班族是用時間賺錢，但現在的人們普遍有一個認知，光是靠上班的薪水，若是沒有精打細算是不夠養活自己的，更別說是要存錢買房。因為現代人的支出太多了，食衣住行育樂都是支出，可是收入卻只有一種，該如何取得平衡呢？

　　若是再慘一些，遇上經濟不景氣、金融危機，可能哪一天就被公司放無薪假或是資遣了，更甚者公司倒閉，例如全球受到 COVID-19 衝擊，

旅行社業務量縮減，為減少成本，部份旅行社縮減人事、關閉門市，更有挺不過疫情倒閉的。所以人們開始變得有憂患意識，想賺取第二筆收入，利用賺來的錢去投資，或是利用下班的時間去兼職，來增加額外的收入。

而比起投資，巧用網路資源，發展網路副業堪稱是風險最低、報酬相對穩定的選項。若本業、副業搭配得宜，兩邊的人脈、資源和經歷還可以互通，為自己創造綜效（Synergy）。

但無論你是想網上創業，還是傳統開店；也不管你是普通上班族，還是實體企業的老闆，都能透過筆者傳授的賺錢機器系統，透過社群營銷，在網路上把產品、服務順利銷售出去。只要你有自己的項目（產品、服務、有價資訊或提案），就能在網路上賣，透過「接」、「建」、「初」、「追」、「轉」的銷售模式，讓一切流程自動化、系統化，創造出商品獨特價值，在本薪與兼差之餘，還有其他收入自動流進來，儘管身處微利時代，也能替自己加薪、賺大錢！

首先，請準備一個項目，藉由「接建初追轉」的銷售流程，在網路上自動化且系統化地賣東西，將原本 30％自動化提升至 90％，甚至 100％，此乃狹義的自動賺錢機器。

此時，客戶名單就是你的存款；客戶資料庫，就是你的小金庫；客戶對你的信賴，就是你永續的財富！

行銷重點在於創造商品價值，只要創造出獨一無二的價值，再貴的商品也能熱賣！而社群媒體上的成功，取決於是否有一個簡單易行的策略，以便輕鬆執行，進而達成目標。以下提供九個社群營銷的步驟，作為執行的起步藍圖。

但現實的情況是，很多人都苦於沒有辦法建立一個良好穩定的被動式收入模式，他們甚至有可能建立起錯誤的賺錢系統，反而讓自己負債。為什麼會發生這些事情呢？經過筆者多年的觀察，可能的情形如下。

- 他沒有很專注在打造自己的賺錢機器，所以管道常常斷裂，錢流不進來。
- 他不懂得選擇項目，做到沒有發展性的項目，所以遲遲無法成功。
- 他不懂得跟隨趨勢，思想過於封建，所以人們不願意跟他合作。
- 他的商業能力不夠，沒有出書、不會公眾演說，也不會拍影片，也沒有一個神人級導師或團隊，所以沒有名氣。

發現了嗎？如果你想避免以上失敗的可能，就要研讀本書所傳授的五個方法，前面的章節都已將對策和方法告訴你了，只要跟著本書去貫徹、去落實，那你就可以建構廣義的自動賺錢機器——眼觀大小趨勢、嘴能說、手會寫，擁有自己的項目與信任名單資料庫，透過以下系統化的養成公式，賺取被動收入！

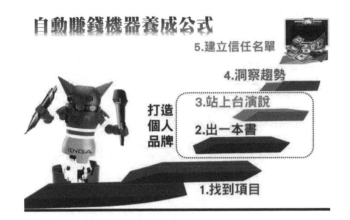

🔍 規劃你的賺錢機器藍圖

筆者常常問弟子，你未來的人生藍圖是什麼？有些人清楚自己的人生方向，可以講很多很多，而且講得很清楚，而且當我問為什麼要這麼做的時候，對方可以很有條理地回答。也有些人是會講很多很多，但表達得很模糊，而且當我再更深入一層問及細節時，他們往往答不太出來，還有最後一種人，就是我問他人生藍圖時，根本說不出個所以然來。

我常舉 101 大樓平地蓋起的故事——請問各位讀者，101 大樓在建築的時候，是先蓋一層樓，蓋完之後覺得上面還有空間，才考慮要不要蓋第二層、第三層；還是在蓋 101 大樓前，先有一個設計師規劃一個設計圖，然後準備所需材料，運送器材，按照設計圖一層一層蓋上去呢？答案當然應該是後者，對吧？

如果連 101 都有自己的藍圖，那你的人生是不是更要有清晰明確的藍圖呢？你知不知道自己五年後要做什麼？一年後要做什麼？一個月後要做什麼？一個禮拜後要做什麼？甚至於，你知道今天晚上要做什麼嗎？

為什麼很多人無法完成夢想，因為他不知道自己的夢想是什麼，他對

夢想是沒有畫面的,所以他一直在做些跟夢想毫無相關的事。上班是我們的夢想嗎?我想不是,上班是你在幫助老闆完成他的夢想!

馬雲在創業初期的時候,什麼資源都沒有,當時他就設定三大目標。

✈ 建立一家可以不被淘汰的百年老店。

✈ 幫助中小企業賺錢。

✈ 成為全球網站前十名的電子商務平台。

當孫正義坐在他面前的時候,他就是把這個三大目標告訴孫正義,孫正義才決定投資他的,因為他從馬雲的身上感受到熱情,事後證明孫正義當年的投資決策是完全正確的。

世界潛能激發大師安東尼‧羅賓曾說:「沒有一個熱血沸騰的目標,痛苦就會趁虛而入。」

你喜歡你的夢想嗎?你渴望完成你的夢想嗎?

想像一下,當你完成人生藍圖之後,會是什麼樣的畫面?你會得到什麼樣的成就?你身邊的人會怎麼看你?那些討厭你的人,他們又會如何嫉妒你的成就呢?

另一個無法實現夢想的原因是沒有動力,講白話一點,就是對現實感到滿足,習慣於目前的狀況,只想生活在舒適區,不想走出來讓自己變得更好,把自己侷限在這個區域內。「舒適」固然是舒適,但卻會帶來思想上的懶惰,行動上的停滯,就像上台演講,如果我們不逼自己去練習、適應,就永遠不會表現好,只有突破舒適區,你才會知道自己有多厲害。

古今中外那些有著非凡成就的人,他們之所以能享有巨大的成功都是為了逃離過去,因為過去太痛苦了,他們可能曾經負債,曾經想要輕生,

可能從小父母離異……有許多的痛苦長期困擾他們，最後受不了了，發誓一定要改變自己的未來！

亞洲潛能激發大師許伯愷老師，以前是一名憂鬱症患者。他高中畢業後便離開家裡，什麼都做過，包含擺地攤、在企業擔任一般員工、服務員之類的，後來在家人的殷切期望下，選擇了銷售的工作，前去應徵房仲業務員，無奈怯懦與恐懼讓他連五個月業績掛零，直到有位前輩鼓勵他去參加潛能激發課程，從此徹底改變了他的人生，他不僅迅速賣出第一棟房子，更走上培訓講師的道路！

在那段時間裡，許伯愷老師吸取了很多寶貴經驗，因為他做過很多職業，所以他了解許多商場上的道理，也明白若要改變自己的命運，勢必需要透過大量的學習。最初，他跟在別的培訓老師身邊做學徒，從拎包、買便當、開車門的助教開始做起，一步一步往上爬，整整三年沒有領工資，這段期間他遭逢破產，身上揹負著五十多萬元的債務，但他依然堅持下去，不斷提升自己，借錢自費學習。

一路走來，許老師潛心研究英、美、日本等世界大師潛能激發訓練的精華，融合台灣頂尖企業的管理、服務和行動力，將所學整合成一套非常有效的訓練系統「引爆生命力」，透過演講和訓練，將自己激勵成無所畏懼的超人。

至今演講授課累計超過二千三百多場，受眾人數遠超過五十萬人，熟練高超的互動技巧，獨具匠心的訓練技術，已有效協助數百家企業和數十萬人突破人生、事業的瓶頸，被業界喻為「用生命來訓練的中國第一潛能激發大師」。

這就是想要逃離痛苦的力量！

雖然打造自動賺錢機器的技巧與策略相當重要，但其實筆者更想告訴

你的是成功的心法與態度；筆者還記得曾有學員跟我說：「王博士，我知道我一定要成功，但是我沒有『一定要』的決心！」當時我花了一點時間了解他的狀況，之後我只回了一句：「也許改變你的轉捩點還沒到吧。」

「我不會花一秒鐘去改變任何一個人，除非他自己一定要改變。」這是世界潛能激發大師安東尼・羅賓的名言，因為沒有需求動機的人，我們也愛莫能助，只能祝福！

🔍 掌握趨勢資訊

「為什麼我的產品這麼好，卻沒有人要買？」

「為什麼我說的話沒有影響力？」

「為什麼他的口才比我差，生意卻做得比我好？」

你曾問過自己類似的問題嗎？曾有學員問我：「我不知道怎麼吸引客戶的注意力？不知道為什麼對方都不聽我說話？」我給了他兩個方向，第一個，你要掌握趨勢；第二個，你要了解時事。藉由趨勢和時事切入，因為這些都是熱門話題，例如我演講時提過，抖音行銷（影片行銷）就是未來的趨勢，因為現在的消費者不喜歡聽長篇大論，他們想知道最快速有效的解決方法。

大陸口紅一哥李佳琦，他是金氏世界記錄塗口紅與賣口紅的保持者，最高記錄是在一分鐘內賣出了一萬四千支的唇膏，即使是當紅明星也未必有如此強大的銷售能力。而另一個不可思議的案例是：他跟馬雲比賽賣口紅，竟然連馬雲都賣不贏他！前面章節已有稍微提過。

一聽到口紅銷售，不少人都會先入為主，以為「李佳琦」是一名女性銷售業務，但很抱歉，李佳琦是一名 1992 年出生的男網紅，他長年活躍在淘寶直播和抖音平台上，只要是李佳琦試過的唇膏，銷量都會不可思議

地大增，因此，網友也稱他為「口紅一哥」。

2018 年 11 月 11 日，馬雲和李佳琦相約一起進行美妝直播，目的是宣傳大陸一個品牌的唇膏。雖然馬雲做生意手腕了得，大家也認為馬雲會大獲全勝，但沒想到馬雲在這方面的影響力卻遠遠不及李佳琦。

直播活動結束後，李佳琦賣出一千多支唇膏，但馬雲只賣出十支唇膏，跌破眾人眼鏡。雖說李佳琦的帥氣外型是一加分，但最重要的還是他獨特的直播風格，以及多年的專業彩妝知識與經驗。

如今的李佳琦是在抖音上坐擁幾千萬粉絲，年收入超過千萬人民幣的網路紅人，但其實他在成為網路直播主前，也只是一名普通的美妝產品專櫃化妝師，月入三千人民幣左右。李佳琦畢業於舞蹈專業，因為對舞蹈不感興趣，所以選擇較感興趣的女性彩妝發展，到 L'Oreal 專櫃當一名彩妝師。

某次，L'Oreal 公司舉辦一項活動，打算選出一名化妝師，將他們打造為下一位網紅，李佳琦便抓住這次機會，在活動中拔得頭籌，人生道路也因此改變。

起初，李佳琦的直播收看人數不到幾百人，但他不氣餒，藉由一次又一次的活動來建立他的直播魅力，以獨特的風格吸引了一大群女性觀眾，每次的觀看人數節節上升，後來超過十幾萬。且李佳琦除了定時進行直播外，他也會出席不同的品牌活動、雜誌專訪等提升自己的曝光度，積極經營自己。

李佳琦成為網紅的背後有數不盡的心酸，他付出別人不曾付出的努力和汗水，每一支唇膏他都要親自試用過後，才會推薦給觀眾。他還在某次的口紅直播中，創下自己的最高記錄，一個晚上試用了三百八十支的口紅。而且是每支唇膏都要卸掉，再重新塗上，這反覆卸除、塗抹的動作，

也讓他的唇部形成嚴重的撕裂傷，常常連吃飯的時候都十分疼痛。

李佳琦的努力是成功的關鍵之一，但更重要的，這都是掌握趨勢帶來的結果，很多人很努力，卻不見得成功。因為他可能少了一些助力或資源，或者是他方向錯了。例如，如果李佳琦發展的不是大陸市場，而是其他國家，有機會得到一樣的結果嗎？我想答案是否定的。

筆者接著要跟各位分享我從趨勢投資大師吉姆・羅傑斯身上學到的未來趨勢走向，這幾個趨勢在未來會大大改變人類的生活，就像當年 Apple 公司跟微軟公司改變世界一樣。

物聯網

物聯網是透過網際網路，讓所有能行使獨立功能的普通物體實現互聯互通的技術。未來每個人都可以應用網路將真實的物體上網聯結，在物聯網上可以查出它們的具體位置，可以遠端對機器、裝置、人員進行集中管理、控制，也可以對家庭裝置、汽車進行遙控、防止物品被盜等，類似自動化操控系統。

物聯網的應用領域主要包括含運輸和物流、工業製造、健康醫療等領域，以及智慧型環境（家庭、辦公、工廠）領域、個人和社會領域等等。

② 3D 列印

3D 列印是指任何列印成三維物體的過程。3D 列印主要是在電腦控制下層疊加原材料。3D 列印的內容可以來自源於三維模型或其他電子資料，其列印出的三維物體可以擁有任何形狀和幾何特徵。而 3D 列印機屬

於工業機器人的一種，其列印範圍包含船體、房子、車子、食物……等，未來會有越來越多發展的空間範疇。

 區塊鏈

區塊鏈（Blockchain）是藉由密碼學串接起來並保護資料內容的串連文字記錄（亦稱為區塊），所以可以解釋為是將一個一個「區塊」「鏈」（連接）起來的意思。

區塊鏈每一個區塊皆包含了前一個區塊的加密雜湊、相應時間戳記以及交易資料，這樣的設計使得資訊區塊內容具有難以篡改的特性。用區塊鏈技術所串接的分散式帳本，能讓兩方甚至多方都能有效保存交易記錄，且可永久追溯查驗此交易。

目前區塊鏈技術最大的運應用是數字貨幣（虛擬貨幣），例如比特幣的發展。如果人們有一本公共帳簿，記錄所有帳戶至今為止的所有交易，那對任何一個帳戶來說，人們都可以計算出它目前所擁有的金額數量。而區塊鏈正是用於實現這個目的的公共帳簿，其儲存了全部交易記錄，在比特幣體系中，比特幣位址相當於帳戶，比特幣數量相當於金額。

 大數據

智慧時代的來臨，人手都有一支以上智慧型裝備，人們的行為模式，都有數據記錄，而業者可以有效利用這些數據做精準行銷，快速找出消費者需求並提供服務。例如：Facebook 廣告、抖音廣告、App……等都有專門蒐集消費者的數據並給予相對應的方案。

掌握客戶消費數據就等於掌握財富，我們應該想方設法多去了解一些客戶的需求才是致富之道。

5 智慧型機器人

　　智慧機器人未來將取代絕大多數的人力，為社會提供更多服務，這是無庸置疑的。AI 智慧的研發讓社會快速改變中！原本人們不相信這些無感情的機器能取代人力，直到 2016 年 Alpha GO 打敗韓國棋王之後，正式宣告 AI 時代的來臨。

　　現在許多餐廳、飯店、銀行等都漸漸導入 AI 智慧系統，未來將解決更多人們的各類需求。

區塊鏈證照班

全台唯一的區塊鏈證照班開課了，
讓你不用再花錢、花時間飛去中國大陸上課！

課間結合案例及工具，更配合實際操作，
將整個理論扎實演練一遍，讓學習效果獲得驗證。

趕緊掃描QR Code，
讓魔法講盟協助您站上區塊鏈風口，
創造屬於您的區塊鏈世代！

3 分析潛在客戶以精準行銷

再來我們要分析消費市場，也就是分析你的潛在客戶，誰有可能購買你的商品？他們為什麼要購買你的產品？他們購買你的產品可以得到什麼樣的好處與結果？這些都是你要清楚了解的，當你知道這些情報時，你會發現這可以幫你省下很多的力氣，我們寧願花時間找到一個精準客戶，都好過花時間在一百位無效客戶上。

很多人創業之所以失敗很大一個可能性，是因為他們不知道自己的潛在客戶是誰，他們以為自己的產品是全世界都會喜歡、每個人都需要的，事實上這是錯誤的！蘋果的產品再好也有人不喜歡，微軟的產品再怎麼更新改版還是有人用不習慣，因此，你必須明確知道自己的潛在客戶是誰、通常會在哪裡出現，才能花更多的心力在做更正確的事情上。

筆者在今年認識了亞洲成功學權威——陳安之老師，他是一名成功學大師，同時也是位暢銷書作家，曾出版《超級成功學》、《把自己激勵成超人》、《賣產品不如賣自己》、《創業成功的 36 條鐵律》、《如何做個賺錢的總裁》、《自己就是一座寶藏》、《為成功改變環境》、《跟你的產品談戀愛》等書籍，現大多在巡迴全世界演說幫助他人成功。

2020 年因為 COVID-19 在全球肆虐，因而回到台灣發展，筆者也很榮幸在魔法講盟行銷長的介紹下與他結識。第一次與他交談時，我發現他是相當親民的人，而我也聽了他分享以前的故事與經歷，在談話的過程

中，他跟我討論了很多問題，例如消費者的興趣是什麼、他們喜歡聽什麼內容、他們需要什麼幫助……等等，當時我內心充滿著疑問，認為他應該比我更清楚才對，為什麼還要與我討論呢？

後來他才解釋，不同國家的文化、法律、喜好都不同，學員想要的東西也不同，他多年來都在全世界巡迴演說，現在剛從杜拜回來，若要幫助台灣人成長，就必須先知道台灣人的狀況才行。

所以，你要知道你的潛在客戶，或者已經消費過的客戶他們的真實需求是什麼，你如何解決他們的問題與困擾，客戶最需要的是我們可以解決他們的問題，而不是聽你的產品有多好，公司有多厲害。

🔍 設計一個讓人無法拒絕的文案

你有沒有一種經驗，就是在滑手機的時候，看到一則廣告或是一項優惠就忍不住手癢下單購買呢？當你做出這個動作的時候，即代表對方的文案成功了。

坊間有很多培訓公司，甚至為了教人寫文案，設計了一系列的文案課程，你就知道文案有多麼重要！

好的文案是很有說服力的，它能讓人們以全新的態度來看待你的事業。如果你像很多企業一樣需要撰寫各種文案，從產品宣傳到會議活動廣告詞，那勢必需要寫文案的能力，所以「文案寫作」通常都會交給專業人員來做。但如果你要完成你自己的銷售信函、網絡網路廣告或者營銷訊息，卻苦無沒有專業文案作者的幫助，該怎麼辦呢？或是你沒有多餘的資金尋求專業人士協助怎麼辦呢？以下分享能助你成為文案高手的技巧，若能學以致用，你會發現自己有很不一樣的改變。

一對一的個人化寫作

即使是一本擁有上萬讀者的暢銷書，它上面的廣告在一次時間內也只能被一個讀者看到。消費者是以個體的角度，而不是以團體的角度在閱讀你的文案。而大多數文案新手經常犯的錯誤是：他們以為他們是對著滿屋子的人在講話，其實相反。試著想像一下，你坐在桌邊，對面坐著對你有興趣的潛在顧客，你需要做的就是看著他的眼睛，並思考如何滿足他的個人需求。為了提升你的營銷效果，我建議你從個人化的角度向人們描述你的觀點，就像你在進行一場一對一的談話，比較能讓對方覺得你是在跟他說話。

2 資訊以外部為導向

除非你是在給自己家人寫信，否則千萬不要內容全寫自己的事。有一個很常見的案例是：在撰寫銷售文案、宣傳內容和文宣郵件時，一個缺乏經驗的文案新手往往會把重心放在「我們將提供什麼」，而不是「你將會得到什麼」。當你寫文案時，不妨改變一下立場，試著把常用之「我們」、「我們的」的詞語改變成「你們」、「你們的」，外部導向性的語言會有更大的吸引力。

比方說，你最好將「我們將提供二十四小時的即時服務」改成「您將獲得可信賴的、一天二十四小時不間斷的即時服務」。

3 開頭就說出誘惑

我們的生活中到處充滿著廣告宣傳的訊息，以至於人們同時接受多種廣告的情況很常見，消費者可以同時看電視、讀報紙並上網、滑手機，網路的行銷環境也非常混亂，一大堆的電子郵件廣告和其它交流方式都在產

生影響，因此與潛在客戶每一次的溝通，都要立即抓住對方的興趣，否則就會被忽視掉。所以，你要在一開始就說明：你將給顧客提供哪些有誘惑的好處，或根據溝通類型的不同而提供不同的服務？你又可以提供什麼樣的服務讓競爭對手望塵莫及、而顧客超級想要的獨特價值（USP）呢？

🔍 有效的廣告文案寫作模板

接下來我將分享一些過去我學到的一些比較有效的廣告文案寫作模板，相信對各位一定會有很大的幫助。

1 AIDA 公式

✈ A：Attention（引起注意）。

✈ I：Interesting（興趣）。

✈ D：Desire（購買渴望）。

✈ A：Action（行動）。

首先引起消費者注意、挖掘他們的興趣、產生消費的渴望、最後引導購買，以這一方式進行推廣文案的撰寫，非常有效，這也是非常有名的一個文案公式！

對上述 AIDA 公式稍作整理和延伸之後，你會發現——

✈ **Attention（引起注意）：**就像一本書的書名一樣，對照文案的標題、前言或者是開頭第一句話，目的就在於吸引消費者的興趣，讓他們將焦點放過來。

✈ **Interesting（挖掘興趣）：**當對方被你吸引住了，接著必須強化對

方的注意力，如果文案內容無法挖掘到消費者的深層興趣，也許他就離開了。

✈ **Desire（渴望）**：藉由文案中更多的引導和溝通，消費者是否想要購買你的產品，其關鍵因素在於對方是否信任你。

✈ **Action（行動）**：要求對方做決定，立即行動，比如之前所說的強調稀缺性，為的就是解決消費者的拖延心態，補上臨門一腳，促進消費者立即買單。

② 羅伯特・克里爾公式

克里爾是二〇世紀美國自助和新思想形而上學著作的知名作家。他一生絕大部份時間都從事寫作、編輯和研究，他的著作《時代的秘密》迄今售出三十萬本。克里爾亦撰寫了許多關於豐富、欲望、信念、形象化、自信的行動和個人發展的實用心理學等相關著作。

✈ 吸引消費者的注意力。

✈ 引發消費者的興趣。

✈ 你要描述你這個產品、這個服務、這個流程工作、這個活動、這個項目。

✈ 要說服你的消費者。

✈ 要證明我們能夠按照承諾來交付產品或服務。

✈ 達成交易。

這個文案公式不單用來寫書面文案，公眾演說也適用於此方案。

3 文案大神 Bob Bly 的廣告文案八大要素

◀ 吸引客戶注意。

◀ 關心客戶需求。

◀ 強調利益。

◀ 將自己和競爭對手區隔。

◀ 證明是怎麼回事。

◀ 建立高信任度。

◀ 提升產品價值。

◀ 呼籲行動。

4 克托・思科瓦伯的 AAPPA 文案公式

這是另一個非常出名的文案寫手，他的效果也是放諸四海皆準的，而且被證明確實有效果。

◀ **A：**引起注意（吸引注意）。

◀ **A：**展示優勢（給人們展示產品的好處）。

◀ **P：**進行驗證（證明這種好處）。

◀ **P：**勸導人們把握這一優勢（勸說人們抓住這種好處）。

◀ **A：**呼籲行動。

5 AIDCA 公式

◀ **Attention（注意）：**把讀者即潛在消費者從其它正在受吸引的人事物裡想辦法吸引過來。

◀ **Interest（興趣）：**以新鮮、有趣的訊息來吸引消費者的好奇心。

✈ **Desire（欲望）：** 藉由你所提供的內容來引發消費者行動前的衝動意念。

✈ **Conviction（信念）：** 幫助讀者解除心中的疑惑，讓他們相信我們說的都是真的。

✈ **Action（行動）：** 要求消費者去作下一步你想要他們去作的某個行動。

仔細研究，你會發現上述的文案公式好像都差不多。是的，因為營銷的流程就是這樣，雖然細節有千百萬種方法，但大方向相同，都是類似的結構。魔法講盟在招生時，也有一套招生文案公式，你會發現其實跟上面所述的也差不多。

成功銷售文案＝標題＋問題＋證明＋結果。

標題：認真思考你的標題如何引起注意力。

問題：列出你的潛在客戶關心的問題。

證明：找出提供切實可行的解決方案。

結果：喚起潛在客戶的行動。

另一個常用的文案公式是——

標題：必須短而有力。

副標題：補充標題沒能表達出的訊息，強化標題的效果。

證明：證明很多人使用過我們的方案後受惠。

呼籲行動：因為某些因素，你必須立即行動。

筆者也常常使用這些文案，替自己創造出許多成績，因而想分享給各位。筆者還經常被問一個問題：標題要怎麼寫，究竟是什麼樣的標題才能吸引人呢？

在大多數廣告中，標題毫無疑問是最重要的因素，這是發送給客戶、潛在客戶、合作廠商或員工的任何推銷信件或書面材料中的開篇之辭。

銷售人員在進行銷售、展示或者一對一討論時，這往往是他們說出來的第一句話。所以「標題」是你親自登門拜訪或打電話詢問的客戶或潛在客戶開始談話的開場白。

標題也是拍攝商業廣告或在展會上進行宣傳時首先要說的話，設立標題的目的是為了吸引潛在客戶的注意力。假如想要吸引房屋業主，就應該將「業主」一詞放在標題中。

良好的標題將帶來什麼樣的效果呢？答案是好的標題能夠幫助讀者、聽眾或觀眾、亦或是現場銷售潛在客戶如何透過使用你的產品得到一些好處，例如怎樣提高：健康、財富、社會需求、情感或精神上的滿足……等等。

總之，好的標題能夠突出產品為潛在銷售客戶提供的最大「優勢」。筆者整理幾個過去常用，而且非常推薦你們使用的標題類型，幫助你們在設定標題的時候可以參考。

警告型：說明不使用我們產品的後果！例如：您最大的靠山，就是「魔法講盟」，沒有人像魔法講盟可以提供您這麼多的資源。

強調型：使用簡單的兩個短句或者是重複全部或部份廣告詞的形式。例如：只要您有使用我們的產品，您就能夠提高某某方面的效果。

期望型：只要突破一點普遍限制就能輕易實現廣告提到的效果。例

如：優質汽油與一般汽油的不同之處在於添加劑。在標題中重點突出產品的不同之處。

✈ **誘惑型：**直指本來並不想購買該產品的人群，但是透過限制目標客戶以吸引全體消費者的注意力。例如：工程設計師們歷時五十年的嘔心瀝血之作。利用戲劇性的表現誇大產品開發的艱難性。

最後再分享三十種黏性開頭的標題，讓各位參考，讀者們可以利用這些標題改成適合自己的文案。

	三十種黏性標題
1	如果……，那麼……
2	坦白說，我很困擾……
3	當我在查看過去的記錄時，我發現……
4	你可以幫我個忙嗎？是這樣的……
5	你想試試這個方法嗎？
6	這是個絕佳的好機會！
7	我之所以馬上告訴你，是因為……
8	你還在為……煩惱嗎？
9	你會為了某項服務每個星期額外花費五百美元嗎？
10	你認為怎樣做能天天賺進一千美元呢？
11	請放下手中的事情，花幾分鐘的時間來閱讀這個內容……我保證你不會後悔！
12	過去我很少寫這樣的信，但是我認為很有必要讓你知道這些……
13	想像一下，六個月後的今天……

14	我想告訴你一個祕密……
15	幫個忙好嗎？我們需要你配合參與一個重要的調研……
16	你是笨蛋嗎？
17	你是不是為了某服務花費太多的錢？
18	別再逃避了……
19	我真的生氣了！我再也不會這樣做了！
20	這是一封你從未收到過的內容（或這是一封我從未寫過的內容）
21	請原諒我的衝動，但我敢打賭，你的生意會比現在更好，只要……
22	你或許已經發現了這個（根據產品種類）邀請函……
23	沒有炒作，沒有包裝，沒有華而不實。這就是我們成功的方法！
24	你可以合法的「賄賂」我們，想知道方法嗎？
25	這是我最後一次聯繫你，如果你不在乎，就把我刪了吧！
26	你是否想過為什麼成功的人永遠不是我們？
27	如果你能給我十分鐘，讓我介紹我的服務，你沒有任何風險
28	這或許是你最幸福的一天，因為你是少數幾個能收到我訊息的人之一
29	如果你曾經做過這件事，那你肯定對這個內容感興趣
30	有素質的人一眼就可以看出來這封信的內容

建立信任名單

　　有了流量之後，再來要建立信任名單，我也常常稱此為目標客戶，比如說，我要你去台北找個人，你會問：「找什麼人？」

　　我說：「找一個女人。」

　　你會問：「找一個什麼樣的女人？」

我告訴你：「找一個長頭髮的女人，這個女人長髮及腰，身穿紅色連身裙，戴著墨鏡，而且每天下午三點鐘準時出現在台北車站的站前廣場。」你看，我這一描述，你是不是就很容易找到她了？

你最容易犯的一個錯誤就是，沒有清晰界定你的目標客戶是誰，如果沒有明確定義目標客戶，那你就不知道去哪裡可以找到他們，還白白浪費了自己寶貴的精力，把大好的時間浪費在眾多無用之功上，這是嚴重的失策！

正確的做法是：明確你的目標客戶是誰，即便你可以服務每個人，但是你不見得真的需要服務每個人，你只能把自己有限的資源集中在目標客戶身上，也就是那些迫切需要你的人，並確保他們有足夠的支付能力來購買你的產品和服務。因此，你的任務就是：找到他們、成交他們、服務好他們。

你無法取悅每個人，因為你不是鈔票，你只能找到那些需要你，而且你也喜歡的人，這樣的關係才能創造彼此的幸福！

再來，如何讓他們信任你、對你有興趣，甚至購買你的產品，成為你的合作夥伴，尤其是當你們在沒有機會見面的情況下？筆者分享兩個最重要的關鍵。

✈ **第一個是「專業」**：你要對自身的事業非常暸解，你要知道，全世界最懂你的產品的人是你自己而不是你的客戶，客戶會有問題是很正常的，但如果你沒辦法提供你的專業去回答，就沒辦法讓客戶信任你；就像我經營出版業超過三十年，出書出版班的學員問的任何問題，筆者基本上都能立即回答，因為我幾乎都接觸過。

✈ **第二個是「堅持」**：很多人說創業最需要的就是堅持，我認為這相當有道理，因為我們總會遇到客戶在猶豫在觀望，我自己也是，其實我也在觀望很多投資的項目，但是假設對方堅持不下去了，停止經營某個項目，我就會心想：還好當時沒有參與其中。但如果看到某人在經營某個項目好一陣子了，就會有一種：好吧！不然我也試試看，購買他的產品或服務。筆者認為大部份人都是這樣的，而事實上我也曾遇過這樣的學員，認識我好幾年後，才來報名我的課程。

🔍 錢就在名單裡！有效活用名單

在網路行銷領域裡，「mail 名單」是最基本也是最不可或缺的資源之一，它重要到讓網路行銷界流傳著這麼一句諺語：「錢就在名單裡！」一旦你有了屬於自己的 mail 名單後，就可以天天寫信跟你的網友溝通，還能藉此省下大量的廣告費用。

在網路上的「電子郵件」行銷領域中，最強大的工具就是建立一個主動加入型（opt-in） mail 名單。

主動加入型 mail 名單是一個 mail 資料庫，它包含所有已加入名單的使用者姓名以及電子郵件地址，訪客透過某一個網頁表單註冊並給予名單擁有者能夠將他們感興趣的主題定期寄送給他們的權力。

而它又被稱為授權式電子郵件行銷，顧名思義就是一定要經過收件者授權後你才能寄信給他們。比方說，當你在瀏覽某個健康雜誌的網路文章時，你應該能在網站最下方看到一個能夠訂閱該網站電子報的 mail 註冊表單，也就是所謂的名單收集表單。在填寫該表單並完成 mail 確認後，你就等同授予這個網站寄送最新文章通知給你的權力，而不是什麼來路不明的垃圾郵件。

在這種模式下，隨著加入你名單的人數越來越多，你就能將你的新產品或特價訊息，大量發給對你的品牌有好感的人，如此一來，你就不用像發廣告那樣，就算看廣告的人沒興趣也一樣會算在廣告成本內。

簡單來說，建立電子郵件名單不僅能夠確保收到你行銷資訊的人都是你的潛在客戶，還能避免把行銷成本花在幾乎不會向你買東西的非潛在客戶身上，這也是為什麼人家常說建立一個電子郵件名單是網路行銷的基本功之原因。

那要如何開始電子郵件名單的收集呢？如果你從來不曾接觸過電子郵件名單的話，你得先選擇一個電子郵件行銷服務供應商。

你可以選擇國外知名電子郵件名單廠商，好比 GetResponse、Mailchimp、ActiveCampaign 等，透過他們所提供的免費或試用方案逐一體驗，挑選出你較喜歡的一個來使用即可，如果你希望你的名單具有自動化行銷功能的話，筆者推薦你使用 GetResponse。

在開始建立你的主動加入型電子郵件名單時，除了選擇一個有提供這類服務的第三方廠商外，它還有一些應該要做的事以及不應該做的事，以下分享一些值得一提與記住的重要觀念。

◀ 在你的網站放上醒目的訂閱表單。把訂閱表單放在網站上顯眼的位置，假如你的表單沒人看得到，那這個表單就毫無意義，因為表單的主要功能只有一個：讓訪客加入你的名單中。

◀ 提醒人們可以用他們一般工作用的 mail 來加入到你的電子郵件名單中。這麼做將會使人們將你寄送給他們的信件透過這個表單直接聯想到你的網站，又由於是使用工作用的 mail 進行訂閱，他們將會頻繁地檢查寄到這個地址的新信件，你發送的資訊也就更容易被看到。若你的潛在客戶願意使用工作用的 mail 來加入至你的名單中，是一件很棒的事，這代表他們會想在工作之餘收到你所寄送的信件，這類收件者往往會成為你最有力的忠實顧客。

◀ 越快聯絡新加入的訂閱者越好。在第一時間寄信給新訂閱者不僅可以幫助訂閱者了解你的信件長什麼樣子，也能讓新訂閱者比較容易記住你的品牌。你可以在信中寫一些感謝的話來歡迎他們，並告訴他們可以獲得哪些東西。

◀ 說明訂閱者會從訂閱中得到什麼好處以及你聯絡他們的頻繁程度，讓你的收件者們確切地知道他們將會收到什麼是一件非常重要的事，內容需要保持關聯性，盡可能避免寄送預期之外的電子郵件，如此將能增加潛在顧客對你的信任度。例如：客戶預期能收到理財相關的資訊，但你卻發送搞笑影片，這就不合適了，因為 mail 是你與潛在客戶建立信賴關係的基礎，你要讓他們相信你會持續提供可靠的內容和價值，只要你們建立起長期信任關係，就可以推薦合適的產品並轉單營利了。

◀ 提供免費的電子報或贈品以吸引訪客加入你的名單。建立名單最有效的方法之一就是為你的名單加入者提供免費的價值，像包含了相

關資訊的電子報、小秘訣、工具、食譜、旅遊行程介紹……等。這種做法不僅可以吸引訪客加入你的名單，還能讓你有一個好理由順利寄出第一封 mail 給新訂閱者。

如果你不知道要免費提供哪些東西的話，那筆者非常推薦送一本小型電子書，因為電子書對那些訪問並訂閱你電子郵件名單的人來說，是非常容易理解與接受的免費贈品。

這類電子書不必花大錢或精心製作，它可以是一個最佳文章、事業經營祕訣或資源集合的資訊大全，例如「社群行銷的影響力」或者「簡單快速建立被動收入系統」等。

若你想要有效地將所有可能購買你產品的人們集中起來，並節省額外的廣告花費的話，那建立電子郵件名單將會是最能滿足這項需求的做法之一。確實提供高品質內容，並確保你在 EDM 中所寫的內容，以及能在你網站上找到的免費贈品與資訊，都是有價值的，如此一來，那些為了你的網站選道而來的訪客會感到非常滿意，並願意長時間追隨你所寄出的每一封電子郵件。

在信任感的基礎下，當你推薦一個新品或活動廣告時，客戶就會很有意願購買了。

4 學會借力使力

　　一個人打不過一群人，你同意嗎？現在是打群架的時代。成功學大師卡內基曾說：「一個人的成功 85％靠人際關係，15％靠專業能力。」

　　根據暢銷書作者羅伯特清崎的 ESBI 法則，我們在這世界上生存要不就是依靠別人賺錢，要不就是自己創業賺錢。但是創業成功一定是有眾多的因素加在一起，你相信嗎？

　　理財大師羅伯特・G・艾倫舉了木桶理論來做說明。他是這麼形容的：「創業就好像浴缸一樣，你必須具備所有的能力，包含銷售、行銷、團隊領導、合作、借力使力……等，才有辦法留住財富。否則你就算賺到了財富，也不一定留得住。」這句話是什麼意思？

　　想像一下，今天你準備了一個木桶來裝水，而這個木桶能裝多少水，並不取決於桶壁上最高的那塊木塊，或全部木板的平均長度，而是取決於其中最短的那塊木板。因為水的液面是與最短的木板平齊的！只要有任何一個短木板存在，你就裝不滿這桶水，所以它又被稱為「短板效應」，由此可見，在創業的發展過程中，「木桶」的完整度決定其整體發展之結果。

　　就好像一件產品品質的高低，取決於那個產品的組成中品質最差的零組件，而不是取決於那個品質最佳的零組件。因此，創業成功的整體素質，不取決於你最強的優勢特質，而是取決於全方位的綜合能力，綜效才

能讓你創造財富，同時留住財富。

成功必須具備所有的能力

「借力使力」是我們在商場上生存的必備技能之一。你不懂得銷售，就去找銷售老師學習；你不懂得營銷，就去找懂營銷老師學習；你缺了什麼技能，就去補足那個技能；學會借力使力才能讓你事半功倍！

「魔法講盟」是源起於 2018 年的台灣培訓品牌，由筆者率領魔法弟子所創建的知識服務品牌，當初有感於目前許多的培訓公司都有開一門「公眾演說」的課程，而王道培訓也有開這個課程，結訓完的學員普遍有此困擾，那就是不論你多會講，拿到了再好的名次、再高的分數，結業後你必須要自己尋找舞台，也就是要自己招生！

而其實招生跟上台演說是完全不相干的領域，培訓開課其實最難的事就是招生，要招到上百位學員免費或付費到你指定的時間和地點聽你講數個小時，這件事情是非常非常難的，就算是免費也一樣。

感於一個觀念，可改變一個人的命運！一個點子，可以創造一家企業前景！許多優秀的講師，參加培訓機構的講師訓練結業後，就沒了後續的舞台，也有許多傑出的講師，從講師競賽中通過層層關卡、脫穎而出，得了名次，然後呢？就沒有然後了。大多數人共同的問題就是沒有「舞台」，所以筆者認為專業要分工，講師歸講師，招生歸招生。

別人有方法，我們更有魔法。

別人進駐大樓，我們禮聘大師。

別人有名師，我們將你培養成大師！

別人談如果，我們只談結果。

別人只會累積，我們創造奇蹟！

這是「魔法講盟」自我期許的使命感！提供豐富的資源給所有想擁有舞台或企圖創業成功的夥伴們。

所以魔法講盟透過代理國際級的課程，打造明星課程由眾講師授課。搭配專屬雜誌與影音視頻之曝光，幫講師建立形象，增加曝光與宣傳機會，再與台灣最強的招生單位合作，強強聯手以期能席捲整個華語知識服務與培訓市場。

聯盟行銷

有一個真實案例是這樣的，美國的亞馬遜公司你聽過吧？在 1996 年有一位新聞記者威廉・泰勒訪問亞馬網路書店的創辦人兼首席執行長貝佐斯，當時亞馬遜網路書店才創辦剛好一年，但它確實是當年全球成長最快速的公司。

貝佐斯原本是華爾街股票交易人和演員，同時他也是一家快速成長公司 D.E.Shaw & Co. 的高階主管，有一天他看到一則報導，網路的年成長率為 2300％時，觸動了他的商業嗅覺，他迅速認知到：任何東西只要成長的如此迅速，那它一定會在短時間內充斥到各個領域。

於是貝佐斯辭去 D.E.Shaw & Co. 的職務，在他三十二歲的時候開始鑽研如何利用網路社群淘金，研究後得到一個結論：利用網路進行零售，將是營銷史上必然發生的大事，並且在網路上進行商品銷售將是人類進入

網路時代的一個大的潮流，而運用網際網路銷售書籍會是所有這個潮流中最先發生的事情。

之後貝佐斯移居到西雅圖，尋找投資人，爭取到數百萬美金，然後便開創了這個世界上最大的網路商店亞馬遜 Amazon。

自從亞馬遜網路書店在 1995 年營業以來，這間公司迅速成為網路銷售成功範例的典範。貝佐斯說：「1994 年當網路第一次吸引我的注意力時，我立即列出二十種我認為適合在網路銷售的產品，其中包括：書籍、音樂唱片、電腦軟體和硬體等等，最後我選中書籍。原因是書籍一來非常多，據統計光是英文的印刷書籍就有一百五十萬種，如果加上其他各國語言的總共有超過三百萬種，光書籍的數量就能讓人看到閃耀的商機。我也看到，世界上最大的實體書店最多藏書也僅接近十八萬種，然而我們卻有一百萬種，這是實體書店根本沒有辦法做到的！如果今天大家把亞馬遜網路書店所有品項的書籍名單列印出來，然後編成一本書，那這本書的厚度會是七本紐約市電話本的厚度。所以，網路書店是唯一把幾乎人類所有出版的書籍收藏在同一個店舖的做法。」

大家是否明白筆者講這個故事的原因？

如果不明白，請你再閱讀一次。當時貝佐斯獲得一個靈感，於是馬上探取行動，他辭掉工作，搬到離自己家很遠的地方，然後去完成他自己的夢想，這樣做當然有一定的風險，但他最後得到名利和財富！

現在我就要和你分享類似貝佐斯這種在社群網路上賺錢的模式——聯盟行銷（Affiliate program），聯盟行銷是筆者所見過應用網路淘金的一個可以低成本而賺取超高回報的好方法。

這是最好入門並打造被動收入的方式，它不需要你有資金就可以投入了。聯盟行銷像是你平常常收到的簡訊：推薦好友，立即獲得二百元折價

優惠，近期的 Uber 以及 Uber Eats 就類似這樣。Uber 會給你一串屬於你個人的專屬推薦網址，只要有人透過你的專屬連結註冊 Uber Eats，Uber 就會贈送你二百元的優惠卷，有越多人透過你的介紹來註冊 Uber Eats，你就會得到更多優惠。類似這樣介紹並推廣的概念，你便可以獲得一些廠商給你的分潤，這就是所謂的聯盟行銷！

而魔法講盟可說是大型的聯盟行銷平台，邀請各領域的老師來分享、上課，每個老師都身懷絕技，擁有自己的產品與服務，學員們來自於各種不同的背景，有人喜歡健康食品，有人喜歡理財規劃，我們都能滿足他們。我們常常會舉辦大型的商業活動，邀請學員與老師們出席，而當我們推薦學員給某位老師，購買他們的產品，我們會有一定比例的分潤，而且不太需要售後服務，因為專業的事交給專業去做，這也是一種聯盟行銷的概念。

借力使力的範圍及成功案例非常廣泛，就算出一本書都不見得能完整的描述，在現今網路新時代的發展下，唯有加強這個能力，方能取得更多的可能性。

🔍 合作共贏

如何把自己的品牌推向市場是有很多方法的，其中最重要的一項就是建立合作模式。如何合作是有策略的，透過合作可以提升你的能力，可以共同獲得財富，創造更多的客戶，建立更好、更優的個人品牌形象，與此同時可以減少你額外的支出，也就是盡可能使用更少的時間、精力、人力資源的投入，以比較小的投入獲得無限的回報。

對大企業而言，併購和合作已經成為他們快速發展的必然之路。就像我們常常與許多公司企業合作一樣，因為他們要的人脈與資源我們有，我

們要的人脈與資源他們也有。

合作則是共創利潤共創雙贏最好的辦法。合作就是雙方聯合起來，例如可以透過團購的方式獲得優惠價格，或合力來爭取業務，亦或是透過共同的品牌聯合的促銷獲得更多的收入，可以透過合作的策略獲得更高的知名度。

筆者當初開出版社的其中一個目的，就是讓台灣最知名的書店跟我合作，讓他們宣傳我的事業與服務，現在各位可以看到在書店都有販賣我們的書。

合作的九大好處

* 可以借用他人的人脈與影響力。
* 增加市場對你的知名度與指名度。
* 增加你的商業競爭力。
* 可以產生新的商業點子與企劃。
* 可以借用他人的資金，且不一定要還。
* 可以借用他人的經驗，少走冤枉路。
* 可以借用他人的時間，讓他人幫你賺錢。
* 實現事業多角化經營，創造多元化現金流。
* 降低時間、有形開銷、人力成本。

線上金流

因為網際網路從不休眠，可以全天候進行銷售，提供二十四小時全年無休的服務，各地的消費者都可透過網路瀏覽產品資訊並購買，只要把產品放在網路的平台上去賣，客戶有需求就會下單，許多流程都是自動化進行，睡覺的時候還有錢入袋，是許多人創造第二份斜槓收入的首選。

在網路上賣產品，一定會遇到的問題就是「金流」，金流是什麼？白

話點兒來說，金流就是你向顧客收錢的方式，比方說：行動支付、線上刷卡、ATM 轉帳等不同的付款方式，而金流系統就是讓店家省去人工對帳的瑣事，透過穩定、安全的金流系統，讓收、付款更方便。以下推薦幾個比較實用的收付平台給各位。

1　藍新金流

第一個叫做藍新金流，它能提供的服務如下。

藍新金流

✈ **線上刷卡服務：**卡種完整，支援各銀行信用卡收款、分期期數、紅利折抵，一次串接即可連通所有銀行。

✈ **實體刷卡服務：**不論商店大小，滿足多元收款需求，符合 EMV 規格實體刷卡機與行動刷卡機，讓收單不再侷限於現金。

✈ **超商代收：**全台超過一萬家的便利商店，都是你全年無休的實體收銀機，無論代碼或條碼，四大超商全部通行。

✈ **ATM / WebATM：**ATM 跟網路 ATM 收款服務，不限特定銀行，任何銀行金融卡皆可使用。

這個平台可以用公司行號註冊，如果是沒有公司行號的朋友，也可以用個人名義申請。網站有詳細的教學步驟，在此就不再說明。

2　綠界科技

第二個叫做綠界科技，它能提供的服務如下。

綠界科技

✈ **全方位金流：**信用卡、ATM、超商代收付……等完整

金流供你使用，申請免費，買家付款完成才需手續費 1% 起。

📨 **信用卡收款服務：**使用程式串接、線上收款工具、快速刷卡連結進行信用卡收款，且快速刷卡連結支援繁中、日文、韓文、英文、簡中、印尼文等六種語言。

📨 **站內付：**使用程式串接訂製最優付款體驗，便利的付款窗口，快速結帳。

📨 **超商代收付：**支援四大超商全台一萬家分店超商條碼及代碼繳費。

📨 **Apple Pay：**使用 Apple Pay 付款快速簡單，讓付款更加安全且能保護隱私。

📨 **Google Pay：**使用 Google Pay 付款時，不會取得實際卡片資料，不必擔心個人資訊外洩。

③ 紅陽支付

第三個叫做紅陽支付，它能提供的服務如下。

紅陽支付

📨 **收付便行動支付 APP：**便利的行動收款、智慧的生意幫手 iOS、Android 都可用。

📨 **BuySafe 線上刷卡：**讓網站型態的商家可提供消費者線上信用卡付款，透過購物車連結速度快且操作容易，另外享有線上 Visa Master 3D 安全機制，能有效降低偽卡風險。

📨 **BuySafe EZ 線上刷卡：**不需要有購物車結帳系統，讓網站型態的商家也可提供消費者線上信用卡付款，同時享有線上 Visa Master 3D 安全機制，有效降低偽卡風險。

📨 **PayCode 超商代碼繳費：**整合全台便利超商，提供列印貨款之服

務，且三十分鐘內即可確認繳款成功，為消費者提供二十四小時不間斷之付款服務。

 24 Payment 超商條碼付款 / 虛擬帳號付款：整合全台四大超商、郵局等代收機構之條碼付款機制，及全省 ATM 自動提款機操作轉帳功能，讓消費者能夠一天二十四小時皆可隨時支付。

4 Paypal

Paypal

Paypal 是可以收多國貨幣的一個平台，筆者也經常優先考慮以它來支付國外的交易，其特色如下。

 操作簡單方便：只需電子郵件地址和密碼即可使用 PayPal 結帳，再也不用拿出皮夾。

 電子支付快速便利：只需要賣家的電子郵件地址，就可更輕鬆又更安全地為你所購買的商品或服務付款。

 輕鬆要求買家支付交易款項：在完成銷售後，你可以發送支付款項要求給你的買家，買家收到支付要求時，即可以選擇他偏好的方式完成付款，簡單又方便。

 輕鬆管理定時定額付款：每月訂閱、定時定額帳單或分期付款計畫，自動付款能讓你更輕鬆地追蹤和管理每月支付清單。

Paypal 另提供「退貨運費賠償保障」的服務。在網路購物時，有時候收到的商品可能不如預期，或者你改變心意，發生這些情況時，不用擔心，你只要將商品寄回，Paypal 會賠償你退貨運費，你可享有最多四次的退貨運費賠償，符合條件之交易的每次賠償金額上限為 USD 20。

如果你需要跨境收付款，PayPal 提供台灣的賣家有多種不同的收付款解決方案，能幫助你迅速收取款項。

5 成交後更要聯繫

很多人在銷售的時候只想到把這個產品賣出去，卻不去思考消費者購買完的後續問題，以及使用後帶來的效果。消費者懂得如何使用這個產品嗎？使用的過程中有沒有遇到甚麼什麼問題呢？使用完之後的效果如何？後續會不會再回購？

有些銷售人員不會顧慮這些，他們只想著趕快完成當下這筆生意，然後從此不再往來。這是非常沒有職業道德的現象，但我要說的是，在筆者長年的創業生涯裡面，看過不只一次這個狀況的發生！

一個企業要做大做穩，20％靠的是新客戶，80％靠的是老客戶的重覆支持與轉介紹。銷售之神喬‧吉拉德說：「成交是下一次銷售的開始。」

喬‧吉拉德是獲得金氏世界記錄大會認可的世界上最成功的推銷員，也是全球最受歡迎的演講大師，曾為眾多世界五百強企業精英傳授他的寶貴經驗，來自世界各地數以萬計甚至百萬計的人們被他的演講所感動，被他的故事所激勵。

先前喬‧吉拉德曾在台灣及大陸辦過課程，筆者排除萬難前去參加，更購買 VIP 票，只為跟喬‧吉拉德的距離近一些，半天的演講讓我感觸很深，激情洋溢的演講和富有巨大感染力的個人魅力，都使我陶醉其中，更有幸能與這位大師合影並共餐。

喬‧吉拉德的銷售理念深深影響了我，其中一個就是「成交是下一次銷售的開始」。很多銷售人員在成交之後就不再理會顧客了，這是非常

不明智的，因為成交不是結束，而是下一次銷售的開始，因為客戶會回購，如果你的服務讓他們滿意，他們還會介紹朋友繼續讓你服務。

在網路上賣東西時，售後服務更為重要，因為消費者買東西的時候是在看不到商品的情況下買的，所以買的商品是否不如預期？是不是購買之後不會使用？產品是否出現瑕疵？這都是有可能發生的，所以售後服務顯得特別重要。

舉蝦皮為例，筆者也很喜歡在網路上買東西，但是我買東西之前會先看商家的商店評價，看看有多少人曾經在這個商家買東西過，以及有多少正評及負評。

再來我會看聊聊表現，聊聊表現就是看商家跟客戶的互動如何，如果客戶問問題商家三兩天回答一次，那我就不會考慮，如果商家的形象良好，商品是我要的，價格又合理，我就會去下單購買。但是我發現大多數商家在銷售的過程中，會請我們填寫聯絡方式，除了地址、電話外，還有mail。為什麼要留 mail 呢？我剛剛有說過，這是為了讓他們下次有更好的商品活動時，可以第一時間告訴我們。

所以我們在做電商的時候，也要習慣性的請客戶留下他們的聯繫

方式，除了基本的電話號碼、地址外，千萬別忘了
mail，這很必要，因為 mail 一般申請後便不會再異
動，不像電話號碼可能會因為某些原因而變更，算是
永久性的聯絡方式，這樣當我們有新的活動，例如季
節性特價商品、新品發表、公司活動⋯⋯等等，就可
以主動通知客戶。

　　客戶喜歡我們的商品與服務，就會常常找我們
消費，我們提供的產品與服務越多，他們就越會黏著我們，甚至把好東西
跟身邊的朋友分享。常常有學員購買我們的書籍，我問他們為什麼願意買
我所出版的那麼多書？他們的回答是：好東西要跟好朋友分享！

　　在我們討論自動賺錢機器這個話題，只要你的產品物美價廉，服務便
利又快速，令客戶十分滿意這次的購物體驗，甚至是驚艷，客戶就會主動
幫你轉介紹，也想把這樣好的產品或服務分享給身邊的親友。

　　但有時候客戶們並不知道身邊還有誰有同樣的需求，或是他們不知道
怎麼介紹你的產品或服務。筆者就經常遇到過這樣的情況，學員覺得我教
的東西很有內容，他們想要邀請他們的朋友一起來學，但是怎麼約都約不
過來！

　　約不過來的原因有很多，可能是對方沒興趣、學員的邀約不夠專業或
是其他因素⋯⋯等等，因而錯過下一次的銷售機會，所以這邊有一個好的
建議提供給各位，就是建立粉絲的 Line 群組，然後讓客戶去邀請他們的
朋友加入。

　　你必須自己建立一個群組，這樣你才有網路社群的影響力跟決策權，
並讓更多的人關注你。當有新夥伴加入你的團隊時，你可以要求他們建立
自己的群組，然後再邀請他們的朋友進群，這樣就可以快速地打通你的市

場了。

現在很多團隊都這樣做，筆者認為「量大是致富的關鍵」，你的群組越多，代表你的粉絲越多，就代表有越多人有機會購買你的產品或服務。如果你的好友超過五百人，那就再開第二群、第三群，而筆者認為合格的社群營銷至少要有三個以上的五百人群才可以。

如果你是經營台灣市場的 Line，這時候可能會遇到一個問題，就是有人惡意翻群，用戶進入你的群後，把你的朋友全部踢出去，魔法講盟的行銷團隊就曾遇到這種困擾，因為誰都不希望自己辛辛苦苦經營的群組被人翻群，在這裡筆者再分享一個祕密。

這個祕密就是……每個群組都有壽命。所謂的壽命不是說時間到了群組會自然消失，我的意思是當人們進入到一個全新的群組的時候，他們會觀望一陣子，嘗試了解群組內的成員以及內容，但過三、五個月，他們了解到這個群組的性質之後，可能就不再那麼在意了，於是開啟群內訊息的速度漸漸變慢、變少，最後就離開了。

所以我們每隔三個月到半年就要換新群組，最好連主題也一起換，這樣才能保持群組的新鮮感以及黏著度，同時你也可以淘汰掉一些群內早已不關注你的人。

如果你無論如何都想留下現有的群組的話，筆者與你分享第二個方法，就是建立一個 Line 社群。「Line 社群」的功能，自 2020 年開始釋出給 Line 用戶，本來預定是要走兩個試營運階段，才考慮正式上線的日期，但因為用戶對於「Line 社群」確實有強烈的需求，因此調整了上線階段，將原有的試營運階段二，與正式上線階段合併，因此從三個階段的流程，變成兩個階段，加快服務上線進程。

所有 iOS 與 Android 用戶，只要將程式更新至 10.8.0（含）以上，

或直接更新到最新版本，在 Line 主頁中的「群組」中，就會顯示「Line 社群」入口。從這個入口進來，就會看到社群首頁，在這邊就能就能開始探索、並加入自己有興趣的 LINE 社群！

除了「加入」有興趣的社群，若想自己「建立」社群，建立社群的功能一樣是從 2020 年開始釋出，但採取批次的方式，逐步釋出，對象為系統隨機，漸漸釋出給全部用戶。而已獲得「建立」社群資的用戶，在社群首頁的下面，就會看到「建立社群」這個按鍵，點選這裡就能直接開始建立社群。

在 Line 主頁中的「群組」會顯示「Line 社群」入口，由此進入會看到社群首頁，並加入有興趣的社群。

當你的事業越做越大，就一定會引來他人的惡性競爭。魔法講盟的行銷長就曾跟筆者分享過，他自 2017 年開始找這個問題的解決方法，當時

他竭盡所能地尋找防翻群機器人，企圖保護他的群組，而現在只要建立一個社群就可以避免這問題。

社群會保護你的群組不讓他人入侵，如果有人在群內濫發廣告，它也可以刪除那些廣告訊息，並把相關人士列入黑名單，讓那些惡意帳號永久無法進群。也就是說，我們可以自己決定社群要放哪些訊息，其他人的訊息都可以有效控管，非常方便。

最後推薦各位，現在是互聯網最發達的時代，以後會有越來越多的生意會透過網路進行，想要學習如何透過網路打造自動賺錢機器的系統，就一定要來報名魔法講盟開設的自動賺錢系統課程！這個系統課程又可分為行銷戰鬥營之「正課」以及「橫向」與「縱向」兩個系列，分別為……

🛦 **縱向**：每年 12 月的周二 MSIR 課程，由各界 MSI 大師授課。

🛦 **橫向**：每月第一個周二下午的營銷課程，由魔法講盟行銷長授課。

🛦 **正課－行銷戰鬥營**：以「接」、「建」、「初」、「追」、「轉」為主軸，教會學員絕對成交的祕密與終級行銷之技巧，並整合全球行銷大師核心密技與 642 系統之專題講座。

保證物超所值，確實學到賺取被動收入的方法，祝福各位賺大錢！

為您塑造價值・讓您傳遞價值・幫您實現價值！

魔法講盟

台灣最大、最專業的
開放式培訓機構

別人有大樓，我們有大師！
別人有方法，我們更有魔法！
別人只談如果，我們保證有結果！
我們為您提供知識服務，幫助您將您的知識變現！

魔法講盟 開設保證有結果的專業級課程，能幫助每個人創造價值、財富倍增，
得到財務自由、時間自由與心靈富足，是您成功人生的最佳跳板！

Business & You　區塊鏈　WWDB642　密室逃脫　創業 / 阿米巴經營

公眾演說　講師培訓　出書出版　自動賺錢機器　網路 / 社群營銷

真 永是真讀書會　大咖聚　八大名師　MSIR　春翫・秋研　無敵談判

唯有第一名與第一名合作，才可以發生更大的影響力，
如果您擁有世界第一・華人第一・亞洲第一・台灣第一的課程，
歡迎您與行銷第一的我們合作。

合作專線 02-8245-8318　合作信箱 service@book4u.com.tw

全球華語魔法講盟

台灣最大、最專業的開放式培訓機構

兩岸知識服務領航家
開啟知識變現的斜槓志業

別人有方法，我們更有魔法
別人進駐大樓，我們禮聘大師
別人談如果，我們只談結果
別人只會累積，我們創造奇蹟

魔法講盟賦予您 **5** 大超強利基！

助您將知識變現，生命就此翻轉！

魔法講盟 致力於提供知識服務，所有課程均講求「結果」，助您知識變現，將夢想實現！已成功開設千餘堂課，常態性地規劃數百種課程，為目前台灣最大的培訓機構，在「能力」、「激勵」、「人脈」三個層面均有長期的培訓規劃，絕對高效！

oning

↓

oming

1. 輔導弟子與學員們與大咖對接，斜槓創業以 MSI 被動收入財務自由，打造自動賺錢機器。
2. 培育弟子與學員們成為國際級講師，在大、中、小型舞台上公眾演說，實現理想或銷講。
3. 協助弟子與學員們成為兩岸的暢銷書作家，用自己的書建構專業形象與權威地位。
4. 助您找到人生新方向，建構屬於您自己的 π 型智慧人生，「真永是真」是也。
5. 台灣最強區塊鏈培訓體系：國際級證照＋賦能應用┼創新商業模式。

魔法講盟 專業賦能，是您成功人生的最佳跳板！

只要做對決定，您的人生從此不一樣！

多詳細資訊，請掃 QRcode 或上 *silkbook⊙com* 新‧絲‧路‧網‧路‧書‧店 https://www.silkbook.com 查詢，亦可撥打
人客服專線 02-8245-8318。

密室逃脫創業育成

Innovation & Startup SEMINAR

體驗創業 ➜ 見習成功 ➜ 創想未來

創業的過程中會有很多很多的問題圍繞著你，團隊是一個問題、資金是一個問題、應該做什麼項目又是一個問題……，事業的失敗往往不是一個主因造成，而是一連串錯誤和N重困境累加所致，猶如一間密室，要逃脫密室就必須不斷地發現問題、解決問題。

創業導師傳承智慧，拓展創業的視野與深度

由神人級的創業導師——王晴天博士親自主持，以一個月一個主題的博士級 Seminar 研討會形式，透過問題研討與策略練習，帶領學員找出「真正的問題」並解決它，學到公司營運的實戰經驗。

創業智能養成 ╳ 落地實戰技術育成

有三十多年創業實戰經驗的王博士將從——價值訴求、目標客群、生態利基、行銷 & 通路、盈利模式、團隊 & 管理、資本運營、合縱連橫，這八個面向來解析，再加上最夯的「阿米巴」、「反脆弱」……等諸多低風險創業原則，結合歐美日中東盟……等最新的創業趨勢，全方位、無死角地總結、設計出 15 個創業致命關卡密室逃脫術，帶領創業者們挑戰這 15 道主題任務枷鎖，由專業教練手把手帶你解開謎題，突破創業困境。

保證大幅提升您創業成功的機率增大數十倍以上！

更多課程詳細資訊及開課日期請洽 (02)8245-8318 或上 *silkbook*◇*com* 新·絲·路·網·路·書·店 www.silkbook.com 官網查詢

公眾演說　A⁺ to A⁺⁺
國際級講師培訓

面對瞬息萬變的未來，你的競爭力在哪裡？
學會演說，讓您的影響力與收入翻倍！

公眾演說四日完整班

好的演說有公式可以套用，就算你是素人，也能站在群眾面前自信滿滿地開口說話。公眾演說讓你有效提升業績，讓個人、公司、品牌和產品快速打開知名度！公眾演說不只是說話，它更是溝通、宣傳、教學和說服。你想知道的——收人、收魂、收錢的演說秘技，盡在公眾演說課程完整呈現！

兩岸 PK

保證 有舞台

國際級 講師

國際級講師培訓

教您怎麼開口講，更教您如何上台不怯場，保證上台演說 學會銷講絕學，讓您在短時間抓住演說的成交撇步，透過完整的講師訓練系統培養授課管理能力，系統化課程與實務演練，協助您一步步成為世界級一流講師，讓你完全脫胎換骨成為一名超級演說家，並可成為亞洲或全球八大名師大會的講師，晉級 A 咖中的 A 咖！

魔法講盟 助您鍛鍊出自在表達的「演說力」，

從現在開始，替人生創造更多的斜槓，擁有不一樣的精采！

素人崛起，
從出書開始！

全國最強 4 天培訓班，
見證人人可出書的奇蹟。

讓您借書揚名，建立個人品牌，
晉升專業人士，帶來源源不絕的財富。

擠身暢銷作者四部曲，
我們教你：

企劃怎麼寫／撰稿速成法／亮點 & 光點 & 賣
出版眉角／暢銷書行銷術／出版布局

保證出書

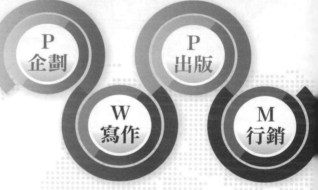

P 企劃
P 出版
W 寫作
M 行銷

Publish for You,
Making Your Dreams
Come True.

★ 如何讓別人在最短時間內對你另眼相看？
★ 要如何迅速晉升 A 咖、專家之列？
★ 我的產品與服務要去哪裡置入性行銷？
★ 快速成功的捷徑到底是什麼？
★ 生命的意義與價值要留存在哪裡？

答案就是出一本書！

當名片式微，出書取代名片才是王道！

魔法講盟

培訓課程 ◀ 更多課程細節，請掃 QR Code 或上 新・絲・路・網・路・書・店 silkbook○com www.silkbook.com 查詢

魔法講盟 新絲路網路書店——知・識・服・務・新・思・路

獨家販售，購書即可免費上課

推銷是加法、行銷是乘法、贏利模式是次方！
時代在變，您的行銷方式也該跟著改變！

教您洞察別人無法看見的賺錢商機，
告自動賺錢機器系統，在網路上把產品、服務順利銷售出去，
投資大腦，善用費曼式、晴天式學習法，
轉換思維、改變方式，直接跟大師們取經借鏡，
站在巨人的肩膀上，您會看見超凡營銷的終極奧義，
儘管身處微利時代，也能替自己加薪、賺大錢！

推銷是加法、行銷是乘法、贏利模式是次方！
時代在變，您的行銷方式也該跟著改變！

打造自動賺錢機器
Building your Automatic Money Machine

原價 12,000 元　特價 3,900 元
優惠價 2,400 元

大放送，購書贈課程

2021 年

3/6 ⑥ & 3/7 ⑦ 矽谷 ▶ 借力發財 & 無敵致富學
4/13 ② 下午 & 晚間 魔法教室 ▶ 網路電商自動印鈔機
5/15 ⑥ & 5/16 ⑦ 矽谷 ▶ WWDB642 直銷魔法班
5/25 ② 下午 & 晚間 魔法教室 ▶ 打造多元被動收入
6/19 ⑥ & 6/20 ⑦ 矽谷 ▶ 亞洲八大名師高峰會
7/24 ⑥ & 7/25 ⑦ 矽谷 ▶ 世界華人八大明師
8/14 ⑥ 矽谷 ▶ 一日速成作者班
8/28 ⑥ & 8/29 ⑦ 矽谷 ▶ 打造屬於你的印鈔機
9/4 ⑥ 矽谷 ▶ 公眾演說
9/28 ② 下午 & 晚間 魔法教室 ▶ 網銷煉金術
10/16 ⑥ & 10/17 ⑦ 矽谷 ▶ 打造自動賺錢機器

11/13 ⑥ & 11/14 ⑦ 矽谷 ▶ 行銷戰鬥營
11/23 ② 魔法教室 ▶ 標靶式銷售
12/7 ② 魔法教室 ▶ MSIR多元收入大革命
12/14 ② 魔法教室 ▶ 區塊鏈師資養成計畫
12/21 ② 魔法教室 ▶ 多元收入流系統
12/28 ② 魔法教室 ▶ 建構賺錢機器

2022 年

1/4 ② 下午 魔法教室 ▶ 網銷專班
2/22 ② 下午 & 晚間 魔法教室 ▶ 網銷系列課
……2022 年起課程請上新絲路網路書店查詢

【全球通路，熱賣中！】付款方式如下：

☐ **訂購專線 ▶ 02-8245-8318**

☐ **線上訂購 ▷** 請至以下網路書店或掃 QR code
台灣地區讀者請上 **新絲路網路書店 www.silkbook.com**
全世界讀友請上 **亞馬遜網路書店 www.amazon.com**

☐ **實體店購買 ▷ 采舍國際中和魔法教室**（新北市中和區中山路二段 366 巷 10 號 3 樓，捷運中和站及橋和站之間）

☐ **ATM 轉帳 ▷** 玉山銀行 (808)，帳號：0864-940-031-696　戶名：**全球華語魔法講盟股份有限公司**

★ 使用 ATM 轉帳者，請致電新絲路網路書店 02-8245-8318，以確認匯款資訊，謝謝 ★
更多新書優惠或課程資訊，請上 silkbook◦com **www.silkbook.com**，或電洽 02-8245-8318

學習領航家——📽 新絲路視頻

讓您一饗知識盛宴，偷學大師真本事！

活在知識爆炸的 21 世紀，您要如何分辨看到的是落地資訊還是忽悠言詞？

成功者又是如何在有限時間內，從龐雜的資訊中獲取最有用的智慧？

巨量的訊息，帶來新的難題，新絲路視頻讓您睜大雙眼，

從另一個角度重新理解世界，看清所有事情的真相，

培養視野、養成觀點！

想做個聰明的閱聽人，您必須懂得善用新媒體，不斷地學習。📽 新絲路視頻 便提供閱聽者一個更有效的吸收知識方式，讓想上進、想擴充新知的你，在短短 30～90 分鐘的時間內，便能吸收最優質、充滿知性與理性的內容（知識膠囊），快速習得大師的智慧精華，讓您閒暇的時間也能很知性！

🚩 師法大師的思維，長知識、不費力！

📽 新絲路視頻 重磅邀請台灣最有學識的出版之神——王晴天博士主講，有料會寫又能說的王博士憑著扎實學識，被喻為台版「羅輯思維」，他不僅是天資聰穎的開創者，同時也是勤學不倦，孜孜矻矻的實踐家，再忙碌，每天必撥時間學習進修。他根本就是終身學習的終極解決方案！

在 📽 新絲路視頻 ，您可以透過「歷史真相系列 1～」、「說書系列 2～」、「文化傳承與文明之光 3～」、「寰宇時空史地 4～」、「改變人生的 10 個方法 5～」、「真永是真真讀書會 6～」一同與王博士探討古今中外歷史、文化及財經商業等議題，有別於傳統主流的思考觀點，不只長知識，更讓您的智慧升級，不再人云亦云。

📽 新絲路視頻 於 YouTube 及兩岸的視頻網站、各大部落格及土豆、騰訊、網路電台……等皆有發布，邀請您一同成為知識的渴求者，跟著 📽 新絲路視頻 偷學大師的成功真經，開闊新視野、拓展新思路、汲取新知識。

www.silkbook.com silkbook●com 新・絲・路・網・路・書・店

創見文化——智慧的銳眼

視野創新·見解廣博

人只要會反思，路就無限寬廣，讓我們一同和知識經濟話家常，從內涵到視野，再從視野到文化，實踐內在的精神，更打造未來！

創見文化是台灣最具品牌知名度的專業出版社，以商管、財經、職場等為主要出版領域，廣邀國內外學者專家創作，切合市場趨勢的脈動，融合全球化的新知與觀點，規劃用心、製作嚴謹，期望每本書都能帶給讀者特別的收穫，創造看見知音的感動！帶你成為新經濟舞台上的發光點！

一本兼顧理論與實務的最佳人生指引。
王晴天／著　定價：520 元　特價：395 元

洞見趨勢，鏈接未來，翻轉人生！
吳宥忠／著　定價：520 元

個人和企業都必須加速「數位轉型」，才能搶到金飯碗！　顏長川／著　定價：320 元

教你輕易看清，破解他人防備的內心戲！
王晴天／著　定價：350 元

一開口就打動人心、震撼人心、直指人心、觸動人心。　楊智翔／著　定價：300 元

Kobe的NBA傳奇，讓我們看見了夢想的力量。
吳宥忠／著　定價：350 元

趨勢觀點最前瞻·菁英讀者最推薦，
創見文化引您走向更好的未來！

silkbook com 新絲路 https://www.silkbook.com　　華文網 https://www.book4u.com.tw

國家圖書館出版品預行編目資料

改變人生的五個方法 / 王晴天著.. -- 初版. -- 新北市
：創見文化出版， 2021.2 面；公分-- （MAGIC
POWER ；12）
ISBN 978-986-271-897-1（平裝）

1.職場成功法

494.35   109022122

5 改變人生的個方法

一本兼顧理論與實務的最佳人生指引

改變人生的五個方法

本書採減碳印製流程，碳足跡追蹤並使用優質中性紙（Acid & Alkali Free）通過綠色環保認證，最符環保需求。

作者／王晴天

出版者／ 魔法講盟 委託創見文化出版發行

總顧問／王寶玲　　　　　總編輯／歐綾纖　　　　　美術設計／蔡瑪麗
文字編輯／5-1 何牧蓉、5-2 Emma、5-3 范心瑜&泰倫斯、5-4 吳宥忠、5-5 陳威樺

台灣出版中心／新北市中和區中山路2段366巷10號10樓
電話／（02）2248-7896　　　　　傳真／（02）2248-7758
ISBN／978-986-271-897-1　　　本書出版日期／2021年2月

全球華文市場總代理／采舍國際有限公司
地址／新北市中和區中山路2段366巷10號3樓
電話／（02）8245-8786　　　　　傳真／（02）8245-8718

全系列書系特約展示門市 ▶ 新絲路網路書店
地址／新北市中和區中山路2段366巷10號10樓
網址／www.silkbook.com　　　電話／（02）8245-9896

本書完整規畫立體學習系統
請搭配 You Tube 新絲路視頻 🔍 ▶ 5-1・5-2・5-3・5-4・5-5
其他相關實體、線上課程 ▶
5-1出書出版班・5-2公眾演說班&講師培訓班
5-3魔法影音行銷班・5-4魔法弟子班・5-5真永是真讀書會

本書於兩岸之行銷（營銷）活動悉由采舍國際公司圖書行銷部規畫執行。

線上總代理	■ 全球華文聯合出版平台 www.book4u.com.tw	
主題討論區	■ http://www.silkbook.com/bookclub	● 新絲路讀書會
紙本書平台	■ http://www.silkbook.com	● 新絲路網路書店
電子書平台	■ http://www.book4u.com.tw	● 華文電子書中心

B 華文自資出版平台
www.book4u.com.tw
elsa@mail.book4u.com.tw
iris@mail.book4u.com.tw

全球最大的華文自費出版集團
專業客製化自助出版・發行通路全國最強！

Startup weekend @ Taipei

亞洲・世界華人八大名師 @ 台北

邀請您一同跨界躍遷，主張價值未來！

八大盛會，廣邀夢幻及魔法級導師傾囊相授，助您創造新的商業模式，
高 CP 值的創業創富機密、世界級的講師陣容指導，讓您找到著力點，
不再被錢財奴役，奪回人生主導權，顛覆未來！
利用槓桿加大您的成功力量，把知識轉換成有償服務系統，讓您
連結全球新商機，趨勢創業智富，開啟未來十年創新創富大門！

**優勢無法永久持續，卻可以被不斷開創，
學會躍境，就能擁有明天！**

**免費入坐一般席或加價 1,000 元
入座 VIP 席，贈貴賓級萬元好禮！**

Ⓐ 方案亞洲八大

📍：新店台北矽谷
（新北市新店區北新路三段 223 號 🚇 大坪林站）
🕘：2021 年 **6/19、6/20** ▶ 9：00～18：00

六萬元好禮
《超譯易經》＋易經牌卡
＋國寶級大師現場算命 &
高級名牌羊氈托特包
▶ 2021/8/10另有易經課程
&牌卡教學歡迎參加上課！

Ⓑ 方案世華八大

📍：新店台北矽谷
（新北市新店區北新路三段 223 號 🚇 大坪林站）
🕘：2021 年 **7/24、7/25** ▶ 9：00～18：00

五萬元好禮
曠世巨作《銷魂文案》，傳授 10 大
超吸力標題 +9 個攻心祕訣 +50 個
超實用文案公式 & 高級名牌羊氈托
特包

立即訂位，保留 **VIP** 席位！

銷魂
文案
WRITE TO SELL

訂購暨刷卡單　本人同意支付：☐A方案 $1000　☐B方案 $1000　☐A+B早鳥方案 $180○

姓名		介紹人	
連絡電話		電子郵件	
同意給付金額	新台幣　　　　　　　　　　元整・購買 ☐亞洲／☐世界華人　八大貴賓席。		
信用卡卡別	☐VISA　☐Master　☐JCB　☐銀聯卡　☐聯合信用卡　☐其他：		
信用卡卡號		信用卡背面末三碼	
發卡銀行		信用卡有效期限	月　　　　　年
持卡人身份證字號			
通訊地址			
信用卡持卡人簽名		（須與信用卡上簽名相同）	
寄送地址			

本人以其他方式付款，方式如下

☐ 訂購專線 ▶ 02-8245-8318　　☐ 線上訂購 ▶ 請上 silkbook●com www.silkbook.com 或掃 QRcode
☐ ATM 轉帳 ▶ 玉山銀行 (808)，帳號：0864-940-031-696　　戶名：全球華語魔法講盟股份有限公司
★填寫完畢請傳真至02-8245-3918，方完成訂購，使用 ATM 轉帳者，請致電新絲路網路書店 02-8245-8318，
　以確認匯款資訊，謝謝★
2022&2023 起八大盛會，請上 silkbook●com www.silkbook.com，或電洽 02-8245-8318 真人服務專線。

COUPON優惠券免費大方送！

2021 世界華人八大明師
The World's Eight Super Mentors

From Zero to Hero,
一圓您的創業夢，助您躍上財富之巔！
Startup Weekend @ Taipei

看懂有錢人都怎麼賺錢，讓您翻轉人生、創富成鷹！

地點 新店台北矽谷（新北市新店區北新路三段223號 ◎大坪林站）
時間 2021年7/24、7/25，每日上午9:00到下午6:00

• 憑本票券可直接免費入座 7/24、7/25兩日核心課程一般席，或加價千元入座VIP席，領取貴賓級五萬元贈品！
• 若因故未能出席，仍可持本票券於2022、2023年任一八大盛會使用。一同打開財富之門。

更多詳細資訊請洽 (02) 8245-8318 或 上官網絲路網路書店 www.silkbook.com 查詢

采舍國際 silkbook.com
魔法講盟

憑本券免費入場

原價：49800元
推廣特價：19800元

2021 THE ASIA'S EIGHT SUPER MENTORS
亞洲八大名師高峰會
邀請您一同跨界創富，主張價值未來
STARTUP WEEKEND @ TAIPEI

時間 2021年6/19、6/20，每日9:00～18:00
地點 新店台北矽谷（新北市新店區北新路三段223號 ◎大坪林站）

• 憑本票券可直接免費入座 6/19、6/20兩日核心課程一般席，或加價千元入座VIP席，領取貴賓級六萬元贈品！
• 若因故未能出席，仍可持本票券於2022、2023年任一八大盛會使用。

更多詳細資訊請洽 (02) 8245-8318 或上官網 www.silkbook.com 查詢

新絲路網路書店

憑本券免費入場

COUPON優惠券免費大方送！

憑本券 免費入場

原價 49800元
推廣特價 19800元

From Zero to Hero,
一圓您的創業夢，助您躍上財富之巔！
Startup Weekend @ Taipei

2021世界華人八大明師
The World's Eight Super Mentors
看懂有錢人都怎麼賺錢，讓您翻轉人生、創富成躍！

地點 新店台北矽谷（新北市新店區北新路三段223號 ⊙大坪林站）
時間 2021年 7/24、7/25 每日上午9：00到下午6：00

・憑本票券可直接免費入座7/24、7/25兩日核心課程一般席，或加價千元入座VIP席，領取貴賓級五萬元贈品！
・若因故未能出席，仍可持本票券於2022、2023年任一八大盛會使用，一同打開財富之門。

更多詳細資訊請洽 (02) 8245-8318 或 www.silkbook.com 查詢

采舍國際 WWW.SILKBOOK.COM
華文網　魔法講盟　認證國際

2021 THE ASIA'S EIGHT SUPER MENTORS

亞洲八大名師高峰會
邀請您一同跨界創富，主張價值未來
STARTUP WEEKEND @ TAIPEI

時間 2021年 6/19、6/20 每日9：00～18：00
地點 新店台北矽谷（新北市新店區北新路三段223號 ⊙大坪林站）

・憑本票券可直接免費入座 6/19、6/20兩日核心課程一般席，或加價千元入座VIP席，領取貴賓級六萬元贈品！
・若因故未能出席，仍可持本票券於 2022、2023年任一八大盛會使用。

更多詳細資訊請洽 (02) 8245-8318 或上官網 www.silkbook.com 查詢

最強乾貨高端演講，

慧聚知識、

人脈、財富，

建構 π 型人生

指數型躍遷！

方案 **A**

真**是真**

真 讀書會 ＋ 生日趴

超 級 早鳥同樂價 $1200 元整（定價 ~~2500~~ 元）

🕐 2021 年 **11/6** 週六 13：00 ～ 21：00

🗺 新店台北矽谷國際會議中心
新北市新店區北新路三段 223 號（捷運 🚇 大坪林站）

華人圈最高端「趨勢演講會」！ 超值贈禮

★ 11/6 可參加王晴天董事長私人慶生宴，結識高端人脈！
★ 11/6 當日入座 VIP 專席，可享精緻下午茶及蛋糕吃到飽
贈 **6/19**（六）、**6/20**（日）▶ 亞洲八大名師大會
　　　　　　　　　　　　　一般席免費入場（地點同上）
贈 **7/24**（六）、**7/25**（日）▶ 世界八大明師大會
　　　　　　　　　　　　　一般席免費入場（地點同上）
贈 **9/4**（六）▶ 公眾演說班（地點同上）
贈 **10/16**（六）、**10/17**（日）
　　　　　　　▶ 自動賺錢機器二日班（地點同上）
贈 **11/13**（六）、**11/14**（日）
　　　　　　　▶ 行銷戰鬥營二日班（地點同上）

方案 **B**

MSIR 複酬者
多元收入培訓營

鳥特惠價 $1980 元整（課程原價 29800 元）

位月入百萬以上的實戰大師現身說法，
你如何打造系統、創造多元被動收入，
你花跟別人相同的時間，
來十倍速的收入增長！

2021年 **12/7**、**12/14**、**12/21**
12/28 週二 14：00 ～ 21：00

新北市中和區中山路二段 366 巷 10 號
3 樓 (捷運 🚇 橋和站 ▶ **中和魔法教室**)

A ＋ **B** 超值購 $1580 元

線上報名 ▶ 請掃碼或上 silkbook●com
電話報名 ▶ 02-8245-8318
親洽報名 ▶ 新北市中和區中山路二段
　　　　　　366 巷 10 號 3 樓
匯款報名 ▶ 玉山銀行北投分行
　　　　　　全球華語魔法講盟股份有限公司
　　　　　　帳號：0864-940-031696

全球華語
魔法講盟

Business & You

詳情請掃 QR 碼或洽（02）8245-8318
或上官網 silkbook●com www.silkbook.com

創造個人價值，實現幸福人生

Publishing

就從**出書**開始！

書寫，是個人的紀錄；
出版，是分享的智慧。

才思泉湧、滿腹經綸、歷練豐富、專業一流的您，
不用再苦於缺乏出書管道，
華文自費出版平台是您最好的選擇。

| 創作 | 諮詢 | 規劃 | 出版 | 行銷 | 一次到位 |

1　2　3　4　5

華文自資出版平台讓您變身暢銷作家！

暢 銷 書 排 行 榜

《 幻金天騎：
尋找神秘的呼喚者 》
Vera Martin 著
集夢坊 定價：360元

《 社群營銷的魔法：
社群媒體營銷聖經 》
陳威樺 著
集夢坊 定價：350元

《 醫師教你輕鬆考第一：
于氏讀書法 》
于翔宇 著
集夢坊 定價：320元

《 如來 死生之說 》
曾景明 著
集夢坊 定價：350元

更多好書資訊請上　新絲路網路書店

新·絲·路·網·路·書·店
silkbook●com

全球最大的
自資出版平台
www.book4u.com.tw/mybook

出書5大保證

創意寫作 1

寫作培訓：創作真簡單！
我們備有專業培訓課程，讓您從基礎開始學習創作，晉身斐然成章的作家之列。

2 專業諮詢

意見提供：專業好建議！
無論是寫作計畫、出版企畫等各種疑難雜症，我們都提供專業諮詢，幫您排解出書的各環節問題。

規劃編排 3

編輯修潤：編排不苦惱！
本平台將配合您的需求，為書籍作最專業的規劃、最完善的編輯，讓您可專注創作。

4 印刷出版

成書出版：內外皆吸睛！
從交稿至出版，每個環節均精心安排、嚴格把關，讓您的書籍徹底抓住讀者目光。

通路行銷 5

品牌效益：曝光增收益！
我們擁有最具魅力的品牌、最多元的通路管道，最強大的行銷手法，讓您輕鬆坐擁收益。

打造優質書籍，
為您達成夢想！

香港 吳主編 mybook@mail.book4u.com.tw　學參 陳社長 sharon@mail.book4u.com.tw
北京 王總監 jack@mail.book4u.com.tw　台北 歐總編 elsa@mail.book4u.com.tw

Startup weekend @ Taipei

亞洲・世界華人八大名師@台北

邀請您一同跨界躍遷，主張價值未來！

八大盛會，廣邀夢幻及魔法級導師傾囊相授，助您創造新的商業模式，
高 CP 值的創業創富機密、世界級的講師陣容指導，讓您找到著力點，
不再被錢財奴役，奪回人生主導權，顛覆未來！
利用槓桿加大您的成功力量，把知識轉換成有償服務系統，讓您
連結全球新商機，趨勢創業智富，開啟未來十年創新創富大門！

**優勢無法永久持續，卻可以被不斷開創，
學會躍境，就能擁有明天！**

**免費入坐一般席或加價 1,000 元
入座 VIP 席，贈貴賓級萬元好禮！**

Ⓐ方案亞洲八大

📍：新店台北矽谷
（新北市新店區北新路三段 223 號 🚇 大坪林站）
🕐：2021 年 **6/19、6/20** ▶ 9：00 ～ 18：00

六萬元好禮

《超譯易經》＋易經牌卡
＋國寶級大師現場算命 &
高級名牌羊氈托特包
▶ 2021/8/10 另有易經課程
& 牌卡教學歡迎參加上課！

Ⓑ方案世華八大

📍：新店台北矽谷
（新北市新店區北新路三段 223 號 🚇 大坪林站）
🕐：2021 年 **7/24、7/25** ▶ 9：00 ～ 18：00

五萬元好禮

曠世巨作《銷魂文案》，傳授 10 大
超吸力標題 +9 個攻心祕訣 +50 個
超實用文案公式 & 高級名牌羊氈托
特包

立即訂位，保留 **VIP** 席位！

銷魂文案
WRITE TO SEL

訂購暨刷卡單　本人同意支付：□A方案 $1000　　□B方案 $1000　　□A+B早鳥方案 $180

姓名		介紹人	
連絡電話		電子郵件	
同意給付金額	新台幣	元整・購買 □亞洲/□世界華人　八大貴賓席。	
信用卡卡別	□VISA　□Master　□JCB	□銀聯卡　□聯合信用卡　□其他：	
信用卡卡號		信用卡背面末三碼	
發卡銀行		信用卡有效期限	月　　　　年
持卡人身份證字號			
通訊地址			
信用卡持卡人簽名		（須與信用卡上簽名相同）	
寄送地址			

本人以其他方式付款，方式如下

□ **訂購專線** ➤ 02-8245-8318　　□ **線上訂購** ➤ 請上 silkbook●com www.silkbook.com 或掃 QRcode
□ **ATM 轉帳** ➤ 玉山銀行 (808)，帳號：0864-940-031-696　戶名：全球華語魔法講盟股份有限公司
★填寫完畢請傳真至 **02-8245-3918**，方完成訂購，使用 ATM 轉帳者，請致電新絲路網路書店 **02-8245-8318**，
以確認匯款資訊，謝謝★
2022&2023 起八大盛會，請上 silkbook●com **www.silkbook.com** 或電洽 **02-8245-8318** 真人服務專線。

COUPON 優惠券免費大方送！

2021 世界華人八大明師
The World's Eight Super Mentors

From Zero to Hero,
一圓您的創業夢，助您躍上財富之巔！
Startup Weekend @ Taipei

看懂有錢人都怎麼賺錢，讓您翻轉人生，創富成癮！

地點 新店台北矽谷（新北市新店區北新路三段 223 號 ◎大坪林站）
時間 2021 年 7/24、7/25，每日上午 9：00 到下午 6：00

- 憑本票券可直接免費入座 7/24、7/25 兩日核心課程一般席，或加價千元入座 VIP 席，領取貴賓級五萬元贈品！
- 若因故未能出席，仍可持本票券於 2022、2023 年任一八大盛會使用，一同打開財富之門。

更多詳細資訊請洽 (02) 8245-8318 或
上官網新絲路網路書店 www.silkbook.com 查詢

原價：49800 元
推廣特價：19800 元

憑本券免費入場

亞洲八大名師高峰會
STARTUP WEEKEND @ TAIPEI

邀請您一同跨界創富，主張價值未來

時間 2021 年 6/19、6/20，每日 9：00 ～ 18：00
地點 新店台北矽谷（新北市新店區北新路三段 223 號 ◎大坪林站）

- 憑本票券可直接免費入座 6/19、6/20 兩日核心課程一般席，或加價千元入座 VIP 席，領取貴賓級六萬元贈品！
- 若因故未能出席，仍可持本票券於 2022、2023 年任一八大盛會使用。

更多詳細資訊請洽 (02) 8245-8318 或上官網
www.silkbook.com 查詢

2021 THE ASIA'S
EIGHT SUPER MENTORS

憑本券免費入場

COUPON 優惠券免費大方送！

2021 世界華人八大明師

From Zero to Hero,
一圓您的創業夢，助您躍上財富之巔！
Startup Weekend @ Taipei

2021 世界華人八大明師
The World's Eight Super Mentors

看懂有錢人都怎麼賺錢，讓您翻轉人生，創富成癮！

地點 新店台北矽谷（新北市新店區北新路三段223號 ◎大坪林站）
時間 2021年 7/24、7/25 每日上午9：00到下午6：00

- 憑本票券可直接免費入座7/24、7/25兩日核心課程一般席，或加價千元入座VIP席，須領取貴賓級五萬元贈品！
- 若因故未能出席，仍可持本票券於2022、2023年任一八大盛會使用，敬請踴躍參加，一同打開財富之門。

更多詳細資訊請洽 (02) 8245-8318 或 www.silkbook.com 查詢

采舍國際
www.silkbook.com
魔法講盟

免費入場
憑本券免費入場

原價 29800 元
推廣特價 19800 元

2021 THE ASIA'S EIGHT SUPER MENTORS

亞洲八大名師高峰會
邀請您一同跨界創富，主張價值未來
STARTUP WEEKEND @ TAIPEI

時間 2021年 6/19、6/20 每日 9：00 ～ 18：00
地點 新店台北矽谷（新北市新店區北新路三段223號 ◎大坪林站）

- 憑本票券可直接免費入座6/19、6/20兩日核心課程一般席，或加價千元入座VIP席，領取貴賓級六萬元贈品！
- 若因故未能出席，仍可持本票券於2022、2023年任一八大盛會使用。

更多詳細資訊請洽 (02) 8245-8318 或上官網 silkbook.com www.silkbook.com 查詢

采舍國際
上官網新絲路網路書店

COUPON 優惠券免費大方送！

出書出版 實務班

超強陣容

憑本券即可 ★免費入場★

素人崛起從出書開始！
讓您借書揚名，建立個人品牌，
晉升專業人士，帶來源源不絕的財富。

王晴天
何牧蓉
吳宥忠
Jacky Wang

2021 **8/14** (六)
13:00～21:00

地點：台北矽谷國際會議中心
（新北市新店區北新路三段 223 號）大坪林站

更多詳細資訊洽 (02) 8245-8318 或上官網 silkbook com www.silkbook.com 查詢

打造屬於你的印鈔機 多元收入培訓營

主講人 »
王晴天、
吳宥忠、
Jacky Wang
……等大師

教你建構 MSIR
自動化賺錢系統，
保證賺大錢，
解鎖創富之秘！

憑本票券 免費入場

台北矽谷國際會議中心（新北市新店區
北新路三段 223 號）大坪林站

2021/**8/28** (六) 13:00～21:00
2021/**8/29** (日) 09:00～18:00

更多詳細資訊請上 silkbook com www.silkbook.com 查詢

公眾演說 速成精華班

2021 **9/4**
13:00～21:00 (六)

實務演練｜銷講絕學｜知識變現

讓您故事力・溝通力・思考力一次兼備！

主講人▼
王晴天・吳宥忠・何牧蓉
Jacky Wang

原價 $69,800 元　憑本票券即可 免費入場

地點：新店台北矽谷（新北市新店區北新路三段 223 號）大坪林站

更多詳細資訊洽 (02) 8245-8318 或上 silkbook com www.silkbook.com 查詢

打造自動賺錢機器

迎接新零售與社群電商新時代，
讓你以最輕鬆的自動賺錢系統，
產生倍數型成果，創造可觀收入！

主講人 ▶
王晴天、陳威樺
Jacky Wang
Terry Fu

台北矽谷國際會議中心（新北市新店
區北新路三段 223 號）大坪林站

2021/**10/16** (六) 13:00～21:00
2021/**10/17** (日) 09:00～18:00

憑本票券 免費入場

更多詳細資訊請洽 (02) 8245-8318 或上
silkbook com www.silkbook.com 查詢

行銷戰鬥營

憑本券免費入場

市場 ING 的秘密╳絕對完銷系統

重量級講師
王晴天、吳宥忠
Jacky Wang
……等大師

2021
11/13 (六)
13:00～21:00
11/14 (日)
9:00～18:00

地點：台北矽谷國際會議中心
（新北市新店區北新路三段 223 號）大坪林站

更多詳細資訊洽 (02) 8245-8318 或上官網 silkbook com www.silkbook.com 查詢

國際級講師培訓

2021 **12/11**
9:00～18:00 (六)

保證上台╳銷講絕學╳知識變現

讓你的影響力與收入翻倍！
替人生創造更多的斜槓，擁有不一樣的精采！

超強陣容▶ 王晴天、何牧蓉
吳宥忠、Jacky Wang

原價 $69,800
憑本券酌收場地費
$100
即可入場

地點：采舍魔法教室
（新北市中和區中山路 2 段 300 巷 10 號 3 樓）捷運中和站 01 橋和站之間）

更多詳細資訊請上 silkbook com www.silkbook.com

COUPON優惠券免費大方送！

打造屬於你的印鈔機
多元收入培訓營

教你建構 MSIR
自動化賺錢系統，
保證賺大錢，
解鎖創富之秘！

主講人 »
王晴天、
吳宥忠、
Jacky Wang
……等大師

🏛 台北矽谷國際會議中心（新北市新店區
北新路三段 223 號 ⊗ 大坪林站）
🕐 2021/**8/28**（六）13:00～21:00
2021/**8/29**（日）09:00～18:00

憑本票券 **免費入場**

憑本券即可
★ **免費入場**

出書出版
實務班
超強陣容

素人崛起從出書開始！
讓您借書揚名，建立個人品牌，
晉升專業人士，帶來源源不絕的財富。

王晴天
何牧蓉
吳宥忠
Jacky Wang

2021 **8/14**（六）
13:00～21:00

地點：台北矽谷國際會議中心
（新北市新店區北新路三段 223 號 ⊗ 大坪林站）

更多詳細資訊請洽（02）8245-8318 或上官網 silkbook○com www.silkbook.com 查詢

打造自動賺錢機器

迎接新零售與社群電商新時代，
讓你以最輕鬆的自動賺錢系統，
產生倍數型成果，創造可觀收入！

主講人 ▶
王晴天、陳威樺
Jacky Wang
Terry Fu

🏛 台北矽谷國際會議中心（新北市新店
區北新路三段 223 號 ⊗ 大坪林站）
🕐 2021/**10/16**（六）13:00～21:00
2021/**10/17**（日）09:00～18:00

憑本票券 **免費入場**

更多詳細資訊請洽（02）8245-8318 或上
silkbook○com www.silkbook.com 查詢

公眾演說
速成精華班

2021 **9/4**
13:00～21:00（六）

實務演練｜銷講絕學｜知識變現
讓您故事力・溝通力・思考力一次兼備！

主講人 ▼
王晴天・吳宥忠・何牧蓉
Jacky Wang

原價 $69,800 元　　憑本票券即可 **免費入場**

地點：新店台北矽谷（新北市新店區北新路三段 223 號 ⊗ 大坪林站）
更多詳細資訊請洽（02）8245-8318 或上 silkbook○com www.silkbook.com 查詢

國際級講師培訓

12/11 2021
9:00～18:00（六）

保證上台✕銷講絕學✕知識變現

讓你的影響力與收入翻倍！
替人生創造更多的斜槓，擁有不一樣的精采！

超強陣容 ▶ 王晴天、何牧蓉
吳宥忠・Jacky Wang

原價 $69,800
憑本券酌收場地費
$100
即可入場

地點：采舍魔法教室
（新北市中和區中山路 2 段 366 巷 10 號 3 樓 ⊗ 捷運中和站 or 橋和站之間）
更多詳細資訊請上 silkbook○com www.silkbook.com

行銷戰鬥營

憑本券 **免費入場**

市場 ING 的秘密 ✕ 絕對亮銷系統

2021
11/13（六）
13:00～21:00
11/14（日）
9:00～18:00

重量級講師
王晴天、吳宥忠
Jacky Wang
……等大師

地點：台北矽谷國際會議中心
（新北市新店區北新路三段 223 號 ⊗ 大坪林站）
更多詳細資訊請洽（02）8245-8318 或上官網 silkbook○com www.silkbook.com 查詢